Technische Mechanik 1
Statik mit Maple-Anwendungen

von
Prof. Dr.-Ing. Friedrich U. Mathiak

Oldenbourg Verlag München

Prof. Dr.-Ing. Friedrich U. Mathiak hat seit 1994 an der Hochschule Neubrandenburg eine Professur für Technische Mechanik und Bauinformatik inne.

Maple 15. Maplesoft, Abteilung von Waterloo Maple Inc., Waterloo, Ontario.

Bibliografische Information der Deutschen Nationalbibliothek

Die Deutsche Nationalbibliothek verzeichnet diese Publikation in der Deutschen Nationalbibliografie; detaillierte bibliografische Daten sind im Internet über http://dnb.d-nb.de abrufbar.

© 2012 Oldenbourg Wissenschaftsverlag GmbH
Rosenheimer Straße 145, D-81671 München
Telefon: (089) 45051-0
www.oldenbourg-verlag.de

Das Werk einschließlich aller Abbildungen ist urheberrechtlich geschützt. Jede Verwertung außerhalb der Grenzen des Urheberrechtsgesetzes ist ohne Zustimmung des Verlages unzulässig und strafbar. Das gilt insbesondere für Vervielfältigungen, Übersetzungen, Mikroverfilmungen und die Einspeicherung und Bearbeitung in elektronischen Systemen.

Lektorat: Dr. Martin Preuß, Kristin Berber-Nerlinger
Herstellung: Constanze Müller
Titelbild: thinkstockphotos.de
Einbandgestaltung: hauser lacour
Gesamtherstellung: Grafik & Druck GmbH, München

Dieses Papier ist alterungsbeständig nach DIN/ISO 9706.

ISBN 978-3-486-71285-8
eISBN 978-3-486-71491-3

Vorwort

Von allen Naturwissenschaften ist die Mechanik am engsten mit der Mathematik verknüpft. Diese starke Einbettung der Mechanik in die Mathematik erschwert erfahrungsgemäß den Studierenden den Zugang zur Mechanik. Die Lernenden müssen sich sowohl in die Denkformen der Physik als auch in die der Mathematik einfühlen, wenn sie mechanische Aufgaben erfolgreich lösen wollen.

Im Vergleich zu der rein zahlenmäßigen Bearbeitung (numbercrunching) von Ingenieurproblemen, etwa durch die Methode der finiten Elemente (FEM), sind Computeralgebrasysteme (CAS) in der Lage, analytische Lösungen zu liefern, mit deren Hilfe der Anwender grundlegende Einsichten in das anliegende Problem erhält. Unterstützend wirkt hier die Möglichkeit der grafischen Aufbereitung des Problems und der abschließenden Darstellung der Ergebnisse. Rechenintensive und damit fehleranfällige Aufgaben lassen sich mittels Computerunterstützung behandeln. Ist das Problem einmal in der Sprache eines CAS abgelegt, dann können recht schnell, ohne großen Mehraufwand, Parameterstudien durchgeführt werden. Bei zeitabhängigen Problemen besteht die Möglichkeit der Animation der Zustandsgrößen.

Das vorliegende Buch behandelt die klassischen Themengebiete der Statik der starren Körper, wie sie in den meisten Grundvorlesungen zur Technischen Mechanik angeboten werden. Die anfallenden Grundgleichungen werden computergerecht in Vektor- und Matrizenschreibweise formuliert, was einer Programmierung in Maple sehr entgegenkommt. Die Arbeitsblätter zum Buch können unter der Internetadresse

> http://www.oldenbourg-verlag.de/mathiak-technische-mechanik-1

vom Verlags-Server heruntergeladen und in Verbindung mit dem jeweiligen Theorieteil des Buches interaktiv genutzt werden. Deren Inhalt gliedert sich in zwei Abschnitte. In einem einführenden Kompaktkurs werden dem Anwender in 11 Lektionen grundlegende Einsichten in das umfangreiche Programmsystem Maple vermittelt, wobei sich die Inhalte auf die Erfordernisse der hier behandelten Problemstellungen beschränken und für einige Studienanfänger als Auffrischung des Schulstoffs dienen können.

Selbstverständlich ersetzen diese Lektionen kein Nutzerhandbuch. In diesem Zusammenhang wird auf die umfangreichen Dokumentationen

> http://www.maplesoft.com/documentation_center/

des Programmherstellers verwiesen. Maple selbst verfügt über eine ausgezeichnete Hilfe-Funktion. Eine Fülle von professionell erstellten Beispielen findet der Anwender unter http://www.maplesoft.com/applications/

Der zweite Teil enthält auf Maple-Arbeitsblättern im Worksheet Mode die Lösungen der im Buch aufgeführten Beispiele. Die dort bereitgestellten Maple-Prozeduren lassen sich für ähnlich gelagerte Aufgabenstellungen untereinander kombinieren. Bei einigen Beispielen werden die Eingabedaten aus Textdateien gelesen, die mit einem im Betriebssystem des Rechners enthaltenen Editor erzeugt, geändert und betrachtet werden können. Zur Kontrolle der Eingabedaten und zur Ausgabe der Rechenergebnisse wurden Plot-Prozeduren und Animationen erstellt. Einige Plot-Prozeduren werden beim Ablauf des entsprechenden Arbeitsblattes mit der Erweiterung *.m* im aktuellen Verzeichnis gespeichert, um sie auch für andere Arbeitsblätter verfügbar zu machen. Die Datenausgabe erfolgt entweder auf dem Bildschirm, oder die Berechnungsergebnisse werden in eine Datei geschrieben (Erweiterung *.out*) und im aktuellen Verzeichnis gespeichert. Weitere Informationen finden sich im Kap. 11.1.

Das Lesen und Verstehen fertiger Quellcodes fördert bei den Studierenden das algorithmische Denken und die Technik des Programmierens, deshalb wurde bewusst auf trickreiches Programmieren verzichtet. Um grobe Fehler bei der Eingabe aufzudecken, sind in die Prozeduren einfache Tests eingebaut, die Fehler dieser Art durch entsprechende Fehlermeldungen quittieren.

Sämtliche Rechnungen wurden mit dem Programmsystem Maple 15 auf einem handelsüblichen Laptop mit einem Intel-Prozessor Core 2 Duo CPU T7300, 2,0 GHz sowie einem Main Memory von 778 MHz, 2,0 GB RAM unter dem Betriebssystem Microsoft Windows XP durchgeführt.

Zur Notationsweise ist noch anzumerken, dass in den symbolischen Darstellungen der Formeln die Vektoren, Matrizen und Tensoren **fett** gedruckt sind.

Neubrandenburg, im Januar 2012   Friedrich U. Mathiak

Inhalt

Vorwort		**V**
1	**Einleitung**	**1**
1.1	Einige historische Bemerkungen	2
1.2	Grundlagen der Mechanik	7
1.3	Begriffe der Mechanik	11
1.4	Bewegungen	21
2	**Allgemeine Einführung des Kraftbegriffs**	**23**
2.1	Einteilung der Kräfte	24
2.2	Gravitation und Schwerkraft	29
2.3	Federkräfte elastischer Federn	31
3	**Zentrale Kräftesysteme**	**33**
3.1	Zentrale ebene Kräftesysteme	34
3.2	Zentrale räumliche Kräftesysteme	41
4	**Allgemeine Kräftesysteme am starren Körper**	**45**
4.1	Allgemeine ebene Kräftesysteme	46
4.1.1	Das Kräftepaar	49
4.1.2	Das Moment einer Kraft bezogen auf einen Punkt	53
4.2	Allgemeine räumliche Kräftesysteme	54
4.2.1	Das Moment einer Kraft bezogen auf einen Punkt	54
4.2.2	Das Moment einer Kraft bezogen auf eine Achse	55
4.2.3	Dyname, Kraftschraube und Zentralachse	56
4.3	Die Reduktion ebener Kräftesysteme	58
4.4	Das räumliche Problem	63
4.5	Die Reduktion kontinuierlich verteilter Kräfte	66
4.6	Die Gleichgewichtsbedingungen	72

5	**Physikalische und geometrische Größen von Körpern, Flächen und Linien**	**77**
5.1	Momente nullten Grades, Volumen, Masse und Gewicht eines Körpers	77
5.2	Momente ersten Grades, Schwerpunkt und Massenmittelpunkt eines Körpers	78
5.3	Schwerpunkt und Mittelpunkt einer Fläche	86
5.4	Schwerpunkt und Mittelpunkt einer Kurve	101
5.4.1	Die Bogenlänge	101
5.4.2	Schwerpunkt und Mittelpunkt einer Raumkurve	103
5.4.3	Die Guldinschen Regeln	107
5.5	Flächenmomente zweiten Grades	110
5.5.1	Transformationsgesetze für Flächenmomente zweiten Grades	113
5.5.2	Hauptflächenträgheitsmomente	120
5.5.3	Aus Rechtecken zusammengesetzte Querschnitte	126

6	**Die Statik der starren Körper**	**129**
6.1	Lager	129
6.2	Berechnung von Lagerreaktionsgrößen	133

7	**Die Schnittlasten eines statisch bestimmt gelagerten geraden Balkens**	**143**
7.1	Schnittlastenermittlung am Balken auf zwei Stützen	147
7.1.1	Der Balken auf zwei Stützen unter Einzelkraft F_z	147
7.1.2	Der Balken auf zwei Stützen unter Einzelkraft F_x	150
7.1.3	Der Balken auf zwei Stützen unter Einzelmoment M	151
7.1.4	Der Balken auf zwei Stützen unter Linienkraft q(x)	153
7.2	Die Schnittlastendifferenzialgleichungen	157
7.3	Zusammengesetzte Systeme starrer Körper	169

8	**Fachwerke**	**175**
8.1	Statisch bestimmte ebene Fachwerke	175
8.2	Statisch unbestimmte Fachwerke	178
8.3	Das Knotenschnittverfahren	179
8.4	Die Rittersche Schnittmethode	183

9	**Die Statik der Seile, Ketten und Stützlinienbögen**	**185**
9.1	Das Seil unter Querbelastung q(x)	185
9.2	Das Seil unter Eigengewichtsbelastung q(s)	195
9.3	Die Stützlinie eines Bogens	206

10	**Literaturverzeichnis**	**213**
11	**Verzeichnis der Maple-Prozeduren und Datensätze**	**215**
11.1	Maple-Kompaktkurs	215
11.2	Liste der Berechnungsprozeduren	216
11.3	Liste der Grafikprozeduren	218
11.4	Liste der Einleseprozeduren	219
11.5	Liste der Ausgabeprozeduren	219
11.6	Liste der Eingabedaten	220
Sachregister		**221**

1 Einleitung

Die Mechanik[1] ist ein Teilgebiet der Physik und damit wiederum ein Teilgebiet der Naturwissenschaften. Die Naturwissenschaften versuchen, Vorgänge in der Natur zu erkennen und zu beschreiben. Ziel ist es, eine möglichst abgeschlossene Klasse von Erscheinungen durch Axiome[2], Gesetze, Prinzipien, Definitionen und Hypothesen zu beschreiben. Dabei sind alle Aussagen der Naturbeschreibung mathematisch, und die für die Naturbeschreibung verwendeten Begriffe müssen direkt oder indirekt messbar sein. Die klassische Physik lässt sich in folgende fünf Sachgebiete einteilen (Abb. 1.1)

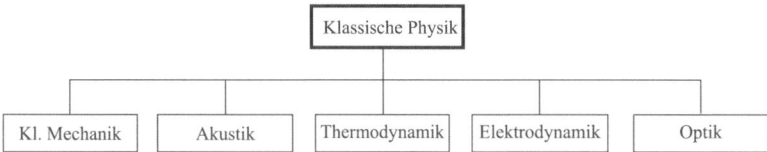

Abb. 1.1 *Einteilung der klassischen Physik*

Nach Kirchhoff[3] gilt folgende Definition:

Die Mechanik ist die Lehre von den Bewegungen der Körper und den sie bewirkenden Kräften.

Im Bereich der Mechanik unterscheidet man zwischen klassischer und relativistischer Mechanik. In der klassischen Mechanik sind Raum und Zeit absolute Größen, und die Masse eines Körpers ist unabhängig von den Geschwindigkeiten der einzelnen Masseteilchen. Sie werden als klein gegenüber der Lichtgeschwindigkeit c unterstellt. Für Geschwindigkeiten, die gegenüber c nicht mehr vernachlässigt werden können, muss die klassische Mechanik durch die relativistische Mechanik[4] (Relativitätstheorie) ersetzt werden. In dieser Theorie hängen Raum und Zeit vom verwendeten Bezugssystem und die Masse des Körpers vom Bewegungszustand ab. Energie und Masse sind äquivalent und ineinander überführbar.

---

[1] griech. mechanike (téchne) = die Kunst, Maschinen zu erfinden und zu bauen

[2] griech. -nlat., eigtl. ›als absolut richtig anerkannter Grundsatz, gültige Wahrheit, die keines Beweises bedarf‹

[3] Gustav Robert Kirchhoff, deutsch. Physiker, 1824–1887

[4] Die Begründung der Relativitätsmechanik erfolgt 1905 durch Albert Einstein, nachdem Poincaré und Lorentz wichtige Vorarbeiten geleistet hatten

Wenn wir im Folgenden von Mechanik sprechen, dann beziehen wir uns immer auf die klassische oder auch Newtonsche Mechanik. Wie bereits erwähnt, hat die Mechanik die Aufgabe, die Bewegungsvorgänge der Körper und deren Deformationen zu beschreiben, und diese dann mathematisch zu formulieren. Diese Aufgabe behandelt insbesondere auch diejenigen Fälle, in denen sich der Körper in Ruhe befindet, d.h. die Bewegung mit der (relativen) Geschwindigkeit null. Für den Statiker ist dieser Zustand von großer Bedeutung, währenddessen die Maschinenbauingenieure an der Beschreibung der Bewegung ihrer Konstruktionen interessiert sind.

Der Lösungsweg der meisten mechanischen Probleme gliedert sich dabei grob in die folgenden Teilschritte, wobei die sequenzielle Abarbeitung des folgenden Schemas teilweise auch parallel erfolgen muss:

1. Formulierung der Aufgabenstellung
2. Abstrahieren des Problems durch Schaffung eines mechanischen Ersatzmodells
3. Übersetzung des mechanischen Ersatzmodells in die Sprache der Mathematik durch Schaffung eines mathematischen Ersatzmodells
4. Lösen des Problems im mathematischen Umfeld
5. Rücktransformation der mathematischen Lösung in den Bereich der Mechanik
6. Diskussion und Interpretation der Ergebnisse

Ziel des letzten Punktes ist die Beantwortung der Frage, ob das erzielte Ergebnis physikalisch sinnvoll ist. Bestehen hier Zweifel, so muss die Prozedur an entsprechender Stelle, meist bei Pkt. 2, wiederholt werden. Gerade dieser Punkt macht erfahrungsgemäß den Studierenden die größten Schwierigkeiten, da die Herausarbeitung eines effektiven mechanischen Ersatzmodells in den Vorlesungen und Übungen gar nicht gelehrt wird, weil gewöhnlich zu jeder Aufgabe das Ersatzmodell gleich mitgeliefert wird.

1.1 Einige historische Bemerkungen

Wenn heute den Studierenden der Ingenieurwissenschaften die Mechanik in den Vorlesungen und Übungen als festes Gebäude präsentiert wird, so sollte doch auch ein Blick zurück gestattet sein, der den Entwicklungsgang dieser Wissenschaft in groben Zügen aufzeigt. Wer sich intensiver mit der Geschichte der Mechanik befassen möchte, dem sei zu diesem Thema das Buch von Szabó empfohlen[1].

Bereits die frühen Kulturen Mesopotamiens und Ägyptens verfügten über weitreichende Kenntnisse auf den Gebieten der Mechanik und der Astronomie. Diese Kenntnisse beschränkten sich zunächst auf die praktischen Anwendungen von technischen Hilfsmitteln wie Seil, Rad, Rolle, Schraube, Keil usw., deren Wirkungsweise bekannt war, die mathemati-

---

[1] István Szabó: Geschichte der mechanischen Prinzipien und ihre wichtigsten Anwendungen, Birkhäuser, Basel 1979

1.1 Einige historische Bemerkungen

schen Gesetzmäßigkeiten aber fehlten. Ähnliche Verhältnisse waren in der Astronomie anzutreffen[1]. Die Zentren der Astronomie lagen in der Vorantike in Babylonien, Ägypten und China. Es gab in der Frühzeit der astronomischen Entwicklung neben den Fragen des Kalenders und der Zeitrechnung oder der Orientierung im Gelände (Seefahrer) weitere Nutzanwendungen der Himmelskunde. In der damaligen Vorstellung war die gesamte Natur belebt und von Göttern, Geistern und Dämonen erfüllt. Das galt auch für die Gestirne, ganz besonders für die Sonne, den Mond und die Planeten. Aus der Überzeugung, die Gestirnsgottheiten würden direkt in das Geschehen auf der Erde eingreifen, etwa bei Kriegen, Seuchen, Dürreperioden oder einem Regierungswechsel, entstand der Sternglaube und die Astrologie. Auch hier kam man über mystische Spekulationen nicht hinaus.

Bei den Griechen gehörte die Mechanik zur philosophischen Naturbetrachtung. Sie waren also keine Naturwissenschaftler im strengen Sinne. Die Geringschätzung der körperlichen Arbeit (Sklavenarbeit) in der Antike bewirkte auch, dass die Bewegungstheorien Platons und Aristoteles' nur nach oberflächlicher Nachforschung (dem Augenschein) aufgestellt und beurteilt wurden. Sie hielten es für unwürdig, deren Richtigkeit durch das Experiment zu verifizieren, denn der mit dem Experiment verbundene Eingriff in die Natur würde die Ergebnisse verfälschen. So entstanden beispielsweise die falsche Bewegungslehre des Aristoteles von Stagira[2] und das geozentrische Weltsystem des Ptolemäus[3].

Der berühmteste Mathematiker und Mechaniker der Antike war Archimedes[4] von Syrakus. Zu seinen herausragenden Arbeiten zählen die Ableitung des Hebelgesetzes und das Auffinden des Gesetzes über den hydrostatischen Auftrieb. Seine mathematischen Arbeiten über die Volumen- und Schwerpunktbestimmung haben im 16. und 17. Jahrhundert in Europa bedeutenden Einfluss auf die Entwicklung der Analysis genommen. Seine Arbeiten zur Statik sind verloren, lassen sich aber in großen Zügen aus den Schriften Herons[5] von Alexandrien und Pappus'[6] rekonstruieren, die ausführliche Kommentare zu ihren Vorgängern beinhalten, weswegen diese Werke zu den wichtigsten Quellen der antiken Mathematikgeschichte zählen.

Nach den großen naturphilosophischen Leistungen der Antike folgte unter dem römischen Imperium nahezu ein Stillstand in der Entwicklung der Mechanik. Dieser Zustand der Stagnation dauerte bis ins 15. Jahrhundert. Im 16. Jahrhundert setzte dann eine stürmische Entwicklung auf dem Gebiete der Mechanik ein, die bis heute unvermindert anhält.

Kopernikus[7] war es, der aufgrund theoretischer Überlegungen die Unwahrscheinlichkeit des ptolemäischen Weltsystems erkannte und dem heliozentrischen System den Vorrang ein-

---

[1] Friedrich Becker: Geschichte der Astronomie, B.I.-Hochschultaschenbücher, Band 298, 1968

[2] Aristoteles, gen. der Stagirit, griech. Philosoph, 384–322 v. Chr.

[3] Claudius Ptolemäus, griech. Astronom, Mathematiker und Naturforscher

[4] Archimedes, griech. Mathematiker und Mechaniker, 285 v.Chr.–212 v. Chr.

[5] Heron von Alexandria, Beiname „der Mechaniker", lebte wahrscheinlich im 1. Jh. n. Chr.

[6] Pappus von Alexandria, griech. Mathematiker, Astronom und Geograph, um 320 n. Chr.

[7] Nikolaus Kopernikus, Astronom und Mathematiker, 1473–1543

räumte. Aber auch Kopernikus hielt noch an der antiken Vorstellung fest, nach denen sich die Planeten auf Kreisbahnen bewegen.

Mit großen Mauerquadranten beobachtete Tycho Brahe[1] auf seinen Sternwarten in Dänemark die Marsbahnen. Diese Messungen gehören zu den genauesten Positionsbestimmungen vor Erfindung des Fernrohrs.

Gestützt auf den Messungen und Berechnungen von Kopernikus und Tycho Brahe veröffentlichte Kepler[2] im Jahre 1609 die beiden ersten Gesetze der Planetenbewegungen (Ellipsensatz u. Flächensatz), denen 1619 das 3. Keplersche Gesetz folgte. Mit der Erkenntnis der elliptischen Form der Planetenbahnen gelangte man zu wesentlich genaueren Vorausberechnungen, gleichzeitig stieg das Vertrauen in das heliozentrische Weltbild.

Die im modernen Sinne erste große wissenschaftliche Leistung auf dem Gebiete der Mechanik vollbrachte Galilei[3]. Im Jahre 1638 veröffentlichte er Gesetze über den freien Fall und den schiefen Wurf. Bei Galilei finden sich auch erste Andeutungen des nach ihm benannten Trägheitsgesetzes. Die ersten theoretischen Untersuchungen zur Ermittlung der Tragfähigkeit eines Kragbalkens, die Ergebnisse waren allerdings falsch, gehen auch auf Galilei zurück. Hiermit war der Anstoß für die Beschäftigung mit der Festigkeitslehre gegeben.

Auf Stevin[4] geht nicht nur die Einführung der Dezimalbrüche zurück, er beschäftigte sich auch mit statischen Problemen, wie der Zusammensetzung von Kräften, der Bestimmung des Schwerpunktes, dem Hebel und der schiefen Ebene. Stevin formulierte auch das hydrostatische Paradoxon.

Der Nachfolger Galileis als Hofmathematiker des Großherzogs von Florenz war Torricelli[5], der hydrodynamische Probleme löste, wie das Problem des Ausflusses einer Flüssigkeit aus einem Gefäß. Torricelli wurde am bekanntesten durch seine Erfindung des Quecksilberbarometers. Nach Torricelli ist auch das Prinzip benannt, nach dem ein System von Körpern, das unter dem Einfluss der Schwerkraft steht, sich dann im Gleichgewicht befindet, wenn sein Schwerpunkt eine extremale Lage annimmt.

Der Magdeburger Bürgermeister und Ingenieur Guericke[6], der zu den großen deutschen Experimentalphysikern gehört, erfand um 1650 die Luftpumpe und zeigte in spektakulären Schauversuchen mit den leer gepumpten Magdeburger Halbkugeln die Kraft des Luftdrucks. Mit ihm begann die Mechanik der Gase.

---

[1] Tycho Brahe, dän. Astronom, 1546–1601

[2] Johannes Kepler, deutsch. Astronom und Mathematiker, 1571–1630

[3] Galileo Galilei, italien. Mathematiker, Physiker und Philosoph, 1564–1642

[4] Simon Stevin, gen. Simon von Brügge, fläm. Ingenieur und Mathematiker, 1548–1620

[5] Evangelista Torricelli, italien. Mathematiker und Physiker, 1608–1647

[6] Otto von Guericke, deutsch. Ingenieur und Physiker, 1606–1686

1.1 Einige historische Bemerkungen

Aus der ersten Hälfte des 17. Jahrhunderts sind die Wissenschaftler Huygens[1] und Hooke[2] zu nennen. Huygens stellte die Stoßgesetze auf, leitete den Energiesatz für Bewegungen im Schwerefeld der Erde her und entwickelte eine Wellentheorie des Lichts (Huygenssches Prinzip der Wellenausbreitung), die der korpuskularen Lichttheorie widersprach, jedoch später durch Fresnel[3] bestätigt wurde. Hooke fand auf empirischem Wege das nach ihm benannte linear-elastische Materialgesetz für Festkörper.

Um durch Gespräche, gemeinsame Experimente und Veröffentlichungen das Studium der Wissenschaften voranzutreiben, wurden im 17. Jahrhundert in den wichtigsten europäischen Ländern die ersten naturwissenschaftlichen Gesellschaften und Akademien gegründet. In Schweinfurt wurde 1652 die Akademie der Naturforscher Leopoldina gegründet, seit 1879 mit Sitz in Halle/Saale. Kurfürst Friedrich III. gründete 1700 in Berlin die Preußische Akademie der Wissenschaften. In Italien entstand 1657 die Accademia del Cimento (Akademie des Versuches) und in London 1660/62 The Royal Society (Königliche Gesellschaft) sowie 1666 in Paris die Académie Royale des sciences (Königliche Akademie der Wissenschaften). Die erste Bergakademie entstand 1665 in Freiberg, Sachsen.

Die Grundlagen der klassischen Mechanik wurden in der 2. Hälfte des 17. Jahrhunderts durch Newton[4] abgeschlossen. Newton begründete durch seine drei Axiome die klassische Mechanik der mathematischen Physik, zu der er sein Hauptwerk über die mathematischen Prinzipien der Naturphilosophie PHILOSOPIAE NATURALIS PRINCIPIA MATHEMATICA 1686 veröffentlichte. Er fand das allgemeine Gravitationsgesetz, das die drei Keplerschen Gesetze vereinigte und korrigierte. Newton stellte eine Korpuskulartheorie des Lichtes und die Farbenlehre auf. Er erfand das Spiegelteleskop. Newton war mehrfach in heftige Prioritätsstreitigkeiten verwickelt, u.a. mit Leibniz wegen der Erfindung der Infinitesimalrechnung (Prioritätsstreit um die Erfindung des Calculus), die Newton Fluxionsrechnung nannte[5]. Heute steht die Unabhängigkeit der Leibnizschen Erfindung von Newton fest.

Eine schweizerische Mathematikerdynastie niederländischer Herkunft, die entscheidende Entwicklungsschritte auf dem Gebiet der Mathematik und der Mechanik leistete, war die Familie Bernoulli. Jakob Bernoulli[6] begründete die Festigkeitslehre des Balkens (1. und 2. Bernoullische Hypothese) und verwendete als erster den Begriff Integral, der dann von Leibniz übernommen wurde. Sein Bruder Johann Bernoulli[7] formulierte das Prinzip der virtuellen Arbeiten und den Satz von der Erhaltung der lebendigen Kraft (Energiesatz der Mechanik), begründete die Variationsrechnung und veröffentlichte ein Werk über Hydrodynamik. Daniel

---

[1] Christiaan Huygens, niederländ. Mathematiker, Physiker, Astronom und Uhrenbauer, 1629–1695
[2] Robert Hooke, engl. Naturforscher, 1635–1703
[3] Augustin Jean Fresnel, frz. Ingenieur (Straßen- u. Brückenbau) und Physiker, 1788–1827
[4] Sir (seit 1705) Isaac Newton, engl. Mathematiker, Physiker und Astronom, 1643–1727
[5] Methodus fluxionum et seriarum infinitarum, 1671
[6] Jakob Bernoulli, schweizer. Mathematiker, 1654– 1705, Vater von Daniel B.
[7] Johann Bernoulli, schweizer. Mathematiker, 1667–1748, Bruder von Jakob B.

Bernoulli[1] gilt mit seinem Hauptwerk Hydrodynamik oder Kommentar über Kräfte und Bewegungen der Flüssigkeiten als Mitbegründer der Hydrodynamik.

Als der wohl erfolgreichste Forscher auf den Gebieten der Mathematik und Mechanik ist Leonhard Euler[2], ein Schüler von Johann Bernoulli, anzusehen. Im Gegensatz zu Newton entwickelte Euler im Bereich der Mathematik und der Mechanik eine gigantische Schaffenskraft. Das Gesamtwerk Eulers umfasst etwa 900 Arbeiten zur Mathematik und Physik. Die systematische Zusammenstellung seiner Arbeiten wurde 1911 begonnen und dauert bis heute an. Umfassende Darstellungen zur Mechanik sind seine analytische Mechanik Mechanika, die Theorie der Planetenbewegung, die Neuen Grundsätze der Artillerie, der Theorie des Schiffbaus und die Dioptrica. Euler war einer der Begründer der Hydrodynamik und der Strömungslehre (lokale Beschreibung der Strömungsvorgänge). Er behandelte Probleme der Elastizitätstheorie des Stabes, der Knicktheorie des Stabes und der Stabschwingungen. Eine der genialen Leistungen Eulers war die Formulierung des Schnittprinzips, mit dem es erst möglich wurde, die inneren Beanspruchungen eines Körpers zu ermitteln.

Stellvertretend für die Entwicklung der Mechanik im 18. Jahrhundert seien hier Jean Le Ronde d'Alembert[3] und Joseph Louis de Lagrange[4] genannt. Beide traten mit wissenschaftlichen Arbeiten zur Kinetik und Systemen von starren Körpern hervor. In seinem wissenschaftlichen Hauptwerk, der Traité de dynamique (Abhandlung über Dynamik) aus dem Jahre 1743, spricht d'Alembert das nach ihm benannte Prinzip aus, das kinetische Probleme formal auf statische Gleichgewichtsprobleme zurückführt. Das bedeutendste Werk dieser Zeit, die von Lagrange unter Mithilfe von Legendre[5] 1788 veröffentlichte Méchanique analytique, stellt eine Krönung der analytischen Mechanik dar, durch das die Mathematiker des 19. Jahrhunderts stark beeinflusst wurden.

Die ersten Arbeiten Coulombs[6] betrafen Abhandlungen über die Baustatik und die Festigkeitslehre sowie die Reibung, wobei er zum ersten Mal zwischen Gleit- u. Rollreibung unterschied und experimentell das nach ihm benannte Reibungsgesetz fand.

Louis Poinsot[7] hat vor allem die geometrische Statik weiterentwickelt. Von ihm stammen die Einführungen der Begriffe Kräftepaar (1804), Drehmoment und Trägheitsellipsoid (1834).

Siméon Denis Poisson[8] trug wesentlich zum Ausbau der Potenzialtheorie bei und beschäftigte sich intensiv mit der Wärmeleitung.

---

[1] Daniel Bernoulli, schweizer. Mathematiker, Physiker und Mediziner, 1700–1792

[2] Leonhard Euler, schweizer. Mathematiker, 1707–1783

[3] Jean Le Ronde d'Alembert, frz. Philosoph, Mathematiker und Literat, 1717–1783

[4] Joseph Louis de Lagrange, eigtl. Giuseppe Ludovico Lagrangia, frz. Mathematiker und Physiker italien. Herkunft, 1736–1813

[5] Adrien-Marie Legendre, frz. Mathematiker, 1752–1833

[6] Charles Augustin de Coulomb, frz. Physiker und Ingenieur, 1736–1806

[7] Louis Poinsot, frz. Mathematiker und Physiker, 1777–1859

[8] Siméon Denis Poisson, frz. Mathematiker und Physiker, 1781–1840

Von Louis Navier[1] stammen Arbeiten zur Baustatik (Lösung der allseits drehbar gelagerten Rechteckplatte, Naviersche Randbedingungen) sowie zur Hydrodynamik (Navier-Stokes-Gleichung).

In Ergänzung des Eulerschen Schnittprinzips führte Augustin Louis Cauchy[2] 1822 die Begriffe Spannung und Deformation ein, die in Verbindung mit dem Hookeschen Gesetz die Grundlage der Elastizitätstheorie bilden.

Im Zuge der wirtschaftlichen Ausnutzung mechanischer Konstruktionen und der Suche nach neuen Materialien, insbesondere für die Luft- und Raumfahrt, haben Forschungsarbeiten auf dem Gebiet der Mechanik der deformierbaren Körper heute wieder eine wichtige Bedeutung erlangt. Dies betrifft theoretische Untersuchungen hinsichtlich der Bereitstellung neuer Stoffgesetze für Materialien wie Keramiken, Kunststoffe und Metalle sowie die mit der Theorie einhergehenden experimentellen Untersuchungen zur Verifizierung der Stoffgleichungen.

1.2 Grundlagen der Mechanik

Die Naturwissenschaften beruhen auf Grundbegriffen, die anschaulichen Ursprungs sind und nicht weiter definiert werden. Hierzu zählen der Zeitablauf, der Raum und die Materie. Die mit diesen Grundbegriffen verbundenen Eigenschaften werden in Tab. 1.1 durch Messvorschriften definiert. Die Länge einer Strecke ist beispielsweise dadurch definiert, herauszufinden, wie oft sich ein Bezugsmaß an die auszumessende Strecke anlegen lässt. Zwischen den Grundbegriffen Zeitablauf, Raum und Materie werden noch elementare Zusammenhänge aufgestellt, die als Axiome bezeichnet werden. Sie bilden die Fundamente, auf denen dann umfassendere Sätze durch logische Schlussweise aufgebaut und bewiesen werden.

Tab. 1.1 *Grundbegriffe der klassischen Mechanik*

Grundbegriffe	Messbare Eigenschaften
Zeitablauf	Zeit
Raum	Länge
Materie	Masse

Im amtlichen und geschäftlichen Verkehr sind vorgeschriebene Einheiten zu verwenden. In der Bundesrep. Dtl. gelten die Eichgesetze i. d. F. v. 22.2.1985 sowie das Gesetz über Einheiten im Messwesen, kurz Einheitengesetz, vom 2.7.1969, durch das die SI[3]-Basiseinheiten des Internationalen Einheitensystems eingeführt wurden. Das Internationale Einheitensystem wurde 1960 von der 11. Generalkonferenz für Maß und Gewicht (CGPM) geschaffen. Das SI

---

[1] Claude Louis Marie Henri Navier, frz. Physiker, 1785–1836
[2] Augustin Louis Baron Cauchy, frz. Mathematiker, 1789–1857
[3] Système International d'Unités

ist die heutige Form des metrischen Systems, wie es in der ganzen Welt verwendet wird. Dabei werden zwei Klassen von SI-Einheiten unterschieden:

1. die Basiseinheiten und die
2. aus den Basiseinheiten abgeleiteten Einheiten.

Das SI-System beruht auf insgesamt 7 Basisgrößen[1], die in Tab. 1.2 zusammengestellt sind. Für die Technische Mechanik sind davon nur die ersten vier Basisgrößen von Bedeutung.

Tab. 1.2 Grundeinheiten des internationalen Einheitensystems

Nr.	Basisgröße	SI-Basiseinheit	Zeichen
1	Länge	Das Meter	m
2	Masse	Das Kilogramm	kg
3	Zeit	Die Sekunde	s
4	Thermodynamische Temperatur	Das Kelvin	K
5	Elektrische Stromstärke	Das Ampere	A
6	Stoffmenge	Das Mol	mol
7	Lichtstärke	Die Candela	cd

Die Länge: Seit der 17. Generalkonferenz für Maß und Gewicht 1983 ist das Meter als die Strecke definiert, die Licht im Vakuum während der Dauer von 1/299792458,458 s zurücklegt. Das Meter wurde am 7.4.1795 von der französischen Nationalversammlung per Dekret festgelegt. Nach einer Definition der frz. Akademie der Wissenschaften sollte es der zehnmillionste Teil eines Quadranten desjenigen Großkreises der Erde sein, der über Nord- und Südpol durch Paris verläuft. Der Pariser Mechaniker Jean Fortin stellte aus Platin-Iridium zwei Maßverkörperungen (Urmeter) her, die im Keller des internationalen Büros für Maß und Gewicht in Sèvres bei Paris bei 0°C und 760 mm Hg lagern.

Die Masse: Seit der 1. und 3. Generalkonferenz für Maß und Gewicht, 1889 und 1901, ist 1 kg die Masse des Internationalen Kilogrammprototyps. Der Kilogrammprototyp ist ein Zylinder aus Platin-Iridium, dessen Durchmesser und Höhe gleich sind (etwa 39 mm). Er wird im Keller des internationalen Büros für Maß und Gewicht in Sèvres bei Paris aufbewahrt. Das Kilogramm ist als einzige Maßeinheit bis heute an einen materiellen Prototyp gebunden, was ein weltweites Nachmessen erheblich erschwert.

Die Zeit: Nach der 1967 auf der 13. Generalkonferenz für Maß und Gewicht angenommenen Definition ist die Sekunde das 9192631770fache der Periodendauer derjenigen elektromagnetischen Strahlung (eine Infrarotstrahlung der Frequenz 9192631770 Hz), die beim Übergang der beiden Hyperfeinstrukturniveaus des Grundzustandes von Atomen des Nuklids (Cäsiumisotops) ^{133}Cs emittiert wird. Die Atomsekunde lässt sich durch eine Cäsiumuhr (Atomuhr) realisieren. Mit dieser Definition konnte die Sekunde, unabhängig von Raum und Zeit, auf eine Naturkonstante zurückgeführt werden. Auf der 14. Versammlung der Internationalen Astronomischen Union wurde 1971 bestimmt, dass bei einem Unterschied von 0,7 s zwischen Erdstellung und Atomzeit eine Schaltsekunde einzuführen ist. Ursprünglich war

---

[1] Das Mol wurde 1971 ergänzt

1.2 Grundlagen der Mechanik

die Sekunde als der 86400te Teil des mittleren Sonnentages definiert. 1956 wurde sie dann als der 31556925,9747te Teil des tropischen Jahres für 1900 als Ephemeriden-Sekunde festgelegt.

Die Thermodynamische Temperatur: Das Kelvin[1] ist definiert als der 27316te Teil der thermodynamischen Temperatur des Tripelpunktes des Wassers. Die Temperatur ist ein Maß für den Wärmezustand eines materiellen Systems. Die thermodynamische Temperatur ist substanzunabhängig und besitzt nur positive Werte. Sie wird nach unten durch den absoluten Nullpunkt der Temperatur begrenzt. Neben der Größe Thermodynamische Temperatur (Formelzeichen: T), die in der Einheit Kelvin angegeben wird, ist es international üblich, die Größe Celsius[2]-Temperatur (Formelzeichen: t) anzugeben. Sie ist durch folgende Beziehung definiert: $t = T - T_0$, wobei $T_0 = 213,15$ K ist. Celsius-Temperaturen werden in Grad Celsius angegeben, Einheitenzeichen °C. Die Zahlenwerte von Temperaturdifferenzen stimmen bei der Verwendung der Einheiten K (Kelvin) und °C (Grad Celsius) überein, so dass gleiche Temperaturdifferenzen in beiden Skalen denselben Wert haben. Es ist zu beachten, dass die thermodynamische Temperatur T_0 genau 0,01 K unterhalb des Tripelpunktes von Wasser liegt. In den USA und Großbritannien werden die Einheiten °F (Grad Fahrenheit[3]) und °R (Grad Rankine[4]) der Temperatur benutzt.

Tab. 1.3   Beispiele für abgeleitete SI-Einheiten mit eigenem Namen und Zeichen

Größe	Name	Zeichen	Durch SI-Basiseinheiten ausgedrückt	
Ebener Winkel	Radiant[5]	rad	1 rad	$= $ m m^{-1} $= 1$
Kraft	Newton	N	1 N	$= 1$ kg m s^{-2}
Druck, Spannung	Pascal[6]	Pa	1 Pa	$= 1$ N m^{-2} $= 1$ kg m^{-1} s^{-2}
Arbeit, Energie, Wärmemenge	Joule[7]	J	1 Nm	$= 1$ kg m^2 s^{-2}
Leistung	Watt[8]	W	1 W	$= 1$ J s^{-1} $= 1$ N m s^{-1} $= 1$ kg m^2 s^{-3}

Neben den Basiseinheiten erhalten wir durch Zurückführung der Messung aller anderen Größen auf die SI-Basisgrößen abgeleitete mechanische Größen mit abgeleiteten Einheiten. Bestimmte abgeleitete Einheiten haben einen besonderen Namen und ein besonderes Einhei-

---

[1] Thomson, Sir (seit 1866) William *Lord Kelvin of Largs*, brit. Physiker, 1824–1907

[2] Anders Celsius, schwed. Astronom, 1701–1744

[3] nach D.G. Fahrenheit. Als 100 °F hatte Fahrenheit ursprünglich die *normale* Körpertemperatur gewählt

[4] nach W.J.M. Rankine, schottischer Physiker und Ingenieur, 1820–1872

[5] Die Einheit für die im Bogenmaß gemessene Größe eines ebenen Winkels ist der Radiant (Abk. rad), der Winkel, für den die Kurvenlänge des Einheitskreises den Wert 1 hat: $1 \text{rad} = 360°/2\pi \approx 57°17'44,8''$.

[6] Blaise Pascal, frz. Religionsphilosoph, Mathematiker und Physiker, 1623–1662

[7] James Prescott Joule, brit. Physiker, 1818–1889 (gesprochen: *dschuul*)

[8] James Watt, brit. Ingenieur und Erfinder, 1736–1819

tenzeichen erhalten. Die für die Technische Mechanik interessanten Namen und Einheitenzeichen sind in Tabelle 1-3 aufgeführt.

Es ist noch zwischen Dimension[1] und Einheit zu unterscheiden. Die Dimension ist ein der physikalischen Größe zugeordneter Begriff, der ihre qualitative, nicht aber ihre quantitative Eigenschaft wiedergibt. Beispielsweise ist die Dimension der Geschwindigkeit

$$[v] = \frac{\text{Länge}}{\text{Zeit}}.$$

Die zahlenmäßige Auswertung der vorstehenden Gleichung liefert immer dasselbe physikalische Ergebnis, und zwar unabhängig davon, in welchen Einheiten die Länge und die Zeit eingesetzt werden. Eine physikalische Größe wird vollständig angegeben durch

$$\text{Physikalische Größe} = \text{Maßzahl} \cdot \text{Einheit}.$$

Eine einfache Kontrolle zur Überprüfung der formalen Richtigkeit in mechanischen Ausdrücken ist die Dimensionsanalyse, wonach eine Gleichung nur dann als richtig erkannt wird, wenn die auf beiden Seiten stehenden Ausdrücke in jedem Stadium der Rechnung dieselben Dimensionen haben.

Zahlenwertgleichungen geben die Beziehungen zwischen Zahlenwerten von Größen wieder. Sie erfordern immer die zusätzliche Angabe von Einheiten, für die die Zahlenwerte gelten, etwa $v = 3{,}6\dfrac{s}{t}$ mit v in km/h, s in m und t in s.

Die folgende Tabelle enthält SI-Vorsätze, die es erlauben, sehr große und sehr kleine Zahlenwerte zu vermeiden. Die Vorsätze werden vor den Namen der Einheit gesetzt.

Tab. 1.4 SI-Vorsätze

Faktor	Vorsatz	Zeichen	Faktor	Vorsatz	Zeichen
10^{24}	Yotta	Y	10^{-1}	Dezi	d
10^{21}	Zetta	Z	10^{-2}	Zenti	c
10^{18}	Exa	E	10^{-3}	Milli	m
10^{15}	Peta	P	10^{-6}	Mikro	μ
10^{12}	Tera	T	10^{-9}	Nano	n
10^{9}	Giga	G	10^{-12}	Piko	p
10^{6}	Mega	M	10^{-15}	Femto	f
10^{3}	Kilo	K	10^{-18}	Atto	a
10^{2}	Hekto	H	10^{-21}	Zepto	z
10	Deka	da	10^{-24}	Yokto	y

---

[1] zu lat. dimetiri, dimensum = nach allen Seiten hin abmessen

1.3 Begriffe der Mechanik

Die elementaren Begriffe der klassischen Mechanik sind der Körper, die Bewegungen und die Kräfte. Die Definition dieser Begriffe erfolgt über die Anschauung und die tägliche Erfahrung. Aus der täglichen Erfahrung im Umgang mit Körpern können wir sofort folgendes feststellen:

1. Ein Körper ist ein von fester, flüssiger oder gasförmiger Materie ausgefülltes begrenztes räumliches Gebiet (Abb. 1.2).
2. Jedem Körper lässt sich eine skalare[1] Größe zuordnen, die wir Masse[2] nennen.
3. Ein Körper übt, etwa beim Anheben, eine Kraft auf unsere Hand aus.

Die geometrischen und materiellen Eigenschaften eines Körpers bestimmen sein mechanisches Verhalten. Grundsätzlich nimmt jeder Körper ein Raumgebiet ein, doch muss umgekehrt nicht jedes Raumgebiet von einem Körper ausgefüllt sein.

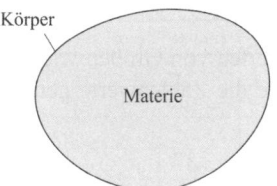
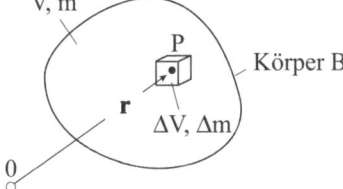

Abb. 1.2 *Der Körper*   ***Abb. 1.3*** *Volumenelement ΔV eines Körpers B*

In der Technischen Mechanik wird jeder Körper als Kontinuum[3] betrachtet, wir denken uns also die Materie in dem Raumgebiet gleichmäßig verteilt, ohne auf die Mikrostruktur des Materials näher einzugehen. Die Masse m eines Körpers ist eine skalare Größe und sie ist immer positiv. Jedem Teilvolumen ΔV eines Körpers B (Abb. 1.3) ist eindeutig eine Teilmasse Δm zugeordnet. Bei kontinuierlicher Verteilung der Masse lässt sich folgender Grenzwert bilden:

$$\lim_{\Delta V \to 0} \frac{\Delta m}{\Delta V} = \frac{dm}{dV} = \rho(\mathbf{r}, t).$$

Der Grenzwert $\rho(\mathbf{r},t)$ heißt lokale Dichte des Körpers B am Punkt P (mit dem Ortsvektor $\mathbf{r}$) zum Zeitpunkt t.

---

[1] zu lat. scalaris ›zur Leiter, Treppe gehörig‹
[2] lat. massa = Teig, Klumpen
[3] lat. continuus = zusammenhängend

$$[\rho] = \frac{\text{Masse}}{\text{Länge}^3}, \quad \text{Einheit: } kg/m^3.$$

Mit $\rho(\mathbf{r},t)$ kann die Dichte an jedem Punkt P des Körpers eine andere sein. Sie bildet ein skalares Feld. Diese lokale Dichte ist allerdings nicht messbar, das gilt nur für die mittlere Dichte

$$\tilde{\rho}(\mathbf{r},t) = \frac{\Delta m}{\Delta V}.$$

Ist die Dichte zeitlich und örtlich konstant, so können wir $m = \int \rho\, dV = \rho \int dV = \rho V$ schreiben und damit wird

$$\rho = \frac{m}{V}.$$

Tab. 1.5 *Dichte einiger fester Stoffe bei 20°C*

Stoff	ρ in 10^3 kg/m³	Stoff	ρ in 10^3 kg/m³
Aluminium	2,702	Glas	2,4-2,6
Beton	1,6-2,4	Holz	0,2-1,0
Blei	11,34	Kupfer	8,92
Stahl	7,85	Sand	1,5-1,7

Ist die Dichte $\rho(\mathbf{r},t)$ eines Körpers bekannt, so lässt sich aus

$$\int_{(V)} \rho(\mathbf{r},t)\, dV = \int_{(V)} dm = m$$

seine Masse m ermitteln. Die praktische Auswertung des Integrals erfolgt durch Rückführung der Dreifachintegration auf Einfachintegrationen. Unter Berücksichtigung der Definition der Volumenelemente in Abb. 1.4 erhalten wir in kartesischen Koordinaten

$$m = \int_{x_1}^{x_2} \left\{ \int_{y_1(x)}^{y_2(x)} \left[\int_{z_1(x,y)}^{z_2(x,y)} \rho(x,y,z)\, dz \right] dy \right\} dx,$$

und bei Verwendung von Zylinderkoordinaten ist

$$m = \int_{z_1}^{z_2} \left\{ \int_{r_1(z)}^{r_2(z)} \left[\int_{\varphi_1(r,z)}^{\varphi_2(r,z)} \rho(r,\varphi,z)\, r\, d\varphi \right] dr \right\} dz.$$

1.3 Begriffe der Mechanik

a) Kartesische Koordianten b) Zylinderkoordinaten

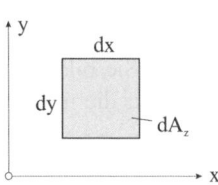
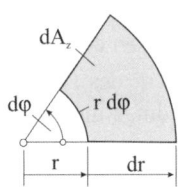

$dA_z = dx\,dy$
$dV = dA_z\,dz = dx\,dy\,dz$

$dA_z = r\,dr\,d\varphi$
$dV = dA_z\,dz = r\,dr\,d\varphi\,dz$

Abb. 1.4 *Flächenelement dA_z und Volumenelement dV in kartesischen Koordinaten und Zylinderkoordinaten*

Beispiel 1-1:

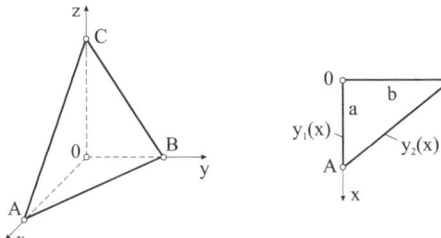

Abb. 1.5 *Tetraeder mit konstanter Dichte ρ, Berechnung der Masse m*

Es soll die Masse m des Tetraeders in Abb. 1.5 berechnet werden. Seine Eckpunkte in der (x,y)-Ebene ($z = 0$) sind 0(0,0,0), A(a,0,0) und B(0,b,0). Die Spitze liegt bei C (0,0,c). Die Dichte ist $\rho = \rho_0 =$ konst. Zur Beschreibung des Problems verwenden wir kartesische Koordinaten. Damit folgt für die Masse

$$m = \int_{(V)}\rho_0 dV = \rho_0 \int_{(V)} dV = \rho_0 V = \rho_0 \int_{x_1}^{x_2}\left\{\int_{y_1(x)}^{y_2(x)}\left[\int_{z_1(x,y)}^{z_2(x,y)} dz\right] dy\right\} dx \ .$$

Wir benötigen die Integrationsgrenzen:

1. $z_1(x,y)$: Grundfläche 0AB ($z = 0$)
2. $z_2(x,y)$: Ebene ABC
3. $y_1(x)$: Gerade 0A
4. $y_2(x)$: Gerade AB

Zur Bestimmung der Gleichung der schräg im Raum liegenden Ebene ABC machen wir folgenden linearen Ansatz: $\alpha x + \beta y + \gamma z - \delta = 0$. Die Punkte A, B und C liegen in dieser Ebene und legen diese eindeutig fest. Sie müssen deshalb der Ebenengleichung genügen.

A: $\alpha a - \delta = 0 \rightarrow \alpha = \delta/a$, B: $\beta b - \delta = 0 \rightarrow \beta = \delta/b$, C: $\gamma c - \delta = 0 \rightarrow \gamma = \delta/c$.

Einsetzen von α, β und γ in die Ebenengleichung liefert: $\delta\left[\dfrac{x}{a}+\dfrac{y}{b}+\dfrac{z}{c}-1\right]=0$. Mit $\delta \neq 0$ folgt daraus die Achsenabschnittsgleichung der Ebene ABC: $\dfrac{x}{a}+\dfrac{y}{b}+\dfrac{z}{c}-1=0$. Lösen wir diese Gleichung nach z auf und setzen für z die obere Grenze z_2 ein, dann kommt:

$z_2(x,y) = c\left(1 - \dfrac{x}{a} - \dfrac{y}{b}\right)$. Für $z = 0$ erhalten wir die Gleichung der Geraden AB und damit die Grenze $y_2(x) = b\left(1 - \dfrac{x}{a}\right)$. Die Auswertung des Dreifachintegrals ergibt das Volumen

$$V = \int_{x=0}^{a}\left\{\int_{y=0}^{b(1-x/a)}\left[\int_{z=0}^{c[1-x/a-y/b]}dz\right]dy\right\}dx = \int_{x=0}^{a}\left\{\int_{y=0}^{b(1-x/a)} c\left[1 - \dfrac{x}{a} - \dfrac{y}{b}\right]dy\right\}dx = c\int_{x=0}^{a}\left[y - \dfrac{xy}{a} - \dfrac{y^2}{2b}\right]_{0}^{b(1-x/a)}dx$$

$$= \dfrac{bc}{2}\int_{x=0}^{a}\left(1 - \dfrac{x}{a}\right)^2 dx = \dfrac{1}{6}abc$$

und damit die Masse $m = \rho_0 V = \dfrac{1}{6}\rho_0 abc$.

Beispiel 1-2:

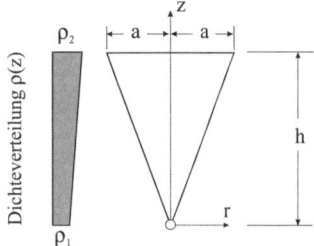

Abb. 1.6 Kreiskegel mit linear verteilter Dichte ρ(z)

Für den auf der Spitze stehenden Kreiskegel in Abb. 1.6 ist die Masse *m* zu berechnen. Dem Problem angepasst sind hier Zylinderkoordinaten. Der Kegel besitzt mit

$\rho(z) = \rho_2 + (\rho_1 - \rho_2)z/h$

eine linear von z abhängige Dichte.

1.3 Begriffe der Mechanik

Lösung: Führen wir die dimensionslosen Größen $\kappa = \rho_2/\rho_1$ und $\zeta = z/h$ ($0 \leq \zeta \leq 1$) ein, dann ist $\rho(\zeta) = \rho_1[1+(\kappa-1)\zeta]$. Auch der Radius r ist mit $r(\zeta) = a\zeta$ eine lineare Funktion in ζ. Aufgrund der Rotationssymmetrie sowie unter Beachtung von $dz = hd\zeta$ folgt die Masse

$$m = \int_{z_1}^{z_2}\left\{\int_{r_1(z)}^{r_2(z)}\left[\int_{\varphi_1(r,z)}^{\varphi_2(r,z)}\rho(z)r\,d\varphi\right]dr\right\}dz = h\int_{\zeta_1}^{\zeta_2}\left\{\int_{r_1(\zeta)}^{r_2(\zeta)}\left[\int_{\varphi_1(r,\zeta)}^{\varphi_2(r,\zeta)}\rho(\zeta)r\,d\varphi\right]dr\right\}d\zeta$$

$$= h\int_0^1\rho(\zeta)\left\{\int_{r=0}^{a\zeta}\left[\int_{\varphi=0}^{2\pi}d\varphi\right]r(\zeta)dr\right\}d\zeta = 2\pi h\int_0^1\rho(\zeta)\left\{\int_{r=0}^{a\zeta}r\,dr\right\}d\zeta = \pi h a^2\int_0^1\rho(\zeta)\zeta^2 d\zeta$$

$$= \pi h a^2\rho_1\int_0^1[1+(\kappa-1)\zeta]\zeta^2 d\zeta = \frac{1}{12}\rho_1\pi h a^2(1+3\kappa).$$

■

Soll die Masse bzw. das Volumen eines Polyeders berechnet werden, dann bietet sich folgendes Verfahren an. Die Oberfläche des Polyeders wird lückenlos mit einem Dreiecknetz überzogen, wobei die Eckpunkte eines jeden Dreiecks eine Ebene im Raum festlegen. Verbinden wir nun jeden Eckpunkt mit dem Ursprung P_0 des Koordinatensystems, dann entstehen Tetraederelemente. In Abb. 1.7 wurde beispielhaft das Element 3 invers dargestellt.

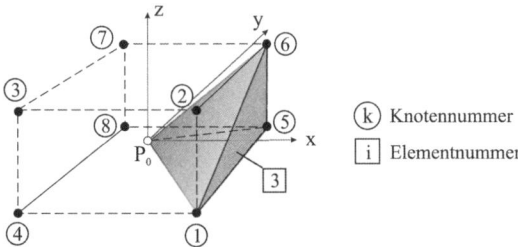

Abb. 1.7 *Aus Tetraedern zusammengesetzter Quader*

Ist das Volumen eines Tetraeders in allgemeiner Lage bekannt, dann ergibt sich das Volumen des Gesamtkörpers aus der Summe der Teilvolumina der einzelnen Tetraeder. Beginnen wir also mit der Untersuchung eines einzelnen Tetraeders (Abb. 1.8).

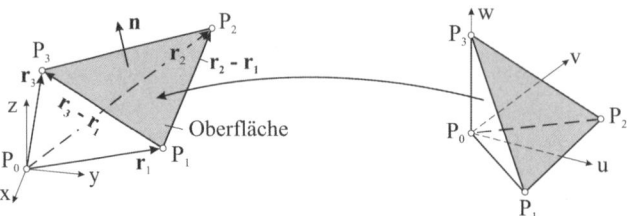

Abb. 1.8 Tetraeder in allgemeiner Lage und im Parameterraum

Um die Integrationsgrenzen bei der Dreifachintegration zu vereinheitlichen, führen wir die Gauß-Parameter[1] (u,v,w) ein und stellen damit den Ortsvektor **r** des Tetraeders in Abhängigkeit dieser Parameter dar, also

$$\mathbf{r} = \mathbf{r}(u,v,w) = u(\mathbf{r}_1 + \mathbf{r}_2) + v(\mathbf{r}_2 - \mathbf{r}_1) + w\mathbf{r}_3.$$

Die Parametertripel (0, 0, 0), (1/2, -1/2, 0), (1/2, 1/2, 0), (0, 0, 1) kennzeichnen die vier Eckpunkte P_0, P_1, P_2 und P_3 des Tetraeders, das dann im Parameterraum (u,v,w) wie folgt beschrieben werden kann: $\{(u,v,w) \mid 0 \leq w \leq 1-2u, -u \leq v \leq u, 0 \leq u \leq 1/2\}$. Die Tangentenvektoren an die Parameterlinien (u,v,w) sind

$$\frac{\partial \mathbf{r}}{\partial u} = \mathbf{r}_1 + \mathbf{r}_2, \quad \frac{\partial \mathbf{r}}{\partial v} = \mathbf{r}_2 - \mathbf{r}_1, \quad \frac{\partial \mathbf{r}}{\partial w} = \mathbf{r}_3,$$

und das infinitesimale Volumenelement zwischen diesen Tangentenvektoren berechnet sich zu

$$dV = \left| \left(\frac{\partial \mathbf{r}}{\partial u} \times \frac{\partial \mathbf{r}}{\partial v} \right) \cdot \frac{\partial \mathbf{r}}{\partial w} \right| du\, dv\, dw.$$

Die drei Vektoren $\frac{\partial \mathbf{r}}{\partial u}, \frac{\partial \mathbf{r}}{\partial v}, \frac{\partial \mathbf{r}}{\partial w}$ spannen ein Parallelepiped (Spat) auf, und dem Betrag des Spatproduktes $\left(\frac{\partial \mathbf{r}}{\partial u} \times \frac{\partial \mathbf{r}}{\partial v} \right) \cdot \frac{\partial \mathbf{r}}{\partial w}$ kommt die geometrische Bedeutung des Spatvolumens zu. Beachten wir $\frac{\partial \mathbf{r}}{\partial u} \times \frac{\partial \mathbf{r}}{\partial v} = (\mathbf{r}_1 + \mathbf{r}_2) \times (\mathbf{r}_2 - \mathbf{r}_1) = 2\mathbf{r}_1 \times \mathbf{r}_2$, dann ist $dV = 2|(\mathbf{r}_1 \times \mathbf{r}_2) \cdot \mathbf{r}_3| du\, dv\, dw$

und damit

$$V = \int dV = 2|(\mathbf{r}_1 \times \mathbf{r}_2) \cdot \mathbf{r}_3| \int_{u=0}^{1/2} \left[\int_{v=-u}^{u} \left(\int_{w=0}^{1-2u} dw \right) dv \right] du.$$

---

[1] Carl Friedrich Gauß, deutsch. Mathematiker, Astronom, Geodät und Physiker, 1777–1855

1.3 Begriffe der Mechanik

Die Auswertung des Dreifachintegrals erfolgt derart, dass zunächst über w von 0 bis 1-2u, sodann über v von –u bis u und abschließend über u von 0 bis 1/2 integriert wird. Mit $\int_{u=0}^{1/2}\left[\int_{v=-u}^{u}\left(\int_{w=0}^{1-2u}dw\right)dv\right]du=\frac{1}{12}$ ist somit das Volumen eines Tetraeders $V=\frac{1}{6}|(\mathbf{r}_1\times\mathbf{r}_2)\cdot\mathbf{r}_3|$.

Beispiel 1-3:

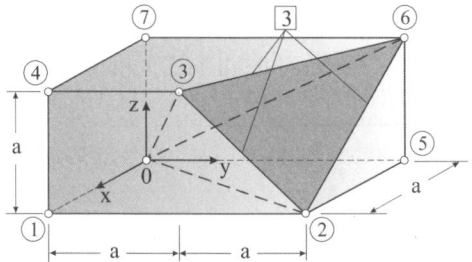

Abb. 1.9 Volumenberechnung eines Quaders mit abgeschnittener Ecke

Zur Berechnung des Volumens und der grafischen Ausgabe eines allgemeinen Tetraederensembles sind zwei Maple-Prozeduren bereitzustellen. Die Datei *Daten_01.txt* enthält die Daten für den in der Abb. 1.9 skizzierten Quader mit abgeschnittener Ecke. Die erste Zeile ist eine Textzeile. Es folgen in der zweiten Zeile die Steuerdaten (Anzahl der Knoten und Elemente) sowie Knotenkoordinaten und Elementdaten, die mit ihren Einträgen die Oberflächendreiecke festlegen. Zur Aufstellung der Knotendatei wurde die Länge a = 2 gewählt. Die Knotennummerierung der Oberflächendreiecke ist so durchzuführen, dass sich im Umfahrungssinn der Elementknoten im Sinne der Rechtsschraubregel ein nach außen gerichteter Normalenvektor ergibt (Abb. 1.8). Für das Element 3 sind beispielsweise (2,6,3) oder auch zyklisch vertauscht (6,3,2) zulässige Einträge in die Elementdatei. Dagegen würde bei einer Knotennummerierung (3,6,2) das Volumen abgezogen, da sich in diesem Fall ein negatives Spatvolumen berechnet. Die Ebenen x = 0, y = 0 und z = 0 wurden nicht elementiert, da die mit ihnen gebildeten Tetraeder kein Volumen besitzen.

Beispiel 1-4:

Berechnen sie mit der in Beispiel 1-3 bereitgestellten Prozedur *PROC_CALC_01* näherungsweise das Volumen einer Halbkugel mit einem Durchmesser R = 500 cm. Die Knoten- und Elementdaten stehen in der Datei *Daten_02.txt*.

In der Technischen Mechanik ist es üblich, die Körper nach zwei verschiedenen Ordnungssystemen zu gliedern. Die erste Gliederung (Tab. 1.6) basiert auf den Eigenschaften und die zweite berücksichtigt die Form und das Tragverhalten der Körper (Tab. 1.7).

Tab. 1.6 Einteilung der Körper nach ihren Eigenschaften

	Feste Körper		Fluide			
Starre Körper	Deformierbare Körper		Flüssigkeiten		Gase	
	elastische	plastische	ideale	reale	ideale	reale

Feste Körper setzen einer Formänderung großen Widerstand entgegen. Ein Spezialfall des Festkörpers ist der starre Körper. Wie wir später sehen werden, spielt die Modellvorstellung des starren Körpers als Idealform bei vielen Untersuchungen in der Mechanik eine wichtige Rolle, und zwar immer dann, wenn von dessen Deformationseigenschaften abgesehen werden kann. Starre Körper sollen trotz beliebiger Belastungen keinerlei Deformationen erleiden.

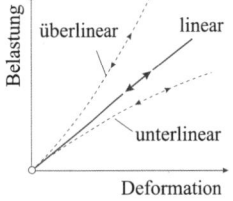
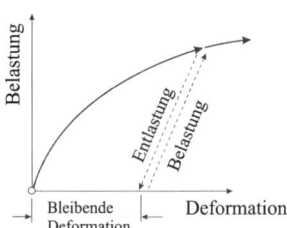

Abb. 1.10 Elastische und plastische Deformationen einer Zugprobe

Bei den elastisch deformierbaren Körpern verschwinden bei Wegnahme der Belastung die Deformationen wieder vollständig. Plastisch deformierbare Körper, die auch inelastische Körper genannt werden, sind solche Körper, bei denen nach Entfernung der Belastung die Deformationen nicht vollständig zurückgehen (Abb. 1.10 b).

Aufgrund der freien Beweglichkeit der Teilchen können Flüssigkeiten beliebige Formen annehmen. Sie setzen einer Gestaltänderung einen geringen, einer Volumenänderung jedoch einen sehr großen Widerstand entgegen. Einige in technischen Anwendungen vorkommende Strömungsfälle lassen sich angenähert unter Vernachlässigung der inneren Flüssigkeitsreibung berechnen. Solche idealen Flüssigkeiten sollen völlig inkompressibel sein und einer Gestaltänderung keinen Widerstand entgegensetzen. Reale Flüssigkeiten werden auch zähe oder viskose Flüssigkeiten genannt. Flüssigkeiten, deren Viskosität vom Spannungs- bzw. Deformationszustand unabhängig sind, heißen Newtonsche, im Gegensatz zu Nicht-Newtonschen Flüssigkeiten.

1.3 Begriffe der Mechanik

Als Gas wird ein Zustand bezeichnet, in dem die einzelnen Teilchen relativ frei beweglich sind, so dass sich ihre gegenseitige Anordnung dauernd verändert. Eine Gasmenge hat deshalb keine feste Gestalt und kann jedes beliebige Volumen annehmen. Sie werden ebenfalls in ideale und reale Gase unterteilt.

Zu den wichtigsten Tragwerksformen gehören die Tragwerke nach Tab. 1.7.

Tab. 1.7   Einteilung der Körper nach ihrem Tragverhalten

Dreidimensionale Tragwerke	Flächentragwerke				Stabtragwerke		
	gekrümmte		ebene		gekrümmte		gerade
	doppelt	einfach	Scheiben	Platten	räumlich	eben	

Die konstruktive und rechnerische Auslegung dreidimensionaler Tragwerke erfordert einen hohen Aufwand. Aus diesem Grunde war noch vor einigen Jahren die Berechnung solcher Tragwerke eher die Ausnahme. Mit dem Vorhandensein leistungsfähiger Rechner und Rechenprogramme gewinnen auch diese Tragwerksformen bei der rechnerischen Strukturanalyse verstärkt an Bedeutung.

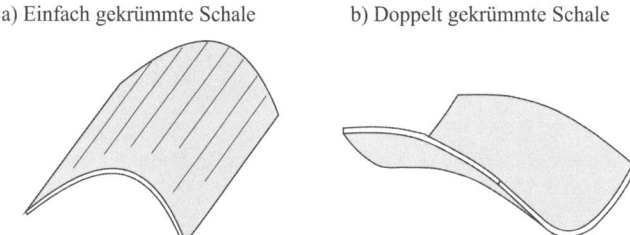

Abb. 1.11   Einfach und doppelt gekrümmte Schalen

Flächentragwerke sind in einer Richtung dünn im Vergleich zu den beiden anderen Richtungen. Schalen sind einfach oder doppelt gekrümmte Flächentragwerke, die Belastungen sowohl senkrecht als auch in ihrer Ebene aufnehmen können.

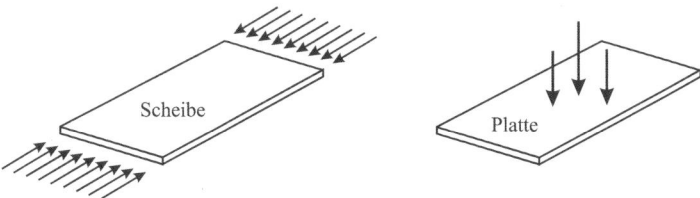

Abb. 1.12   Scheibe und Platte als ebene Flächentragwerke

Wichtige Sonderformen sind Kreiszylinder-, Kegel- und Kugelschalen. Bei Membranschalen werden die Lasten nur in der Schalenmittelfläche aufgenommen; bei Biegeschalen erfolgt der Lastabtrag zusätzlich durch Biegung der Schalenfläche. Aufgrund der Belastung werden die ebenen Flächentragwerke in Scheiben und Platten eingeteilt. Bei einer Scheibe wirken sämtliche Beanspruchungen nur in der ebenen Mittelfläche. Biegewirkungen treten nicht auf. Bei einer Platte erfolgen die äußern Feldbelastungen senkrecht zur Mittelfläche. Dadurch treten immer Biegeverformungen auf. Scheiben und Platten finden im gesamten Ingenieurwesen ein weites Anwendungsgebiet.

a) Räumlich gekrümmter Stab   a) In der Ebene gekrümmter Stab

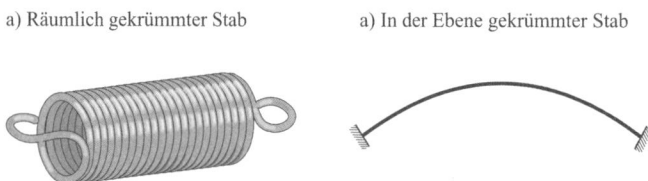

Abb. 1.13   *Räumlich und eben gekrümmte Stäbe*

Bei stabartigen Tragwerken ist die Stablänge groß gegenüber den Querschnittsabmessungen. Es wird nach räumlichen und in der Ebene gekrümmten Stäben unterschieden. Beim geraden Stab ist die Stabachse eine Gerade. Stäbe mit Belastungen quer zur Längsachse werden als Balken bezeichnet.

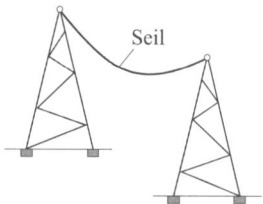

Abb. 1.14   *Hochspannungsleitung, Seilkonstruktion*

Eine Kette können wir uns näherungsweise aus vielen kleinen Einzelstäben zusammengesetzt denken, die gelenkig miteinander verbunden sind; als Modellvorstellung diene etwa eine Kugelkette für den Sanitärbereich. Das mechanische Tragmodell eines Seils erhalten wir aus dem Grenzfall einer Kette mit unendlich vielen Gliedern, deren Längen gegen null gehen. Anwendungen finden diese Konstruktionselemente u.a. bei Kranen, Aufzügen, Schrägseilbrücken und Hochspannungsleitungen.

1.4 Bewegungen

Wir betrachten die Bewegung des Körpers in Abb. 1.15, von dem wir annehmen, dass er Platzierungen (oder auch Konfigurationen) derart besitzt, sodass zu jedem Körperpunkt P genau ein Ortsvektor $\mathbf{r}(P)$ gehört. Die Platzierung zum Bezugszeitpunkt t_0 heißt Bezugsplatzierung, von der oft angenommen wird, dass diese eine unbelastete Lage des Körpers darstellt.

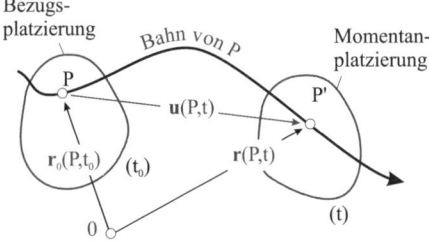
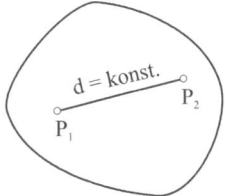

Abb. 1.15 Die Bewegung eines Körperpunktes P   **Abb. 1.16** Der starre Körper

Wir bezeichnen sie mit dem Ortsvektor $\mathbf{r}_0(P,t_0)$. Die Platzierung zum Zeitpunkt t wird Momentanplatzierung oder auch Referenz genannt. Der zugehörige Ortsvektor ist $\mathbf{r}(P,t)$. Ändert sich die Lage des Körpers in der Zeit t, dann wird der Übergang von der Bezugsplatzierung zur Momentanplatzierung als Bewegung bezeichnet. Der Abb. 1.15 entnehmen wir

$$\mathbf{r}(P,t) = \mathbf{r}_0(P,t_0) + \mathbf{u}(P,t).$$

Dabei ist $\mathbf{u}(P,t)$ der Verschiebungsvektor.

Tab. 1.8 Klassifizierung der Bewegung

Starrkörperbewegung		Formänderung	
Translation	Rotation	Volumenänderung	Gestaltänderung

Ist ein Körper deformierbar, dann ändern sich i. Allg. sein Volumen und seine Gestalt. Bleibt das Volumen eines Körpers bei einer Bewegung konstant, so heißt er inkompressibel, sonst kompressibel[1]. Ein starrer Körper (Abb. 1.16) kann sich demnach nur translatorisch und rotatorisch bewegen. Er erleidet keine Formänderungen. Zwei beliebige Punkte P_1 und P_2 eines starren Körpers haben für alle Zeiten t immer denselben konstanten Abstand d. Im Sonderfall der Ruhe (s.h. Kap. 6) ist die Lage des starren Körpers zeitlich unverändert.

---

[1] lat. comprimere = zusammendrücken, zusammenpressen

2 Allgemeine Einführung des Kraftbegriffs

Die Erfahrung zeigt, dass wir durch Anwendung von Muskelkraft in der Lage sind, einen Körper anzuheben, etwa einen schweren Stein, und ihm etwas Gleichwertiges entgegensetzen können, sodass sich der Körper im Gleichgewicht befindet. Dieser relative Ruhezustand ist offensichtlich die Folge eines Zusammenspiels von Kräften, in unserem Beispiel der Gewichtskraft des Steins und unserer Muskelkraft. Die Gewichtskraft und die Muskelkraft sind die klassischen Vertreter der Kraft[1]. Die Unterscheidung zwischen schweren und leichten Körpern sowie starker und schwacher Muskelkraft zeigt, dass wir im alltäglichen Umgang mit diesen Erscheinungen bereits nach Größe und Betrag der Kräfte unterscheiden.

Abb. 2.1 *Umleitung einer Kraft **F** mittels Seil und Rollen*

Die Erfahrung zeigt uns auch, dass wir die Muskelkraft in verschiedene Richtungen wirken lassen können. Beispielsweise sagen wir von der Gewichtskraft, dass sie nach *unten* wirkt. Mit Hilfe einfacher Maschinen (Seil, Rolle, Balken) lassen sich Kräfte in jede beliebige Richtung umleiten (Abb. 2.1). Die Erfahrung bestätigt auch, dass wir Kräfte wie Vektoren addieren und in Komponenten zerlegen können. Wir definieren deshalb:

> *Die Kraft ist eine physikalische Größe, die sich mit der Schwerkraft ins Gleichgewicht bringen lässt und mathematisch durch einen Vektor dargestellt wird.*

Die Einheit der Kraft im internationalen Einheitensystem (SI-System) ist das Newton, abgekürzt *N*.

---

[1] lat. fortitudo = Stärke, Kraft

$$[\mathbf{F}] = \frac{\text{Masse} \cdot \text{Länge}}{(\text{Zeit})^2}, \text{ Einheit: kg m s}^{-2} = \text{N}.$$

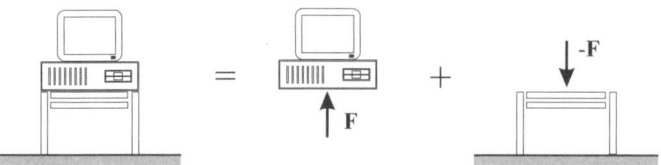

Abb. 2.2 Das Reaktionsprinzip

Aus der Erfahrung ist ebenfalls bekannt, dass eine Kraft **F** niemals allein auftritt, sondern immer zusammen mit ihrer Gegenkraft **-F**. Dies ist ein Fundamentalsatz der Mechanik, der zuerst von Isaak Newton als Axiom ausgesprochen wurde[1]:

> ***Lex III***: *Der Wirkung ist die Gegenwirkung stets gleich und entgegengerichtet, oder die wechselseitigen Wirkungen zweier Körper aufeinander sind immer gleich und entgegengerichtet.*

Es wird auch als Gesetz der Wechselwirkung der Kräfte, der Gleichheit von Wirkung und Gegenwirkung (actio = reactio) oder kurz als Reaktionsprinzip bezeichnet. Das Reaktionsprinzip gilt unabhängig davon, ob die Körper ruhen oder in Bewegung sind.

2.1 Einteilung der Kräfte

In der Technischen Mechanik ist es üblich, die Kräfte nach den in Abb. 2.3 aufgelisteten Gesichtspunkten einzuteilen. Beispiele räumlich verteilter Kräfte sind die Gewichtskraft, magnetische und elektrische Kräfte. Diese Kräfte wirken von außen durch den Raum auf die einzelnen Partikel des Körpers, sie sind also über dessen Volumen verteilt und werden deshalb auch Volumenkräfte genannt. An jedem Volumenelement ΔV eines räumlichen Bereichs greift eine Volumenkraft $\Delta \mathbf{F}_V$ an (Abb. 2.4, links). Kräfte dieser Art werden in der spezifischen Form Kraft durch Volumeneinheit angegeben, also durch den Grenzwert

$$\lim_{\Delta V \to 0} \frac{\Delta \mathbf{F}_V}{\Delta V} = \frac{d\mathbf{F}_V}{dV} = \mathbf{f}(\mathbf{r}, t).$$

$$[\mathbf{f}] = \frac{\text{Masse}}{(\text{Zeit})^2 \cdot (\text{Länge})^2}, \quad \text{Einheit: kg m}^{-2}\,\text{s}^{-2} = \frac{\text{N}}{\text{m}^3}.$$

---

[1] lex tertia, Axiomata sive leges motus, ›Philosophiae naturalis principia mathematica‹, 1687

2.1 Einteilung der Kräfte

Abb. 2.3 Einteilung der Kräfte nach Verteilungsarten

Im Fall der Schwerkraft wirkt an jedem Volumenteilchen ΔV eines Körpers eine zum Massenmittelpunkt der Erde gerichtete Gewichtskraft **ΔG** vom Betrag ΔG (Abb. 2.4, rechts). Der Grenzwert

$$\lim_{\Delta V \to 0} \frac{\Delta G}{\Delta V} = \frac{dG}{dV} = \gamma(\mathbf{r},t).$$

heißt lokales spezifisches Gewicht oder auch lokale Wichte γ.

$$[\gamma] = \frac{\text{Masse}}{(\text{Zeit})^2 \cdot (\text{Länge})^2}, \quad \text{Einheit: } \text{kg m}^{-2}\text{s}^{-2} = \frac{N}{m^3}.$$

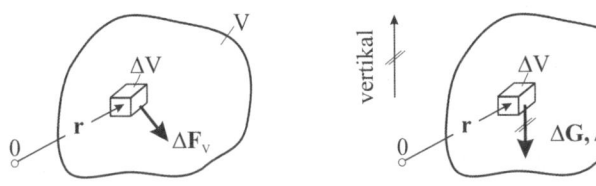

Abb. 2.4 a) Allgemeine Volumenkraft, b) Gewichtskraft

Die Wichte γ gilt für den Konvergenzpunkt des Volumenelementes und kann, wie die Dichte ρ, an jeder Stelle des Körpers eine andere sein. Es liegt also mit γ ein skalares Feld γ = γ(**r**,t) vor. Von besonderer Bedeutung für die Anwendung ist der Fall des homogenen Körpers, er hat überall die konstante Wichte

$$\gamma = \frac{G}{V}.$$

Flächenhaft verteilte Kräfte treten auf, wenn Körper aufeinandergepresst werden oder bei Belastung fester Körper durch Flüssigkeiten und Gase. Dadurch entsteht eine gemeinsame Kontaktfläche *A*. Wir unterteilen *A* in inkrementelle Flächenelemente ΔA. Auf jedes Flächenelement ΔA entfällt dann lediglich ein Anteil ΔF$_A$ der gesamten zwischen beiden Körpern auftretenden Druckkraft F$_A$.

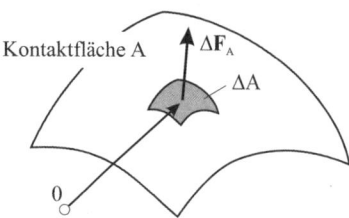

Abb. 2.5 *Flächenhaft verteilte Kraft*

Kräfte dieser Art werden in der spezifischen Form Kraft durch Flächeneinheit angegeben. Wir definieren als flächenhaft verteilte Kraft (Abb. 2.5) den Grenzwert

$$\lim_{\Delta A \to 0} \frac{\Delta \mathbf{F}_A}{\Delta A} = \frac{d\mathbf{F}_A}{dA} = \mathbf{p}(\mathbf{r},t).$$

$$[\mathbf{p}] = \frac{\text{Masse}}{(\text{Zeit})^2 \cdot \text{Länge}}, \qquad \text{Einheit: } \text{kg}\,\text{m}^{-1}\,\text{s}^{-2} = \frac{\text{N}}{\text{m}^2}.$$

Bei linienhaft verteilten Kräften (Streckenlasten) handelt es sich um Kräfte, die längs einer Linie kontinuierlich verteilt sind. Auch die linienhaft verteilten Kräfte stellen eine Idealisierung dar. Sie treten beispielsweise bei der Belastung eines dünnen Seils durch Eigengewicht, Wasser, Wind oder auch Eis auf.

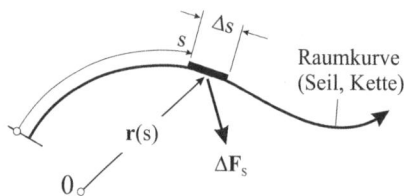

Abb. 2.6 *Linienhaft verteilte Kraft*

In Abb. 2.6 greift am Bogenelement Δs einer materiellen Raumkurve eine Teilkraft ΔF$_s$ an. Kräfte dieser Art werden in der spezifischen Form Kraft durch Längeneinheit angegeben. Wir definieren

$$\lim_{\Delta s \to 0} \frac{\Delta \mathbf{F}_s}{\Delta s} = \frac{d\mathbf{F}_s}{ds} = \mathbf{q}(\mathbf{r},t).$$

2.1 Einteilung der Kräfte

$$[q] = \frac{\text{Masse}}{(\text{Zeit})^2}, \quad \text{Einheit: } \text{kg s}^{-2} = \frac{\text{N}}{\text{m}}.$$

Auch die Einzelkraft ist eine mathematische Idealisierung, die in der Natur nicht anzutreffen ist. In Wirklichkeit können nur oberflächen- oder volumenverteilte Kräfte auftreten. Eine Einzelkraft ist gleichbedeutend mit einer über alle Grenzen wachsende Oberflächen- oder Volumenkraft, die jeden Körper zerstören würde.

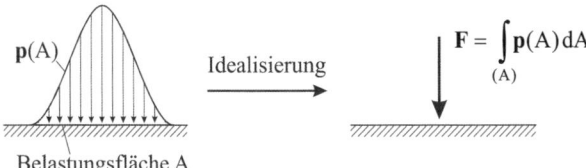

Abb. 2.7 Einzelkraft, Realität und Idealisierung

Da diese Näherung allerdings sehr gut rechnerisch behandelt werden kann, wird die Idealisierung Einzelkraft mit großem Erfolg in weiten Bereichen der Technischen Mechanik benutzt. Technisch können wir uns die Wirkung einer Einzelkraft dadurch realisiert denken, dass wir ein Ende eines dünnen Fadens an einem Körper befestigen und am anderen Ende ziehen. Damit werden auf einer relativ kleinen Fläche konzentrierte Zugspannungen auf den Körper übertragen.

a) Einzelkräfte und Linienkraft   b) Flüssigkeitsdruck auf eine Staumauer

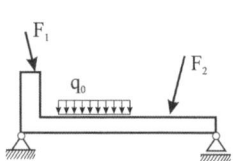 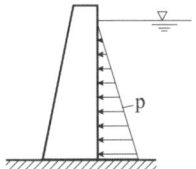

Abb. 2.8 Eingeprägte Kräfte (Einzelkräfte F, Linienkräfte q und Oberflächenkräfte p)

Hinsichtlich der Natur der Kräfte unterscheiden wir noch zwischen eingeprägten Kräften und Reaktionskräften. Unter eingeprägten Kräften verstehen wir direkt vorgegebene oder durch physikalische Gesetze berechenbare Kräfte. Hierzu zählen in erster Linie

- die Gewichtskräfte,
- die durch Flüssigkeits- oder Gasdruck ausgeübten Kräfte,
- die Gleitreibungskräfte,
- die elektromagnetischen Kräfte und
- die Federkräfte.

Alle diese Kräfte sind der Messung zugänglich und einige davon werden im Folgenden gesondert behandelt.

Unter der Einwirkung eingeprägter Kräfte versucht der Körper sich in Bewegung zu setzen. Soll diese Bewegung verhindert werden, soll der Körper sich, etwa wie im Fall der Statik, in relativer Ruhe befinden, so muss er in geeigneter Weise durch Lager gefesselt werden. Der Körper übt dann Kräfte auf die Lager aus, die nach dem Reaktionsprinzip ihrerseits als Reaktionskräfte in umgekehrter Richtung auf den Körper wirken. Die Reaktionskräfte sind somit Zwangskräfte, die durch Einschränkung der Bewegungsmöglichkeiten eines Körpers geweckt werden.

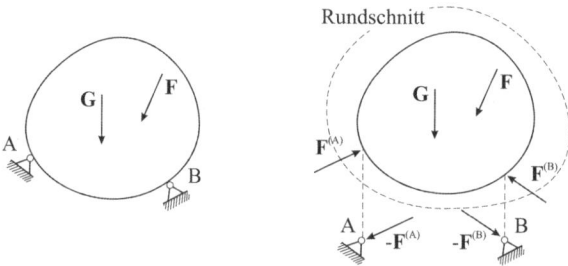

Abb. 2.9 *Das Befreiungsprinzip, Lagerreaktionskräfte*

Um die Reaktionskräfte überhaupt einer Betrachtung zugänglich zu machen, befreien wir den Körper gedanklich durch einen Rundschnitt von seiner Umgebung (Abb. 2.9); wir schneiden ihn von der Unterlage frei[1]. Dadurch erhöht sich einerseits die Anzahl seiner Freiheitsgrade und andererseits werden die Lagerreaktionskräfte zu äußeren eingeprägten Kräften.

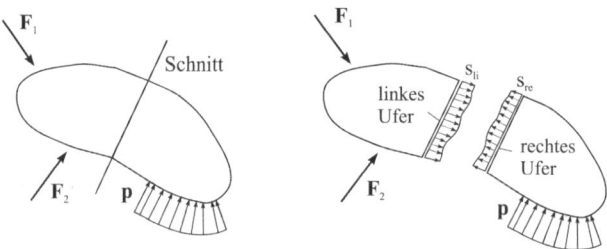

Abb. 2.10 *Innere Kräfte, das Schnittprinzip*

---

[1] Das Befreiungsprinzip stammt von Lagrange und ist eine Sonderform des allgemeinen Schnittprinzips

Hinsichtlich der Raumeinteilung unterscheiden wir noch zwischen äußeren und inneren Kräften. Äußere Kräfte sind solche, die von außen auf einen Körper einwirken. Eingeprägte Kräfte wie auch die Reaktionskräfte sind äußere Kräfte, die den Bewegungs- und Beanspruchungszustand eines mechanischen Systems bestimmen. Auch die Gewichtskraft zählt zu den äußeren Kräften. Wird ein Körper durch äußere Kräfte beansprucht, dann muss die Belastung irgendwie innerhalb des Körpers weitergeleitet werden. Zur sicheren Dimensionierung eines Tragwerkes ist es unbedingt erforderlich, neben dem äußeren Kraftzustand auch die innere Beanspruchung des Systems zu kennen. Wir verschaffen uns gedanklich einen Einblick in das Innere des Materials, indem wir entsprechend Abb. 2.10 einen gedachten Schnitt durch den Körper führen[1]. Durch diesen gedachten Schnitt werden in den Schnittflächen des linken und rechten Schnittufers innere flächenverteilte Kräfte übertragen, die wir Spannungen nennen. Nach dem Reaktionsprinzip sind sie entgegengesetzt gleich

$$\mathbf{s}_{li} = -\mathbf{s}_{re} \quad\quad \rightarrow \mathbf{s}_{li} + \mathbf{s}_{re} = \mathbf{0}.$$

Durch das Schneiden und Freimachen werden diese in den Schnittflächen wirkenden Kräfte, ähnlich wie die Lagerreaktionskräfte beim Befreiungsprinzip, zu äußeren Kräften gemacht, die erst dann einer weiteren Berechnung zugänglich sind.

2.2 Gravitation und Schwerkraft

Wir beobachten, dass ein Körper, den wir loslassen, zur Erde fällt, obwohl zwischen der Erde und dem Körper keine materielle Verbindung besteht. Der Körper ändert dabei seinen Bewegungszustand, was auf die Wirkung einer Kraft zurückzuführen ist, die wir Gravitationskraft nennen.

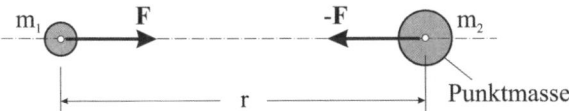

Abb. 2.11 *Allgemeines Gravitationsgesetz, Punktmassen m_1 und m_2 mit Abstand r*

Die Eigenschaft eines Körpers, die unabhängig ist vom Bewegungs-, Deformations-, Temperatur- und Aggregatzustand und die bewirkt, dass sich die Körper gegenseitig anziehen, ist die (schwere) Masse m.

Das allgemeine Gravitationsgesetz wurde von Newton postuliert. Zwei Punktmassen m_1 und m_2, die sich im Abstand r voneinander befinden, ziehen sich demnach gegenseitig mit einer Kraft **F** an, welche die Richtung ihrer Verbindungslinie hat und deren Betrag

---

[1] Das allgemeine Schnittprinzip geht auf Leonhard Euler (1765) zurück

$$F = |\mathbf{F}| = \Gamma \frac{m_1 m_2}{r^2}$$

ist. Auch hier gilt das Reaktionsprinzip. Der Proportionalitätsfaktor

$$\Gamma = 6{,}673 \cdot 10^{-11} \text{ m}^3 \text{ kg}^{-1} \text{ s}^{-2}$$

ist eine universelle Konstante und wird allgemeine Gravitationskonstante genannt. Das Newtonsche Gravitationsgesetz gilt auch für ausgedehnte Körper, deren Massen kugelsymmetrisch verteilt sind. Das Maß r entspricht dann dem Abstand der Massenmittelpunkte. Experimentell wurden erste Messungen der Gravitationskonstanten von Henry Cavendish[1] 1798 in einem Laborexperiment mittels einer Drehwaage und Bleikörpern durchgeführt. Für zwei punktförmige Körper von jeweils 80 kg Masse, deren Massenmittelpunkte einen Abstand von einem Meter haben, ergibt sich beispielsweise die Gravitationskraft

$$F = \Gamma \frac{m_1 m_2}{r^2} = 4{,}27 \cdot 10^{-7} \text{ N} .$$

Nennenswerte Größenordnungen erreichen die Kräfte erst, wenn mindestens einer der beiden Körper eine große Masse besitzt. Handelt es sich beispielsweise bei einem der Körper um die Erde, deren Masse etwa $m_E = 5{,}9736 \cdot 10^{24}$ kg beträgt, dann liefert die formale Anwendung des Gravitationsgesetzes die Schwerkraft[2]

$$G = \frac{\Gamma m_E}{r_E^2} m = g\, m \qquad \text{mit} \qquad g = \frac{\Gamma m_E}{r_E^2}$$

Die skalare Größe g heißt Fallbeschleunigung. Setzen wir für $r_E = 6371{,}2$ km (Radius einer Kugel mit dem Volumen der Erde), dann errechnen wir $g = 9{,}82 \text{ m s}^{-2}$. Allerdings ist diese Formel aus folgenden Gründen zu korrigieren:

1. Die Erde weicht in ihrer Gestalt von der Kugelform ab (Erdabplattung)
2. Unterschiedliche Massenverteilungen der Erde sind nicht berücksichtigt
3. Durch die Eigenrotation der Erde, und die damit auftretende Fliehkraft, wird die Fallbeschleunigung g mit dem Breitengrad φ veränderlich sein
4. Die Höhe h eines Körpers über Meereshöhe ist nicht berücksichtigt (Gebirge, Tiefsee).

In Berechnungen des Ingenieurwesens darf mit guter Näherung $g = 10 \text{ m s}^{-2}$ gesetzt werden.

Angesichts der Größe der Erde im Vergleich zu den im Ingenieurwesen verwendeten Körpern werden die Schwerkräfte überwiegend als parallel angenommen (Abb. 2.12). Ausnah-

---

[1] Henry Cavendish, brit. Naturforscher, 1731–1810
[2] Die von einem Himmelskörper ausgeübte Gravitation wird Schwerkraft genannt

men bilden beispielsweise lange Walzstraßen, bei deren Auslegung die Erdkrümmung berücksichtigt werden muss.

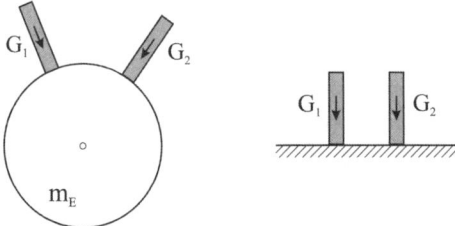

Abb. 2.12 *Parallele Gewichtskräfte, Vernachlässigung der Erdkrümmung*

2.3 Federkräfte elastischer Federn

Unter linear elastischen Federn verstehen wir idealisierte mechanische Gebilde, bei denen eine angreifende Kraft F eine Auslenkung w hervorruft. In der Feder stellt sich eine Federkraft vom Betrag F ein, die der Verlängerung bzw. der Verkürzung proportional ist. Es gilt also $F = k\,w$, und wir nennen $k = F/w$ die Federkonstante, eine für jede Feder charakteristische Größe

$$[k] = \frac{\text{Masse}}{(\text{Zeit})^2}, \quad \text{Einheit: } \text{kg s}^{-2} = \frac{N}{m}.$$

Eine Parallelschaltung liegt vor, wenn mehrere elastische Federn so zusammengeschaltet werden, dass alle Federn dieselbe Auslenkung $w_1 = w_2 = \ldots = w_n = w$ erfahren. Dann addieren sich ihre Federkräfte zur Gesamtkraft

$$F = \sum_{i=1}^{n} F_i = k_1 w + k_2 w + \cdots + k_n w = w \sum_{i=1}^{n} k_i = k_{res} w$$

mit

$$k_{res} = \sum_{i=1}^{n} k_i.$$

Hintereinanderschaltung oder Reihenschaltung bedeutet, dass mehrere Federn so zusammengebaut werden, dass sich ihre Längenänderungen addieren. Die Gesamtauslenkung ist wegen der gleichen Längskraft in allen Federn

$$w = \sum_{i=1}^{n} w_i = \frac{F}{k_1} + \frac{F}{k_2} + \cdots + \frac{F}{k_n} = F \sum_{i=1}^{n} \frac{1}{k_i} = \frac{F}{k_{res}}$$

mit

$$\frac{1}{k_{res}} = \sum_{i=1}^{n} \frac{1}{k_i}.$$

Für n = 2 erhalten wir beispielsweise

$$k_{res} = \frac{1}{\sum_{i=1}^{2} \frac{1}{k_i}} = \frac{1}{\frac{1}{k_1} + \frac{1}{k_2}} = \frac{k_1 k_2}{k_1 + k_2}.$$

Der Kehrwert

$$c = \frac{1}{k}$$

der Steifigkeit wird Nachgiebigkeit genannt

3 Zentrale Kräftesysteme

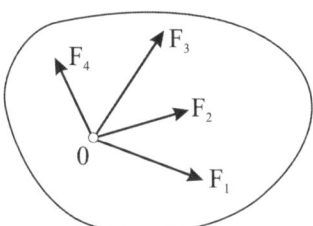

Abb. 3.1 *Zentrales Kräftesystem*

Bisher haben wir festgestellt, dass eine Einzelkraft mit Betrag, Richtung und Orientierung alle Eigenschaften eines Vektors besitzt. Damit dürfen wir die Gesetze der Vektorrechnung auch auf Einzelkräfte anwenden. Im Folgenden betrachten wir Einzelkräfte, die an einem starren Körper angreifen. Bei einem zentralen System von Kräften (zentrales Kräftesystem) greifen sämtliche Kräfte am selben Körperpunkt *0* an. Wir definieren:

> *Kräftesysteme heißen gleichwertig oder äquivalent[1], wenn jedes für sich auf einen starren Körper einwirkend dieselbe mechanische Wirkung hat, d.h. zum selben Bewegungszustand bzw. im Sonderfall der Ruhe zu identischen Lagerreaktionsgrößen führt.*

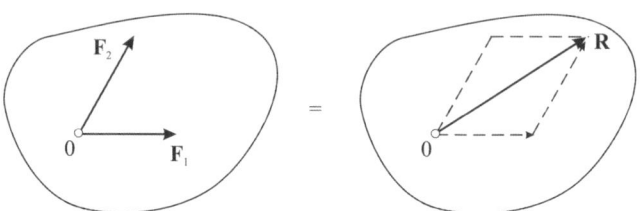

Abb. 3.2 *Zentrales Kräftesystem, Kräfte F_1 und F_2, Resultierende R*

---

[1] lat. aeque = gleich, in gleicher Weise

An einem Punkt *0* eines starren Körpers sollen zwei Kräfte $\mathbf{F}_1$ und $\mathbf{F}_2$ angreifen (Abb. 3.2). Die Erfahrung zeigt, dass wir beide Kräfte durch eine Kraft ersetzen können, die wir die resultierende Kraft, oder auch kurz Resultierende der beiden Kräfte $\mathbf{F}_1$ und $\mathbf{F}_2$ nennen. Die Resultierende $\mathbf{R}$ wird durch vektorielle Addition der beiden Kräfte gebildet. Sie hat am starren Körper dieselbe mechanische Wirkung wie die beiden Einzelkräfte. Der Satz vom Kräfteparallelogramm besagt:

Zwei am gleichen Punkt eines starren Körpers angreifende Kräfte sind ihrer Resultierenden äquivalent, die durch vektorielle Addition beider Kräfte ermittelt wird.

Daraus folgt unmittelbar, dass alle an einem Punkt angreifenden Kräfte zu einer Resultierenden

$$\mathbf{R} = \sum_{i=1}^{n} \mathbf{F}_i$$

zusammengefasst werden dürfen. Umgekehrt folgt aus dieser Definition, dass eine vorgegebene Kraft in beliebig viele Teilkräfte zerlegt werden kann, wobei die Eindeutigkeit der Zerlegung von der Dimension des Vektorraumes abhängt. Zum Beispiel ist im ebenen Fall die Zerlegung bei Vorgabe von mehr als zwei Richtungen nicht mehr eindeutig.

Ein zentrales Kräftesystem heißt Gleichgewichtssystem, wenn dessen Resultierende verschwindet, wenn also

$$\mathbf{R} = \sum_{i=1}^{n} \mathbf{F}_i = \mathbf{0}$$

erfüllt ist.

Ein starrer Körper verharrt unter einem zentralen Kräftesystem im Zustand der Ruhe oder der gleichförmig geradlinigen Bewegung, wenn dessen Resultierende verschwindet.

Dieser als Trägheitsgesetz bekannte Satz wurde bereits von Galileo Galilei als Ergebnis seiner Untersuchungen über den freien Fall formuliert.

3.1 Zentrale ebene Kräftesysteme

Ein zentrales ebenes Kräftesystem (Abb. 3.3, links) liegt dann vor, wenn sämtliche an einem Punkt eines starren Körpers angreifenden Kräfte in einer Ebene liegen. Um grafisch die Resultierende des Kräftesystems zu bilden, gehen wir wie folgt vor: Wir bilden zunächst die Teilresultierende aus den Kräften $\mathbf{F}_1$ und $\mathbf{F}_2$, die wir mit $\mathbf{F}_{1,2}$ bezeichnen (Abb. 3.3, Mitte). Dann wenden wir das Parallelogrammaxiom auf die beiden verbleibenden Kräfte $\mathbf{F}_3$ und $\mathbf{F}_{1,2}$ an und erhalten schließlich die Resultierende $\mathbf{R} = \mathbf{F}_{1,2,3}$. Wir hätten im ersten Schritt aus den Kräften $\mathbf{F}_1$ und $\mathbf{F}_3$ auch die Teilresultierende $\mathbf{F}_{1,3}$ bilden können, um diese dann mit der Kraft

3.1 Zentrale ebene Kräftesysteme

F_2 zur Resultierenden $R = F_{1,3,2}$ zusammenzufassen. Wie Abb. 3.3 zeigt, ist das Ergebnis der Kräftereduktion unabhängig von der Reihenfolge der geometrischen Addition der Einzelkräfte. Liegen mehr als drei Kräfte vor, so kann entsprechend verfahren werden.

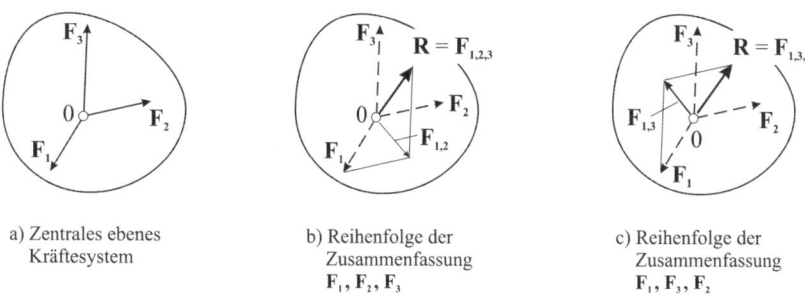

a) Zentrales ebenes Kräftesystem

b) Reihenfolge der Zusammenfassung F_1, F_2, F_3

c) Reihenfolge der Zusammenfassung F_1, F_3, F_2

Abb. 3.3 Zentrales ebenes Kräftesystem

Da diese Vorgehensweise jedoch schnell unübersichtlich werden kann, zeichnen wir zunächst einen Lageplan des Körpers mit dem an ihm angreifenden zentralen ebenen Kräftesystem. Zur Abbildung der Längen verwenden wir einen Längenmaßstab μ_L und zur Festlegung der Kräfte F_i nach Betrag, Richtung und Orientierung wählen wir einen Kräftemaßstab μ_F, beispielsweise $\mu_F = 1\,\text{cm}/2\,\text{kN}$. Wir übertragen nun das Kräftesystem des Lageplans unter Beachtung des Kräftemaßstabs in einen Kräfteplan, und zwar derart, dass wir die Einzelkräfte entsprechend Abb. 3.4 als Vektorkette hintereinander schalten. Die so entstandene Konstruktion wird Krafteck genannt.

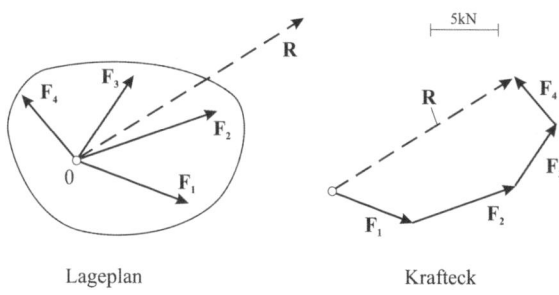

Lageplan   Krafteck

Abb. 3.4 Lageplan und Krafteck mit Kraftmaßstab

Ist das Krafteck nicht geschlossen, so verbleibt eine resultierende Kraft R, die maßstäblich in den Lageplan übertragen wird.

Schließt sich bei der grafischen Methode das Krafteck, so ist die Resultierende null, und es liegt für das ebene zentrale Kräftesystem ein Gleichgewichtssystem vor.

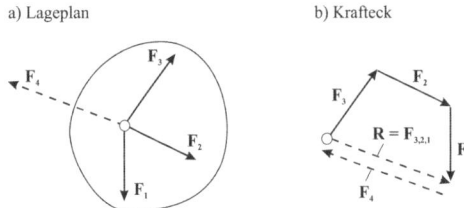

Abb. 3.5 *Konstruktion eines Gleichgewichtssystems*

Umgekehrt lässt sich dieser Sachverhalt dazu benutzen, in einem ebenen zentralen Kräftesystem eine zunächst unbekannte Kraft, beispielsweise die Kraft $\mathbf{F}_4$ in Abb. 3.5, nach Betrag, Richtung und Orientierung so zu bestimmen, dass ein Gleichgewichtssystem vorliegt. Ist $\mathbf{R} = \mathbf{F}_3 + \mathbf{F}_2 + \mathbf{F}_1 \neq \mathbf{0}$, dann folgt nämlich $\mathbf{F}_4 = -\mathbf{R}$. Damit ist $\mathbf{F}_4$ diejenige Kraft, die das Krafteck schließt.

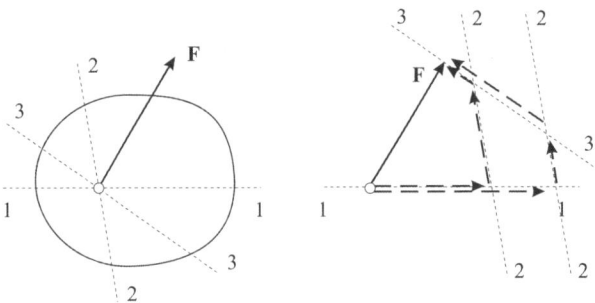

Abb. 3.6 *Zerlegung einer Kraft in der Ebene nach mehr als zwei Richtungen*

In der Ebene lässt sich eine Kraft eindeutig nur nach zwei vorgegebenen Richtungen zerlegen. Soll eine Zerlegung in der Ebene nach mehr als zwei Richtungen erfolgen, dann ist eine Lösung nur dann eindeutig, wenn von den überzähligen Kräften Beträge und Orientierungen vorgegeben werden (Abb. 3.6).

Die Zerlegung einer Kraft in der Ebene nach mehr als zwei Richtungen wird als statisch unbestimmte Aufgabe bezeichnet. Die Aufgabe wird erst dann wieder eindeutig lösbar, wenn wir den Körper nicht mehr als starr betrachten, sondern seine Deformationseigenschaften in Form geeigneter Materialgesetze berücksichtigen.

Grundsätzlich kann die Kraftzerlegung grafisch oder auch analytisch erfolgen.

Hinweis: Grafische Methoden sind sehr anschaulich und haben infolgedessen einen hohen didaktischen Wert. Ihre praktische Bedeutung hat allerdings in den letzten Jahren sehr stark abgenommen.

3.1 Zentrale ebene Kräftesysteme

Wird eine größere Genauigkeit der Zahlenwerte gefordert, oder sind viele Einzelkräfte zu reduzieren, dann bietet sich die analytische Methode der Kräftezerlegung an. Als mathematisches Hilfsmittel stehen uns dazu die Grundgleichungen der Vektoralgebra zur Verfügung.

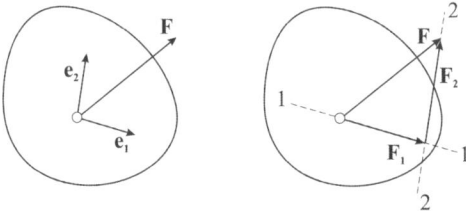

*Abb. 3.7 Zerlegung der Kraft **F** in zwei vorgegebene Richtungen*

Wir wollen zunächst nach Abb. 3.7 eine Kraft **F** in zwei vorgegebene Richtungen zerlegen. Die Zerlegungsrichtungen sind durch die Einheitsvektoren e_1 und e_2 festgelegt. Diese Einheitsvektoren bilden in der Ebene genau dann eine linear unabhängige Basis, wenn sie nicht ein und derselben Geraden parallel (kollinear) sind. Die Kraft **F** wird zunächst als Linearkombination der beiden i. Allg. schiefwinkligen Basisvektoren e_1 und e_2 dargestellt, also $\mathbf{F} = F_1 \mathbf{e}_1 + F_2 \mathbf{e}_2$, wobei F_1 und F_2 erst einmal unbekannt sind. Wir gehen wie folgt vor:

$$\mathbf{F} = F_1 \mathbf{e}_1 + F_2 \mathbf{e}_2 \qquad\qquad |\times \mathbf{e}_2$$
$$\mathbf{F} \times \mathbf{e}_2 = F_1 \mathbf{e}_1 \times \mathbf{e}_2 \qquad\qquad |\cdot (\mathbf{e}_1 \times \mathbf{e}_2)$$
$$(\mathbf{F} \times \mathbf{e}_2)\cdot(\mathbf{e}_1 \times \mathbf{e}_2) = F_1 (\mathbf{e}_1 \times \mathbf{e}_2)^2 \qquad \to F_1 = \frac{(\mathbf{F} \times \mathbf{e}_2)\cdot(\mathbf{e}_1 \times \mathbf{e}_2)}{(\mathbf{e}_1 \times \mathbf{e}_2)^2}.$$

Auf gleichem Wege erhalten wir F_2 und damit insgesamt

$$F_1 = \frac{(\mathbf{F} \times \mathbf{e}_2)\cdot(\mathbf{e}_1 \times \mathbf{e}_2)}{(\mathbf{e}_1 \times \mathbf{e}_2)^2}, \qquad F_2 = -\frac{(\mathbf{F} \times \mathbf{e}_1)\cdot(\mathbf{e}_1 \times \mathbf{e}_2)}{(\mathbf{e}_1 \times \mathbf{e}_2)^2}.$$

Sind e_1 und e_2 parallel, so ist $\mathbf{e}_1 \times \mathbf{e}_2 = \mathbf{0}$, und in diesem Falle ist eine Zerlegung nicht möglich. Sind F_1 und F_2 bekannt, dann ergibt sich der Betrag von **F** zu

$$F = |\mathbf{F}| = \sqrt{(F_1 \mathbf{e}_1 + F_2 \mathbf{e}_2)\cdot(F_1 \mathbf{e}_1 + F_2 \mathbf{e}_2)} = \sqrt{F_1^2 + F_2^2 + 2 F_1 F_2 \, \mathbf{e}_1 \cdot \mathbf{e}_2}\;.$$

Zur zahlenmäßigen Auswertung der hier koordinateninvariant formulierten Gleichungen müssen wir uns selbstverständlich auf ein Basissystem beziehen, etwa eine kartesische Orthonormalbasis (ONB), in der die Einheitsvektoren senkrecht aufeinander stehen.

In den folgenden Beispielen wird oft davon Gebrauch gemacht, dass das Vektorprodukt zweier in einer ONB vorliegenden Vektoren **a** und **b** in folgender Weise durch Berechnung einer Determinante erfolgen kann:

$$\mathbf{a} \times \mathbf{b} = \begin{vmatrix} \mathbf{e}_1 & \mathbf{e}_2 & \mathbf{e}_3 \\ a_1 & a_2 & a_3 \\ b_1 & b_2 & b_3 \end{vmatrix} = (a_2 b_3 - a_3 b_2) \mathbf{e}_1 - (a_1 b_3 - a_3 b_1) \mathbf{e}_2 + (a_1 b_2 - a_2 b_1) \mathbf{e}_3 .$$

Beispiel 3-1:

Gegeben ist der planare Vektor $\mathbf{F} = 2\mathbf{e_x} + 3\mathbf{e_y}$. Gesucht werden dessen Komponenten in der Basis $\mathbf{e_1} = \mathbf{e_x}$ und $\mathbf{e_2} = 1/\sqrt{5}\,(\mathbf{e_x} + 2\mathbf{e_y})$. In dieser Basis hat der Vektor $\mathbf{F}$ die Darstellung $\mathbf{F} = F_1 \mathbf{e_2} + F_2 \mathbf{e_2}$.

Lösung:

$$\mathbf{e_1} \times \mathbf{e_2} = \frac{1}{\sqrt{5}} \begin{vmatrix} \mathbf{e_x} & \mathbf{e_y} & \mathbf{e_z} \\ 1 & 0 & 0 \\ 1 & 2 & 0 \end{vmatrix} = \frac{2}{\sqrt{5}} \mathbf{e_z}, \qquad \mathbf{F} \times \mathbf{e_2} = \frac{1}{\sqrt{5}} \begin{vmatrix} \mathbf{e_x} & \mathbf{e_y} & \mathbf{e_z} \\ 2 & 3 & 0 \\ 1 & 2 & 0 \end{vmatrix} = \frac{1}{\sqrt{5}} \mathbf{e_z},$$

$$\mathbf{F} \times \mathbf{e_1} = \begin{vmatrix} \mathbf{e_x} & \mathbf{e_y} & \mathbf{e_z} \\ 2 & 3 & 0 \\ 1 & 0 & 0 \end{vmatrix} = -3\mathbf{e_z}. \text{ Damit folgen}$$

$$F_1 = \frac{(\mathbf{F} \times \mathbf{e_2}) \cdot (\mathbf{e_1} \times \mathbf{e_2})}{(\mathbf{e_1} \times \mathbf{e_2})^2} = \frac{1}{\sqrt{5}} \frac{2}{\sqrt{5}} \frac{5}{4} = \frac{1}{2}, \quad F_2 = -\frac{(\mathbf{F} \times \mathbf{e_1}) \cdot (\mathbf{e_1} \times \mathbf{e_2})}{(\mathbf{e_1} \times \mathbf{e_2})^2} = \frac{3 \cdot 2}{\sqrt{5}} \frac{5}{4} = \frac{3}{2}\sqrt{5},$$

und folglich ist $\mathbf{F} = F_1 \mathbf{e_1} + F_2 \mathbf{e_2} = \frac{1}{2}\mathbf{e_1} + \frac{3}{2}\sqrt{5}\,\mathbf{e_2}$.

Beispiel 3-2:

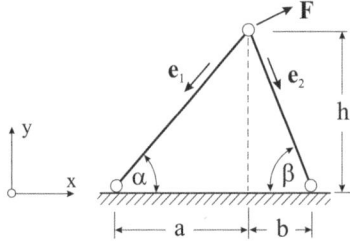

Abb. 3.8 Zweibock mit Belastung **F**, Kraftzerlegung nach zwei vorgegebenen Richtungen

Die auf den skizzierten Zweibock einwirkende Kraft **F** soll in die beiden Stabachsrichtungen $\mathbf{e}_1$ und $\mathbf{e}_2$ zerlegt werden.

3.1 Zentrale ebene Kräftesysteme

<u>Lösung</u>: Wir beschaffen uns zunächst die normierten Stabrichtungsvektoren in der orthonormierten Basis $<\mathbf{e}_x;\mathbf{e}_y>$: $\mathbf{e}_1 = -\cos\alpha\,\mathbf{e}_x - \sin\alpha\,\mathbf{e}_y$, $\mathbf{e}_2 = \cos\beta\,\mathbf{e}_x - \sin\beta\,\mathbf{e}_y$. Damit ist

$$\mathbf{e}_1 \times \mathbf{e}_2 = \begin{vmatrix} \mathbf{e}_x & \mathbf{e}_y & \mathbf{e}_z \\ -\cos\alpha & -\sin\alpha & 0 \\ \cos\beta & -\sin\beta & 0 \end{vmatrix} = (\cos\alpha\sin\beta + \cos\beta\sin\alpha)\mathbf{e}_z = \sin(\alpha+\beta)\mathbf{e}_z .$$

Weiterhin sind

$$\mathbf{F} \times \mathbf{e}_2 = \begin{vmatrix} \mathbf{e}_x & \mathbf{e}_y & \mathbf{e}_z \\ F_x & F_y & 0 \\ \cos\beta & -\sin\beta & 0 \end{vmatrix} = -(F_x \sin\beta + F_y \cos\beta)\mathbf{e}_z ,$$

$$\mathbf{F} \times \mathbf{e}_1 = \begin{vmatrix} \mathbf{e}_x & \mathbf{e}_y & \mathbf{e}_z \\ F_x & F_y & 0 \\ -\cos\alpha & -\sin\alpha & 0 \end{vmatrix} = -(F_x \sin\alpha - F_y \cos\alpha)\mathbf{e}_z .$$

und damit

$$F_1 = \frac{(\mathbf{F}\times\mathbf{e}_2)\cdot(\mathbf{e}_1\times\mathbf{e}_2)}{(\mathbf{e}_1\times\mathbf{e}_2)^2} = -\frac{F_x\sin\beta + F_y\cos\beta}{\sin(\alpha+\beta)}, \quad F_2 = -\frac{(\mathbf{F}\times\mathbf{e}_1)\cdot(\mathbf{e}_1\times\mathbf{e}_2)}{(\mathbf{e}_1\times\mathbf{e}_2)^2} = \frac{F_x\sin\alpha - F_y\cos\alpha}{\sin(\alpha+\beta)}.$$

Für $\alpha + \beta = 0, \pi$ ist eine Zerlegung nicht möglich. Dann sind $\mathbf{e}_1$ und $\mathbf{e}_2$ kollinear.

<u>Hinweis</u>: Wie wir später sehen werden, sind, bis auf das Vorzeichen, die Stabkräfte als innere Kräfte des Zweibocks identisch mit F_1 und F_2. ■

Beziehen wir die Vektoren auf eine orthonormierte Vektorbasis $<\mathbf{e}_x;\mathbf{e}_y>$, dann erscheint ein Vektor $\mathbf{F}_i$ allgemein in der Darstellung $\mathbf{F}_i = \mathbf{F}_{i,x} + \mathbf{F}_{i,y} = F_{i,x}\,\mathbf{e}_x + F_{i,y}\,\mathbf{e}_y$ mit

$$F_{i,x} = \mathbf{F}_i \cdot \mathbf{e}_x = F_i \cos\alpha_{i,x}, \quad F_{i,y} = \mathbf{F}_i \cdot \mathbf{e}_y = F_i \cos\alpha_{i,y} .$$

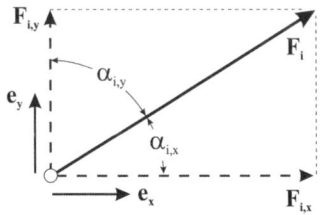

Abb. 3.9 *Orthonormierte Vektorbasis, Bedeutung von $\alpha_{i,x}$ und $\alpha_{i,y}$*

Darin bezeichnet $\alpha_{i,x}$ den durch die beiden Vektoren $\mathbf{F_i}$ und $\mathbf{e_x}$ eingeschlossenen Winkel. Entsprechendes gilt für den Winkel $\alpha_{i,y}$ (Abb. 3.9). Die Resultierende $\mathbf{R}$ eines zentralen ebenen Kräftesystems errechnet sich dann zu

$$\mathbf{R} = \mathbf{R_x} + \mathbf{R_y} = R_x\,\mathbf{e_x} + R_y\,\mathbf{e_y} = \sum_{i=1}^{n}\mathbf{F_i} = \sum_{i=1}^{n}\left(F_{i,x}\mathbf{e_x} + F_{i,y}\mathbf{e_y}\right) = \left(\sum_{i=1}^{n}F_{i,x}\right)\mathbf{e_x} + \left(\sum_{i=1}^{n}F_{i,y}\right)\mathbf{e_y}.$$

Durch Koeffizientenvergleich in $\mathbf{e_x}$ und $\mathbf{e_y}$ erhalten wir aus der obigen Gleichung die Koordinaten und den Betrag des resultierenden Kraftvektors $\mathbf{R}$ in einer kartesischen Basis

$$R_x = \sum_{i=1}^{n} F_{i,x}, \qquad R_y = \sum_{i=1}^{n} F_{i,y}, \qquad R = |\mathbf{R}| = \sqrt{R_x^2 + R_y^2}$$

sowie dessen Richtung

$$\cos\alpha_{R,x} = \frac{R_x}{R}, \qquad \cos\alpha_{R,y} = \frac{R_y}{R}.$$

<u>Hinweis</u>: Wegen $\cos^2\alpha_{R,x} + \cos^2\alpha_{R,y} = 1$ sind die Winkel $\alpha_{R,x}$ und $\alpha_{R,y}$ nicht unabhängig voneinander.

Beispiel 3-3:

Gegeben sind die beiden Kräfte $\mathbf{F_1} = 3\mathbf{e_x} - 5\mathbf{e_y}$ und $\mathbf{F_2} = 5\mathbf{e_x} + 4\mathbf{e_y}$. Gesucht wird die resultierende Kraft $\mathbf{R}$ nach Betrag, Richtung und Orientierung.

<u>Lösung</u>: $R_x = F_{1,x} + F_{2,x} = 3 + 5 = 8$, $R_y = F_{1,y} + F_{2,y} = -5 + 4 = -1$, $\mathbf{R} = 8\mathbf{e_x} - \mathbf{e_y}$,

$$R = \sqrt{R_x^2 + R_y^2} = \sqrt{64+1} = \sqrt{65} = 8{,}06.$$

<u>Hinweis</u>: Da R_x positiv und R_y negativ ist, muss der resultierende Kraftvektor im 4. Quadranten liegen.

$$\cos\alpha_{R,x} = \frac{R_x}{R} = \frac{8}{\sqrt{65}} = 0{,}9923 \quad \rightarrow \alpha_{R,x} = \arccos(0{,}9923) = 0{,}1244 = 7{,}12°,$$

$$\cos\alpha_{R,y} = \frac{R_y}{R} = \frac{-1}{\sqrt{65}} = -0{,}1240 \quad \rightarrow \alpha_{R,y} = \arccos(-0{,}1240) = 1{,}6952 = 97{,}12°.$$

3.2 Zentrale räumliche Kräftesysteme

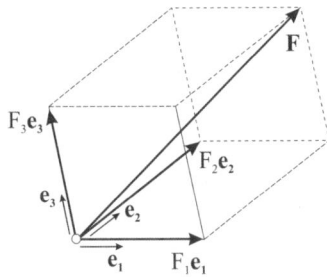

*Abb. 3.10 Zerlegung eines Vektors **F** im Raum nach drei vorgegebenen Richtungen*

Räumliche Kräftesysteme zeichnen sich dadurch aus, dass nicht alle Kräfte in einer Ebene liegen. Die grafische Reduktion solcher Kräftesysteme erweist sich als i. Allg. sehr aufwändig, so dass wir uns von vornherein auf die analytische Methode konzentrieren. Wir stellen **F** als Linearkombination der linear unabhängigen Vektoren $\mathbf{e}_1$, $\mathbf{e}_2$ und $\mathbf{e}_3$ dar, also

$$\mathbf{F} = F_1\,\mathbf{e}_1 + F_2\,\mathbf{e}_2 + F_3\,\mathbf{e}_3 \;,$$

wobei die Koordinaten F_1, F_2 und F_3 zunächst noch unbekannt sind. Nach den elementaren Regeln der Vektoralgebra folgt

$$\mathbf{F} = F_1\,\mathbf{e}_1 + F_2\,\mathbf{e}_2 + F_3\,\mathbf{e}_3 \quad (\mathbf{e}_2 \times \mathbf{e}_3)\cdot |$$

$$(\mathbf{e}_2 \times \mathbf{e}_3)\cdot \mathbf{F} = F_1(\mathbf{e}_2 \times \mathbf{e}_3)\cdot \mathbf{e}_1$$

$$F_1 = \frac{(\mathbf{e}_2 \times \mathbf{e}_3)\cdot \mathbf{F}}{(\mathbf{e}_2 \times \mathbf{e}_3)\cdot \mathbf{e}_1} = \frac{\mathbf{F}\cdot(\mathbf{e}_2 \times \mathbf{e}_3)}{\mathbf{e}_1 \cdot(\mathbf{e}_2 \times \mathbf{e}_3)} = \frac{(\mathbf{F}\times \mathbf{e}_2)\cdot \mathbf{e}_3}{(\mathbf{e}_1 \times \mathbf{e}_2)\cdot \mathbf{e}_3}.$$

Entsprechend errechnen sich F_2 und F_3 und somit insgesamt[1]

$$F_1 = \frac{(\mathbf{F}\times \mathbf{e}_2)\cdot \mathbf{e}_3}{(\mathbf{e}_1 \times \mathbf{e}_2)\cdot \mathbf{e}_3},\quad F_2 = \frac{(\mathbf{F}\times \mathbf{e}_3)\cdot \mathbf{e}_1}{(\mathbf{e}_1 \times \mathbf{e}_2)\cdot \mathbf{e}_3},\quad F_3 = \frac{(\mathbf{F}\times \mathbf{e}_1)\cdot \mathbf{e}_2}{(\mathbf{e}_1 \times \mathbf{e}_2)\cdot \mathbf{e}_3}.$$

Für den Betrag von **F** gilt

$$F = |\mathbf{F}| = \sqrt{(F_1\,\mathbf{e}_1 + F_2\,\mathbf{e}_2 + F_3\,\mathbf{e}_3)\cdot(F_1\,\mathbf{e}_1 + F_2\,\mathbf{e}_2 + F_3\,\mathbf{e}_3)}$$
$$= \sqrt{F_1^2 + F_2^2 + F_3^2 + 2(F_1 F_2\,\mathbf{e}_1\cdot\mathbf{e}_2 + F_2 F_3\,\mathbf{e}_2\cdot\mathbf{e}_3 + F_3 F_1\,\mathbf{e}_3\cdot\mathbf{e}_1)}\,.$$

---

[1] $(\mathbf{a}\times \mathbf{b})\cdot \mathbf{c}$ heißt Spatprodukt oder auch gemischtes Produkt der drei Vektoren **a**, **b** und **c**

Sind die Vektoren e_1, e_2 und e_3 komplanar, sind sie also ein und derselben Ebene parallel, so verschwindet der Spat $(e_1 \times e_2) \cdot e_3$, und eine Zerlegung ist in diesem Falle nicht möglich. Sind mehr als drei Richtungen vorgegeben, so ist die Zerlegung nicht eindeutig. Liegen die zum Spatprodukt kommenden Vektoren **a**, **b** und **c** in einer orthonormierten Vektorbasis vor, dann ist

$$(\mathbf{a} \times \mathbf{b}) \cdot \mathbf{c} = \begin{vmatrix} a_1 & a_2 & a_3 \\ b_1 & b_2 & b_3 \\ c_1 & c_2 & c_3 \end{vmatrix} = a_1(b_2 c_3 - b_3 c_2) - a_2(b_1 c_3 - b_3 c_1) + a_3(b_1 c_2 - b_2 c_1).$$

In Erweiterung zum ebenen Fall erhalten wir die Resultierende von n Einzelkräften eines zentralen räumlichen Kräftesystems, dargestellt in einer orthonormierten Vektorbasis, zu

$$\mathbf{R} = \mathbf{R_x} + \mathbf{R_y} + \mathbf{R_z} = R_x \mathbf{e_x} + R_y \mathbf{e_y} + R_z \mathbf{e_z} = \sum_{i=1}^{n} \mathbf{F_i}$$

$$= \sum_{i=1}^{n} (F_{i,x} \mathbf{e_x} + F_{i,y} \mathbf{e_y} + F_{i,z} \mathbf{e_z}) = \left(\sum_{i=1}^{n} F_{i,x}\right) \mathbf{e_x} + \left(\sum_{i=1}^{n} F_{i,y}\right) \mathbf{e_y} + \left(\sum_{i=1}^{n} F_{i,z}\right) \mathbf{e_z}$$

Der Koeffizientenvergleich in $\mathbf{e_x}$, $\mathbf{e_y}$ und $\mathbf{e_z}$ liefert

$$R_x = \sum_{i=1}^{n} F_{i,x}, \quad R_y = \sum_{i=1}^{n} F_{i,y}, \quad R_z = \sum_{i=1}^{n} F_{i,z}, \quad R = |\mathbf{R}| = \sqrt{R_x^2 + R_y^2 + R_z^2},$$

und die Richtungskosinusse der Resultierenden sind:

$$\cos \alpha_{R,x} = \frac{R_x}{R}, \quad \cos \alpha_{R,y} = \frac{R_y}{R}, \quad \cos \alpha_{R,z} = \frac{R_z}{R}.$$

<u>Hinweis</u>: Wegen $\cos^2 \alpha_{R,x} + \cos^2 \alpha_{R,y} + \cos^2 \alpha_{R,z} = 1$ sind die Winkel $\alpha_{R,x}$, $\alpha_{R,y}$ und $\alpha_{R,z}$ nicht unabhängig voneinander.

Befindet sich das räumliche Kräftesystem im Gleichgewicht, so gilt:

$$R_x = \sum_{i=1}^{n} F_{i,x} = 0, \quad R_y = \sum_{i=1}^{n} F_{i,y} = 0, \quad R_z = \sum_{i=1}^{n} F_{i,z} = 0.$$

Beispiel 3-4:

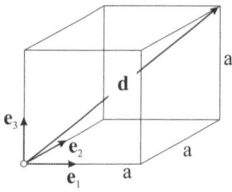

Abb. 3.11 *Würfel der Kantenlänge a, Raumdiagonale d*

3.2 Zentrale räumliche Kräftesysteme

Gesucht werden die Winkel zwischen der Raumdiagonalen **d** und den Kantenvektoren eines Würfels mit der Kantenlänge a.

Lösung: Wir stellen **d** als Linearkombination der orthonormalen Einheitsvektoren e_1, e_2 und e_3 dar, also $\mathbf{d} = a(\mathbf{e}_1 + \mathbf{e}_2 + \mathbf{e}_3)$. Dann ist $d = |\mathbf{d}| = \sqrt{\mathbf{d} \cdot \mathbf{d}} = a\sqrt{3}$, und für den Winkel, den die Diagonale mit dem Vektor $\mathbf{e}_1$ einschließt, erhalten wir unter Beachtung von $\mathbf{d} \cdot \mathbf{e}_1 = a$:

$$\mathbf{d} \cdot \mathbf{e}_1 = d \cos\alpha \quad \rightarrow \cos\alpha = \frac{\mathbf{d} \cdot \mathbf{e}_1}{d} = \frac{1}{\sqrt{3}} \quad \rightarrow \alpha = \arccos(1/\sqrt{3}) = 54{,}74°.$$

Für die verbleibenden Winkel zwischen **d** und $\mathbf{e}_2$ bzw. $\mathbf{e}_3$ gilt dasselbe Ergebnis.

Beispiel 3-5:

Der Vektor $\mathbf{x} = 2\mathbf{e}_x - 3\mathbf{e}_y + 9\mathbf{e}_z$ soll in die Richtungen der drei Vektoren $\mathbf{a} = 2\mathbf{e}_x - \mathbf{e}_y + \mathbf{e}_z$, $\mathbf{b} = \mathbf{e}_x + 2\mathbf{e}_y - 2\mathbf{e}_z$ und $\mathbf{c} = \mathbf{e}_x + \mathbf{e}_y + 2\mathbf{e}_z$ zerlegt werden. Dazu ist zunächst zu prüfen, ob die Basisvektoren **a**, **b** und **c** linear unabhängig sind.

Lösung: Zur Beurteilung der linearen Unabhängigkeit wird das Spatprodukt der Basisvektoren **a**, **b** und **c** gebildet. Verschwindet dieses, dann liegen die drei Vektoren in einer Ebene und bilden somit keine linear unabhängige Basis. Wir erhalten

$$(\mathbf{a} \times \mathbf{b}) \cdot \mathbf{c} = \begin{vmatrix} 2 & -1 & 1 \\ 1 & 2 & -2 \\ 1 & 1 & 2 \end{vmatrix} = 2(4+2) + (2+2) + (1-2) = 15 \neq 0.$$

Damit sind **a**, **b** und **c** linear unabhängig. Wir stellen **x** als Linearkombination dieser Basis dar: $\mathbf{x} = \alpha\mathbf{a} + \beta\mathbf{b} + \gamma\mathbf{c}$, und es gilt:

$$\alpha = \frac{(\mathbf{x} \times \mathbf{b}) \cdot \mathbf{c}}{(\mathbf{a} \times \mathbf{b}) \cdot \mathbf{c}} = 1, \quad \beta = \frac{(\mathbf{x} \times \mathbf{c}) \cdot \mathbf{a}}{(\mathbf{a} \times \mathbf{b}) \cdot \mathbf{c}} = -2, \quad \gamma = \frac{(\mathbf{x} \times \mathbf{a}) \cdot \mathbf{b}}{(\mathbf{a} \times \mathbf{b}) \cdot \mathbf{c}} = 2.$$

Damit erhalten wir die gesuchte Zerlegung: $\mathbf{x} = \mathbf{a} - 2\mathbf{b} + 2\mathbf{c}$.

Beispiel 3-6:

Die Kraft **F** in Abb. 3.12 soll in Richtung der drei Stabrichtungsvektoren $\mathbf{e}_1$, $\mathbf{e}_2$ und $\mathbf{e}_3$ zerlegt werden. Der Dreibock besteht aus drei Stabelementen, die im Knoten 1 zusammenlaufen. Die Pfeile an den Elementbezeichnungen geben deren frei gewählte Orientierungen an.

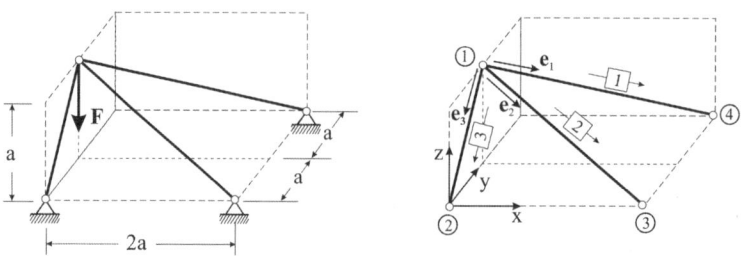

Abb. 3.12 Dreibock, System und Belastung mit Knoten- und Elementnummerierung

<u>Lösung</u>: $\mathbf{r}_1 = \begin{bmatrix} 0 & a & a \end{bmatrix}^T$, $\mathbf{r}_2 = \mathbf{0}$, $\mathbf{r}_3 = \begin{bmatrix} 2a & 0 & 0 \end{bmatrix}^T$, $\mathbf{r}_4 = \begin{bmatrix} 2a & 2a & 0 \end{bmatrix}^T$,

$$\mathbf{e}_1 = \frac{\mathbf{r}_4 - \mathbf{r}_1}{|\mathbf{r}_4 - \mathbf{r}_1|} = \frac{1}{\sqrt{6}}\begin{bmatrix} 2 & 1 & -1 \end{bmatrix}^T, \quad \mathbf{e}_2 = \frac{\mathbf{r}_3 - \mathbf{r}_1}{|\mathbf{r}_3 - \mathbf{r}_1|} = \frac{1}{\sqrt{6}}\begin{bmatrix} 2 & -1 & -1 \end{bmatrix}^T,$$

$\mathbf{e}_3 = \frac{\mathbf{r}_2 - \mathbf{r}_1}{|\mathbf{r}_2 - \mathbf{r}_1|} = \frac{1}{\sqrt{2}}\begin{bmatrix} 0 & -1 & -1 \end{bmatrix}^T$. Die Kraft $\mathbf{F} = \begin{bmatrix} 0 & 0 & -F_z \end{bmatrix}^T$ besitzt nur eine Komponente in negativer z-Richtung. Des Weiteren sind:

$$(\mathbf{e}_1 \times \mathbf{e}_2) \cdot \mathbf{e}_3 = \frac{1}{12}\sqrt{2}\begin{vmatrix} 2 & 1 & -1 \\ 2 & -1 & -1 \\ 0 & -1 & -1 \end{vmatrix} = \frac{1}{3}\sqrt{2} \neq 0.$$ Die Basisvektoren sind linear unabhängig.

$$(\mathbf{F} \times \mathbf{e}_2) \cdot \mathbf{e}_3 = \frac{1}{6}\sqrt{3}\begin{vmatrix} 0 & 0 & -F_z \\ 2 & -1 & -1 \\ 0 & -1 & -1 \end{vmatrix} = \frac{1}{3}\sqrt{3}\,F_z \qquad \rightarrow F_1 = \frac{1}{2}\sqrt{6}\,F_z,$$

$$(\mathbf{F} \times \mathbf{e}_3) \cdot \mathbf{e}_1 = \frac{1}{6}\sqrt{3}\begin{vmatrix} 0 & 0 & -F_z \\ 0 & -1 & -1 \\ 2 & 1 & -1 \end{vmatrix} = -\frac{1}{3}\sqrt{3}\,F_z \qquad \rightarrow F_2 = -\frac{1}{2}\sqrt{6}\,F_z,$$

$$(\mathbf{F} \times \mathbf{e}_1) \cdot \mathbf{e}_2 = \frac{1}{6}\begin{vmatrix} 0 & 0 & -F_z \\ 2 & 1 & -1 \\ 2 & -1 & -1 \end{vmatrix} = \frac{2}{3}F_z \qquad \rightarrow F_3 = \sqrt{2}\,F_z.$$

Damit erhalten wir folgende Zerlegung: $\mathbf{F} = F_1\,\mathbf{e}_1 + F_2\,\mathbf{e}_2 + F_3\,\mathbf{e}_3$.

<u>Hinweis</u>: Wie wir später sehen werden, sind die Stabkräfte als innere Kräfte des Dreibocks, bis auf das Vorzeichen, identisch mit F_1, F_2 und F_3.

4 Allgemeine Kräftesysteme am starren Körper

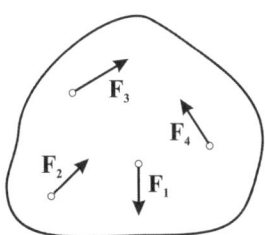

Abb. 4.1 *Allgemeines Kräftesystem am starren Körper*

Unter einem allgemeinen Kräftesystem verstehen wir ein System von Kräften, in dem nicht alle denselben Angriffspunkt haben und sich auch nicht alle durch Verschieben längs ihrer Wirkungslinien in einen Angriffspunkt bringen lassen (Abb. 4.1).

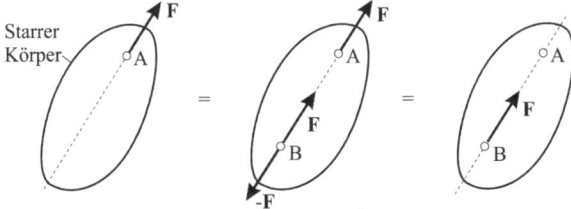

Abb. 4.2 *Axiom von der Linienflüchtigkeit des Kraftvektors am starren Körper*

Die Erfahrung zeigt, dass zwei entgegengesetzt gleiche Kräfte, die am starren Körper in gleicher Wirkungslinie angreifen, sich in ihrer Wirkung aufheben. Wir dürfen deshalb zwei Kräfte dieser Art zu einem vorhandenen Kräftesystem hinzufügen oder weglassen, ohne dass sich am mechanischen Verhalten des Körpers etwas ändert. Am starren Körper darf also eine

Kraft längs ihrer Wirkungslinie verschoben werden[1]. Das ist der Satz von der Linienflüchtigkeit des Kraftvektors (Abb. 4.2), der allerdings auf starre Körper beschränkt ist. Bei deformierbaren Körpern ist die Kraft ein ortsgebundener Vektor (Abb. 4 3).

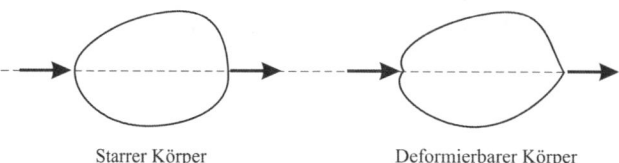

Starrer Körper   Deformierbarer Körper

Abb. 4.3 *Wirkung einer Kraft auf einen starren und einen deformierbaren Körper*

4.1 Allgemeine ebene Kräftesysteme

Die an den zentralen Kräftegruppen durchgeführten Reduktionen können unter Beachtung des Axioms von der Linienflüchtigkeit des Kraftvektors auch hier vorgenommen werden. Es sind jedoch mehrere Fälle zu unterscheiden.

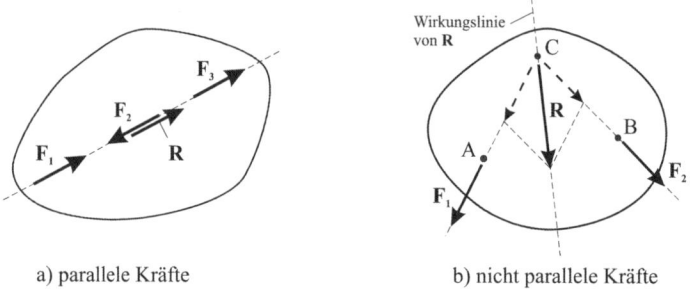

a) parallele Kräfte   b) nicht parallele Kräfte

Abb. 4.4 *Parallele und nicht parallele Kräfte am starren Körper*

Greifen an einem starren Körper mehrere parallele Kräfte F_i ($i = 1,...,n$) mit gleicher Wirkungslinie an (Abb. 4.4, links), so folgt aus dem Axiom der Linienflüchtigkeit des Kraftvektors, dass die Resultierende **R** dieselbe Wirkungslinie wie die Kräfte F_i besitzt.

Abb. 4.4, rechts zeigt zwei nicht parallele Kräfte F_1 und F_2 mit ihren Angriffspunkten *A* und *B*. Durch das Verschieben der Kräfte längs ihrer Wirkungslinien gelingt es, beide Kräfte in

---

[1] Pierre Varignon, frz. Mathematiker, 1654–1722

4.1 Allgemeine ebene Kräftesysteme

den gemeinsamen Angriffspunkt C zu verbringen. Dort können sie zu einer Resultierenden **R** zusammengefasst werden. Die Resultierende ist die zu F_1 und F_2 äquivalente Einzelkraft, die längs ihrer Wirkungslinie verschoben werden darf, sodass ihr Angriffspunkt dann noch jeder beliebige Punkt auf ihrer Wirkungslinie sein kann. Die grafische Lösung liefert die Resultierende **R** also nicht nur dem Betrage nach, sondern auch nach Richtung und Orientierung. Besteht das Kräftesystem aus mehr als zwei Kräften (Abb. 4.5), so wird entsprechend verfahren.

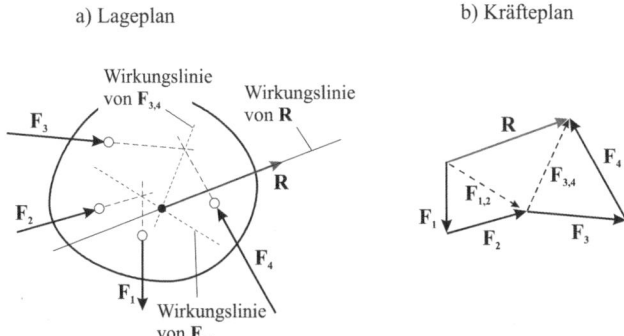

Abb. 4.5 *Zusammenfassung von vier in einer Ebene liegenden Kräften, Lage- und Kräfteplan*

Sollen parallele Kräfte mit nicht gleicher Wirkungslinie auf eine Resultierende reduziert werden, dann besitzen die Wirkungslinien von je zwei beliebig herausgegriffenen Kräften keinen gemeinsamen Schnittpunkt. Das vorab vorgestellte Verfahren funktioniert hier also nicht.

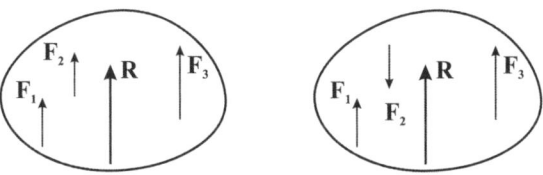

Abb. 4.6 *Parallele Kräfte mit nicht gleicher Wirkungslinie*

Wir haben zwei Fälle zu unterscheiden:

1. Die Kräfte sind alle gleichgerichtet (Abb. 4.6, links).
2. Die Kräfte sind nicht alle gleichgerichtet (Abb. 4.6, rechts).

Wir beschäftigen uns zunächst mit dem ersten Fall und zur Lösung dieses Problems verwenden wir folgenden Trick. Da wir am starren Körper zwei beliebige, in einer Wirkungslinie entgegengesetzt angreifende Kräfte, hinzufügen dürfen, addieren wir zu $\mathbf{F}_1$ eine Hilfskraft $\mathbf{H}$ und zu $\mathbf{F}_2$ in gleicher Wirkungslinie eine Hilfskraft $-\mathbf{H}$ (Abb. 4.7).

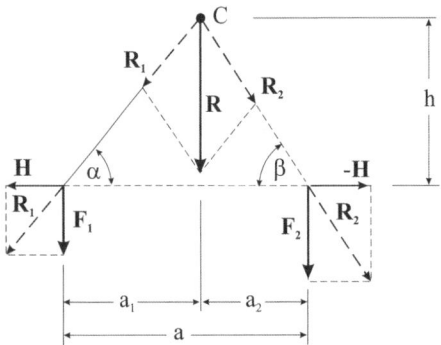

Abb. 4.7 *Hilfskonstruktion zur Bestimmung der Wirkungslinie der Resultierenden $\mathbf{R}$*

Die beiden Hilfskräfte heben sich in ihrer Wirkung gegenseitig auf. Aus $\mathbf{H}$ und $\mathbf{F}_1$ lässt sich die Teilresultierende $\mathbf{R}_1$ und aus $\mathbf{F}_2$ und $-\mathbf{H}$ die Teilresultierende $\mathbf{R}_2$ bilden. Diese Teilresultierenden sind den beiden Kräften $\mathbf{F}_1$ und $\mathbf{F}_2$ statisch äquivalent, allerdings mit dem Unterschied, dass beide nun nicht mehr parallel verlaufen. Die Teilresultierenden werden sodann durch Verschieben längs ihrer Wirkungslinien in den gemeinsamen Angriffspunkt C verbracht und dort zur Resultieren $\mathbf{R}$ zusammengefasst. Unbekannt ist noch die Wirkungslinie der Resultierenden. Der Abb. 4.7 entnehmen wir die geometrischen Beziehungen

$$\tan \alpha = \frac{F_1}{H} = \frac{h}{a_1} \rightarrow a_1 = h\frac{H}{F_1}, \qquad \tan \beta = \frac{F_2}{H} = \frac{h}{a_2} \rightarrow a_2 = h\frac{H}{F_2}.$$

Aus diesen Gleichungen folgt

$$\frac{a_1}{a_2} = \frac{F_2}{F_1} \rightarrow F_1 a_1 = F_2 a_2 \,.$$

Das ist das auf Archimedes zurückgehende Hebelgesetz. Unter Beachtung von $a_2 = a - a_1$ erhalten wir

$$a_1 = \frac{F_2}{F_1 + F_2} a = \frac{F_2}{R} a \,.$$

Die Resultierende $\mathbf{R}$ liegt zwischen den beiden Kräften $\mathbf{F}_1$ und $\mathbf{F}_2$ und zwar näher an der größeren Kraft. Bei mehr als zwei Einzelkräften ist entsprechend zu verfahren.

Im zweiten Fall sind die parallelen Kräfte $\mathbf{F}_1$ und $\mathbf{F}_2$ mit nicht gleicher Wirkungslinie nicht sämtlich gleichgerichtet, und wir benutzen wieder denselben Trick wie in Abb. 4.7. Der Abb. 4.8 entnehmen wir

4.1 Allgemeine ebene Kräftesysteme

$$\tan\alpha = \frac{F_1}{H} = \frac{h}{r}, \qquad \tan\beta = \frac{F_2}{H} = \frac{h}{a+r}.$$

Aus diesen Gleichungen folgt

$$r = \frac{F_2}{F_1 - F_2}a \qquad (F_1 \neq F_2).$$

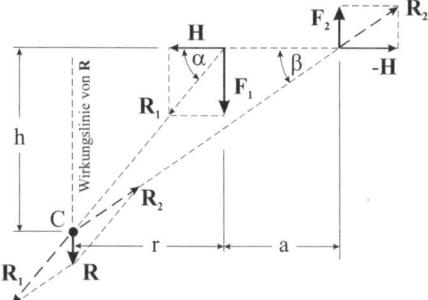

Abb. 4.8 Hilfskonstruktion zur Bestimmung der Wirkungslinie der Resultierenden **R**

Die Resultierende **R** liegt jetzt außerhalb des Streifens, den die Wirkungslinien der beiden Kräfte **F**$_1$ und **F**$_2$ begrenzen. Sie liegt auf der Seite der größeren Kraft und hat deren Orientierung.

Hinweis: Die Kräftereduktion lässt sich prinzipiell für beliebig viele Kräfte grafisch durchführen, etwa mittels des Seileckverfahrens oder der Culmannschen[1] Hilfsgeraden. Da diese Verfahren naturgemäß mit Ungenauigkeiten verbunden sind, werden im Folgenden nur analytische Methoden vorgestellt.

4.1.1 Das Kräftepaar

Offenbar versagt die oben angegebene Methode immer dann, wenn die beiden entgegengesetzt gerichteten parallelen Kräfte mit dem Abstand *a* denselben Betrag $F_1 = F_2 = F$ haben. Zunächst kann festgestellt werden, dass in diesem Fall die resultierende Kraft **R** = **F** − **F** = **0** verschwindet. Die mechanische Wirkung beider Kräfte besteht darin, den Körper zu verdrehen. Wir sprechen im Fall des starren Körpers von einem freien Kräftepaar. Eine weitere Reduktion auf eine Einzelkraft oder ein anderes, einfacheres System, gelingt nicht. Wir können jedoch ein solches Kräftepaar am starren Körper durch beliebig viele Arten mechanisch äquivalenter Kräftepaare ersetzen.

---

[1] Karl Culmann, deutsch. Bauingenieur, 1821–1881

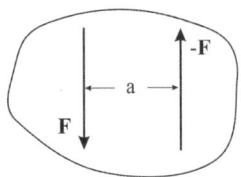

Abb. 4.9   Das Kräftepaar

Unter Benutzung des Axioms von der Linienflüchtigkeit des Kraftvektors ist eine Verschiebung in Richtung der Wirkungslinien der Einzelkräfte entsprechend Abb. 4.10 zulässig.

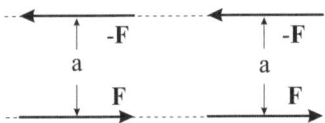

Abb. 4.10   Verschiebung eines Kräftepaares in Richtung der Wirkungslinien

Fügen wir dem Kräftepaar gemäß Abb. 4.11 zwei beliebige Hilfskräfte **H** und **-H** hinzu, dann hat der resultierenden Vektor $\mathbf{K} = \mathbf{F} + \mathbf{H}$ den Betrag $K = |\mathbf{K}| = F/\cos\alpha$ und den Abstand $b = a\cos\alpha$.

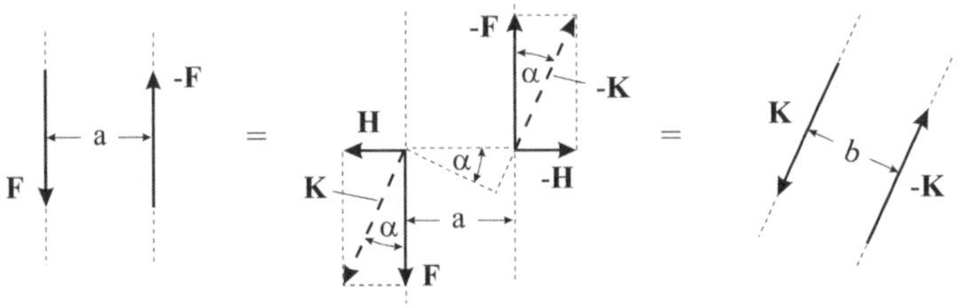

Abb. 4.11   Drehung eines Kräftepaares in der Ebene

Eine spezielle Variante der obigen Konstruktion erhalten wir, wenn wir den Betrag der beiden Hilfskräfte **H** und **-H** so wählen, dass der resultierende Vektor **K** wieder den Betrag F hat, jedoch gegenüber dem Ausgangsvektor um den Winkel 2α gedreht ist. Das so entstehende Kräftepaar hat dann wieder den Abstand a.

4.1 Allgemeine ebene Kräftesysteme

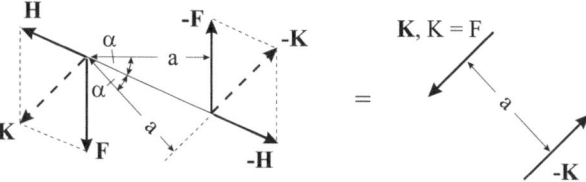

Abb. 4.12 Drehung des Kräftepaares in der Ebene bei gleichem Betrag und Abstand

Durch hinzufügen von speziellen Kraftgleichgewichtsgruppen ist die Verbringung eines Kräftepaares auch in eine beliebige Parallelebene möglich (Abb. 4.13).

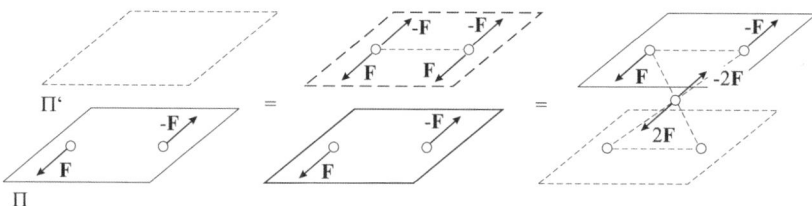

Abb. 4.13 Verschiebung eines Kräftepaares in eine Parallelebene

Allen betrachteten Kräftepaaren ist das Produkt aus Kraft und Hebelarm gemeinsam. Es stellt ein Maß für die Drehwirkung dar. Wir definieren deshalb:

Zwei Kräftepaare mit gleichem Produkt aus Kraft und Kraftabstand und gleichem Drehsinn sind einander mechanisch gleichwertig.

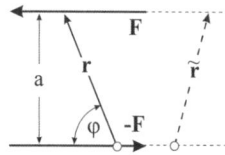

Abb. 4.14 Moment eines Kräftepaares

Da wir auch die Drehrichtung des Kräftepaares berücksichtigen müssen, ist sofort einleuchtend, dass das Moment eines Kräftepaares Vektorcharakter besitzt. Es liegt somit nahe, einem Kräftepaar als charakteristische Größe das Moment[1]

---

[1] Der in diesem Zusammenhang verwendete Begriff *Moment* geht auf Euler zurück und hat historischen Charakter

$$M = r \times F$$

zuzuordnen, das allen äquivalenten Kräftepaaren in derselben Ebene gemeinsam ist. In der Definition ist **r** ein beliebiger, von der Wirkungslinie von **-F** nach **F** orientierter Vektor (Abb. 4.14). Dass dieser Vektor in der angegebenen Weise zwei beliebige Punkte auf den beiden Wirkungslinien verbinden kann, sehen wir folgendermaßen:

$$\tilde{r} \times F = (\lambda F + r - \kappa F) \times F = r \times F \; .$$

Der so definierte Momentenvektor hat den Betrag $M = |M| = |F||r|\sin\varphi = Fa$ und steht senkrecht auf der Ebene des Kräftepaares.

$$[M] = \frac{\text{Masse} \cdot (\text{Länge})^2}{(\text{Zeit})^2}, \quad \text{Einheit: } \text{kg m}^2 \text{ s}^{-2} = \text{Nm} \; .$$

<u>Hinweis</u>: In der Mechanik wird statt vom Kräftepaar auch häufig vom Moment gesprochen.

Der Orientierungssinn des Momentenvektors ergibt mit dem Drehsinn des Kräftepaares eine Rechtsschraubung. Zur Unterscheidung des Kraftvektors werden wir den Momentenvektor entweder durch einen Doppelpfeil senkrecht zur Ebene oder auch durch einen Drehpfeil in der Ebene des Kräftepaares kennzeichnen (Abb. 4.15).

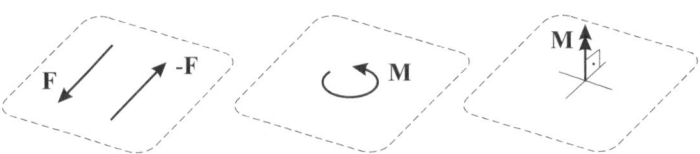

Abb. 4.15 *Verschiedene Darstellungsarten von Kräftepaaren*

Der so definierte Momentenvektor des Kräftepaares ist nicht, wie die Kraft, an eine Wirkungslinie oder an einen Angriffspunkt gebunden, er ist, und dies gilt nur für den starren Körper, ein freier Vektor, der im Raum beliebig parallel zu sich selbst verschoben werden darf.

Wirken an einem starren Körper n Kräftepaare mit den ihnen zugeordneten Momentenvektoren M_j ($j = 1,\ldots,n$), so lassen sich diese durch ein resultierendes äquivalentes Kräftepaar mit dem Moment

$$M = \sum_{j=1}^{n} M_j$$

ersetzen.

Wirkt auf einen starren Körper eine Einzelkraft **F**, dann darf nach dem Axiom der Linienflüchtigkeit des Kraftvektors diese längs ihrer Wirkungslinie verschoben werden, ohne dass

4.1 Allgemeine ebene Kräftesysteme

sich dabei die mechanische Wirkung verändert. Wird die Kraft jedoch parallel zu ihrer Wirkungslinie verschoben (Abb. 4.16), etwa um die Strecke a, dann muss zur Sicherstellung der statischen Äquivalenz zu der parallel verschobenen Kraft **F** das Versetzungsmoment[1]

$$\mathbf{M} = \mathbf{r} \times \mathbf{F} \qquad \text{mit dem Betrag} \quad M = |\mathbf{M}| = F\,a$$

hinzugefügt werden.

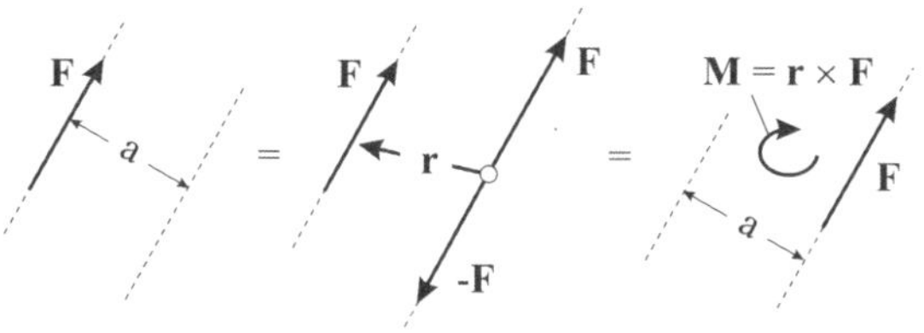

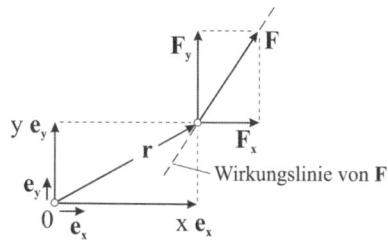

Abb. 4.16 *Das Versetzungsmoment M*

4.1.2 Das Moment einer Kraft bezogen auf einen Punkt

Neben dem freien Moment eines Kräftepaares ist in der Mechanik das Moment einer Kraft bezogen auf einen Punkt von Interesse. Wir betrachten dazu Abb. 4.17.

Abb. 4.17 *Das Moment einer Kraft bezogen auf einen Punkt*

Die Wirkungslinie der Kraft $\mathbf{F} = F_x\,\mathbf{e_x} + F_y\,\mathbf{e_y}$ verläuft durch den Punkt mit dem Ortsvektor $\mathbf{r} = x\,\mathbf{e_x} + y\,\mathbf{e_y}$. Beim Parallelversatz der Kraftkomponenten $\mathbf{F_x}$ und $\mathbf{F_y}$ durch den Nullpunkt liefern diese Komponenten das Versetzungsmoment $\mathbf{M}_z^{(0)} = (xF_y - yF_x)\,\mathbf{e_z} = M_z\,\mathbf{e_z}$, das hier nur eine Komponente in z-Richtung besitzt. In praktischen Anwendungen wird deshalb bei

---

[1] Pierre de Varignon, franz. Wissenschaftler, 1654–1722

ebenen Problemen oftmals auf den Vektorcharakter des Versetzungsmomentes verzichtet. Wir definieren als das Moment der Kraft **F** bezogen auf den Punkt 0:

$$\mathbf{M}^{(0)} = \mathbf{r} \times \mathbf{F} .$$

Wegen $\tilde{\mathbf{r}} \times \mathbf{F} = (\mathbf{r} + \lambda \mathbf{F}) \times \mathbf{F} = \mathbf{r} \times \mathbf{F}$ kann jedoch jeder vom Punkt *0* zur Wirkungslinie der Kraft **F** weisende Vektor eingesetzt werden (Abb. 4.18).

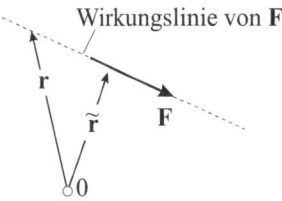

Abb. 4.18 Moment einer Kraft bezogen auf den Nullpunkt, Änderung von r

Hinweis: Im Unterschied zum Moment eines Kräftepaares, das als freier Vektor beliebig im Raum verschoben werden darf, ist $\mathbf{M}^{(0)}$ vom Bezugspunkt abhängig.

4.2   Allgemeine räumliche Kräftesysteme

Im Vergleich zu den planaren Kraftvektoren besitzen die räumlich wirkenden Kräfte i. Allg. drei Komponenten. Das erfordert bei der Bildung der resultierenden Kraft **R** und dem resultierenden Moment **M** einen erhöhten Rechenaufwand.

4.2.1   Das Moment einer Kraft bezogen auf einen Punkt

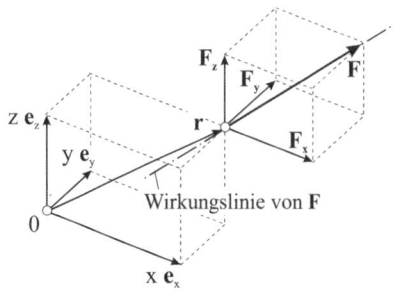

Abb. 4.19 Moment einer Kraft bezogen auf einen Punkt

4.2 Allgemeine räumliche Kräftesysteme

Ein Punkt auf der Wirkungslinie der Kraft $\mathbf{F} = F_x\mathbf{e}_x + F_y\mathbf{e}_y + F_z\mathbf{e}_z$ ist $\mathbf{r} = x\mathbf{e}_x + y\mathbf{e}_y + z\mathbf{e}_z$.
Beim Parallelversatz der Kraftkomponenten F_x, F_y und F_z durch den Nullpunkt liefern diese folgende Versatzmomente:

x-Achse: $\quad\mathbf{M}_x^{(0)} = (yF_z - zF_y)\,\mathbf{e}_x$,

y-Achse: $\quad\mathbf{M}_y^{(0)} = (zF_x - xF_z)\,\mathbf{e}_y$,

z-Achse: $\quad\mathbf{M}_z^{(0)} = (xF_y - yF_x)\,\mathbf{e}_z$.

Fassen wir die obigen Anteile als Komponenten eines Momentenvektors auf, dann können wir dafür auch $\mathbf{M}^{(0)} = \mathbf{M}_x^{(0)} + \mathbf{M}_y^{(0)} + \mathbf{M}_z^{(0)}$ oder kürzer

$$\mathbf{M}^{(0)} = \mathbf{r} \times \mathbf{F}$$

schreiben. Wir definieren $\mathbf{M}^{(0)}$ als das Moment der Kraft $\mathbf{F}$ bezogen auf den Punkt *0*. Vergleichen wir mit dem ebenen Fall, dann besitzt der Momentenvektor im räumlichen Fall i. Allg. drei Komponenten. Auch hier gilt wieder mit Abb. 4.18, dass jeder vom Punkt *0* zur Wirkungslinie der Kraft $\mathbf{F}$ weisende Vektor zur Bildung von $\mathbf{M}^{(0)}$ eingesetzt werden darf.

4.2.2 Das Moment einer Kraft bezogen auf eine Achse

Das Moment einer Kraft $\mathbf{F}$ bezogen auf eine durch den Richtungsvektor $\mathbf{n}$ gegebenen Raumachse definieren wir als die Projektion des Momentenvektors $\mathbf{M}^{(0)} = \mathbf{r} \times \mathbf{F}$ auf diese Achse (Abb. 4.20). Die Komponente $\mathbf{M_n}$ ist ein Maß für die Drehwirkung von $\mathbf{F}$ um die Achse $\mathbf{n}$.

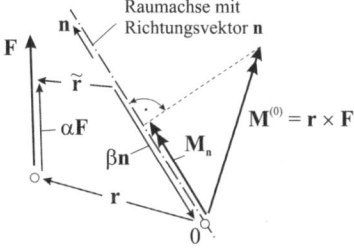

Abb. 4.20 Moment einer Kraft bezogen auf eine Achse

Die Projektion von $\mathbf{M}^{(0)}$ auf $\mathbf{n}$ ergibt mit dem Einheitsvektor $\mathbf{e_n} = \mathbf{n}/|\mathbf{n}| = \mathbf{n}/n$ den Vektor

$$\mathbf{M_n} = (\mathbf{M}^{(0)} \cdot \mathbf{e_n})\mathbf{e_n} = \frac{\mathbf{M}^{(0)} \cdot \mathbf{n}}{n^2}\mathbf{n} = \frac{(\mathbf{r} \times \mathbf{F}) \cdot \mathbf{n}}{n^2}\mathbf{n}.$$

Darin bezeichnet $\mathbf{r}$ einen beliebigen Verbindungsvektor von der Drehachse zur Wirkungslinie der Kraft $\mathbf{F}$, denn mit $\tilde{\mathbf{r}} = \beta\mathbf{n} + \mathbf{r} + \alpha\mathbf{F}$ folgt ebenfalls

$$(\tilde{\mathbf{r}} \times \mathbf{F}) \cdot \mathbf{n} = [(\beta \mathbf{n} + \mathbf{r} + \alpha \mathbf{F}) \times \mathbf{F}] \cdot \mathbf{n} = \beta \underbrace{(\mathbf{n} \times \mathbf{F}) \cdot \mathbf{n}}_{=0} + (\mathbf{r} \times \mathbf{F}) \cdot \mathbf{n} + \alpha \underbrace{(\mathbf{n} \times \mathbf{F}) \cdot \mathbf{n}}_{=0} = (\mathbf{r} \times \mathbf{F}) \cdot \mathbf{n} = \mathbf{M} \cdot \mathbf{n}$$

4.2.3 Dyname, Kraftschraube und Zentralachse

Die bisherigen Untersuchungen haben gezeigt, dass infolge der Reduktion eines räumlichen Kräftesystems auf einen beliebigen Punkt, etwa den Punkt *0*, i. Allg. eine resultierende Kraft **R** und ein resultierendes Moment $\mathbf{M}^{(0)}$ verbleiben. Das Vektorpaar [**R**, $\mathbf{M}^{(0)}$] wird in der Technischen Mechanik als Dyname oder auch Kraftwinder bezeichnet. Das resultierende Moment hängt dabei von der Wahl des Bezugspunktes ab. Durch die spezielle Wahl eines anderen Bezugspunktes, oder genauer genommen einer Bezugsachse, wollen wir nun erreichen, dass das auf einen beliebigen Punkt dieser Achse reduzierte Kräftesystem, bestehend aus der resultierenden Kraft **R** und einem resultierenden Moment $\mathbf{M}_R$, parallel verlaufen. Diese ausgezeichnete Achse wird Zentralachse genannt, und in diesem Fall wird die Dyname [**R**, $\mathbf{M}_R$] als Kraftschraube bezeichnet. Die Bezeichnung rührt daher, dass ein starrer Körper unter dem Einfluss eines solchen Kräftesystems eine Schraubbewegung, also gleichzeitig eine Translation in Richtung von **R** und eine Rotation um die Achse durchführen würde.

Um hier zu einer Lösung zu kommen, zerlegen wir zunächst das auf den Punkt *0* bezogene Moment $\mathbf{M}^{(0)}$ in Abb. 4.21 gemäß $\mathbf{M}^{(0)} = \mathbf{M}_R + \mathbf{M}_\perp$ in eine zu **R** parallele Komponente $\mathbf{M}_R$ und eine dazu senkrechte Komponente $\mathbf{M}_\perp$, was immer möglich ist.

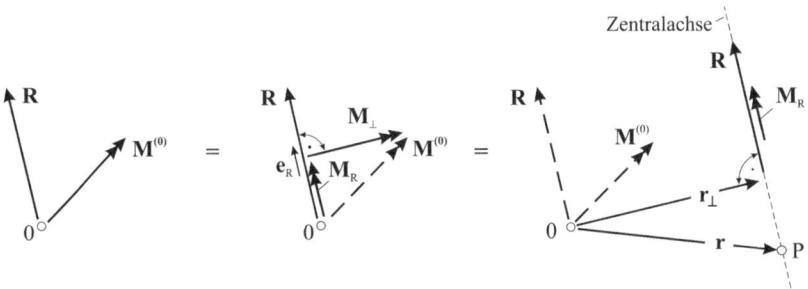

Abb. 4.21 *Kraftschraube und Zentralachse*

Mit dem Einheitsvektor $\mathbf{e}_R = \mathbf{R}/|\mathbf{R}| = \mathbf{R}/R$ erhalten wir

$$\mathbf{M}_R = \left(\mathbf{M}^{(0)} \cdot \mathbf{e}_R \right) \mathbf{e}_R .$$

4.2 Allgemeine räumliche Kräftesysteme

Unter Beachtung des Entwicklungssatzes für zweifache Vektorprodukte[1] können wir für die zu **R** senkrechte Komponente auch

$$\mathbf{M}_\perp = \mathbf{M}^{(0)} - \mathbf{M}_R = \mathbf{M}^{(0)} - \left(\mathbf{M}^{(0)} \cdot \mathbf{e}_R\right)\mathbf{e}_R = (\mathbf{e}_R \cdot \mathbf{e}_R)\mathbf{M}^{(0)} - \left(\mathbf{M}^{(0)} \cdot \mathbf{e}_R\right)\mathbf{e}_R$$
$$= \mathbf{e}_R \times \left(\mathbf{M}^{(0)} \times \mathbf{e}_R\right)$$

schreiben. Die Richtung der Zentralachse ist durch die Resultierende **R** festgelegt. Wir benötigen noch einen Punkt auf der Zentralachse. Zu dessen Berechnung denken wir uns die Komponente $\mathbf{M}_\perp$ aus einer Parallelverschiebung der Resultierenden **R** um den Vektor $\mathbf{r}_\perp$ hervorgegangen, den wir speziell so wählen, dass die Orthogonalitätsbedingung $\mathbf{R} \cdot \mathbf{r}_\perp = 0$ gilt. Dann ist $\mathbf{M}_\perp = \mathbf{r}_\perp \times \mathbf{R}$. Mit Hilfe des Entwicklungssatzes separieren wir aus der letzten Gleichung den Vektor $\mathbf{r}_\perp$. Dazu bilden wir

$$\mathbf{R} \times \mathbf{M}_\perp = \mathbf{R} \times (\mathbf{r}_\perp \times \mathbf{R}) = (\mathbf{R} \cdot \mathbf{R})\mathbf{r}_\perp - (\mathbf{R} \cdot \mathbf{r}_\perp)\mathbf{R}$$

und beachten einerseits, dass **R** und $\mathbf{r}_\perp$ senkrecht aufeinander stehen, womit wir zunächst

$$\mathbf{r}_\perp = \frac{\mathbf{R} \times \mathbf{M}_\perp}{R^2} = \frac{\mathbf{R} \times (\mathbf{M}^{(0)} - \mathbf{M}_R)}{R^2}$$

erhalten. Andererseits ist zu berücksichtigen, dass **R** und $\mathbf{M}_R$ parallel verlaufen, womit wir schließlich

$$\mathbf{r}_\perp = \frac{\mathbf{R} \times \mathbf{M}^{(0)}}{R^2}$$

erhalten. Damit ist die Dyname [**R**, $\mathbf{M}^{(0)}$] auf die Kraftschraube [**R**, $\mathbf{M}_R$] reduziert, und die Gleichung der Zentralachse lautet

$$\mathbf{r} = \mathbf{r}_\perp + \lambda \mathbf{e}_R .$$

Beispiel 4-1:

An dem in Abb. 4.22 skizzierten Würfel mit der Kantenlänge a greifen die Kräfte

$$\mathbf{F}_1 = F[1 \quad 2 \quad 0]^T, \quad \mathbf{F}_2 = F[0 \quad 0 \quad -2]^T, \quad \mathbf{F}_3 = F[3 \quad 0 \quad 0]^T$$

an. Für dieses Kräftesystem sind die Kraftschraube und die Zentralachse zu berechnen. Stellen Sie dazu eine Maple-Prozedur zur Verfügung.

Lösung: Die Ortsvektoren zu beliebigen Punkten auf den Wirkungslinien der Kräfte entnehmen wir der Abb. 4.22: $\mathbf{r}_1 = a[1 \quad 1 \quad 1]^T$, $\mathbf{r}_2 = a[1 \quad 0 \quad 0]^T$, $\mathbf{r}_3 = a[0 \quad 0 \quad 1]^T$.

---

[1] $\mathbf{a} \times (\mathbf{b} \times \mathbf{c}) = \mathbf{b}(\mathbf{a} \cdot \mathbf{c}) - \mathbf{c}(\mathbf{a} \cdot \mathbf{b})$

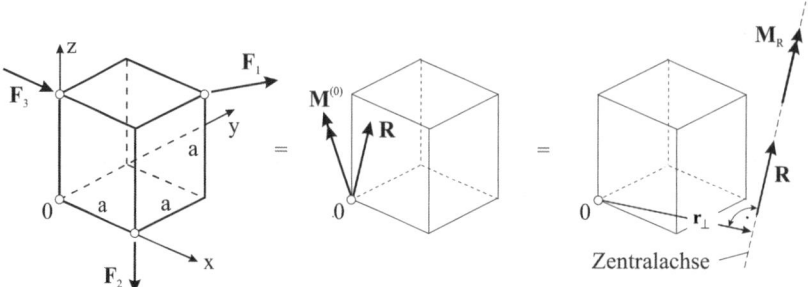

Abb. 4.22 Würfel mit Einzelkräften, Kraftschraube und Zentralachse

Lösung: Die resultierende Kraft **R** ist unabhängig vom Bezugspunkt:

$$\mathbf{R} = \sum_{i=1}^{3} \mathbf{F}_i = F[4 \quad 2 \quad -2]^T, \quad R = |\mathbf{R}| = F\sqrt{16+4+4} = 2F\sqrt{6}, \quad \mathbf{e_R} = \frac{\mathbf{R}}{R} = \frac{1}{6}\sqrt{6}[2 \quad 1 \quad -1]^T.$$

Wir reduzieren dieses Kräftesystem auf den Punkt 0 und erhalten

$$\mathbf{M}^{(0)} = \mathbf{r}_1 \times \mathbf{F}_1 + \mathbf{r}_2 \times \mathbf{F}_2 + \mathbf{r}_3 \times \mathbf{F}_3$$

$$= aF \begin{vmatrix} \mathbf{e}_x & \mathbf{e}_y & \mathbf{e}_z \\ 1 & 1 & 1 \\ 1 & 2 & 0 \end{vmatrix} + aF \begin{vmatrix} \mathbf{e}_x & \mathbf{e}_y & \mathbf{e}_z \\ 1 & 0 & 0 \\ 0 & 0 & -2 \end{vmatrix} + aF \begin{vmatrix} \mathbf{e}_x & \mathbf{e}_y & \mathbf{e}_z \\ 0 & 0 & 1 \\ 3 & 0 & 0 \end{vmatrix}$$

$$= aF[-2 \quad 1 \quad 1]^T + aF[0 \quad 2 \quad 0]^T + aF[0 \quad 3 \quad 0]^T = aF[-2 \quad 6 \quad 1]^T.$$

$$\mathbf{M_R} = (\mathbf{M}^{(0)} \cdot \mathbf{e_R})\mathbf{e_R} = aF\frac{1}{6}\sqrt{6}\,\mathbf{e_R} = aF\frac{1}{6}[2 \quad 1 \quad -1]^T, \quad \mathbf{r}_\perp = \frac{\mathbf{R} \times \mathbf{M}^{(0)}}{R^2} = \frac{7a}{12}[1 \quad 0 \quad 2]^T,$$

$|\mathbf{r}_\perp| = \dfrac{7\sqrt{5}\,a}{12}$. Damit lautet für einen Würfel mit der Kantenlänge $a = 1$ die Gleichung der

Zentralachse: $\mathbf{r} = \mathbf{r}_\perp + \lambda\,\mathbf{e_R} = \dfrac{7}{12}\begin{bmatrix}1\\0\\2\end{bmatrix} + \lambda\dfrac{\sqrt{6}}{6}\begin{bmatrix}2\\1\\-1\end{bmatrix} = \begin{bmatrix}0{,}538\\0\\1{,}167\end{bmatrix} + \lambda\begin{bmatrix}0{,}816\\0{,}408\\-0{,}408\end{bmatrix}.$

4.3 Die Reduktion ebener Kräftesysteme

Auf einen starren Körper wirke in der (x,y)-Ebene eine ebene Kräftegruppe entsprechend Abb. 4.23. Für dieses Kräftesystem suchen wir die resultierende Kraft **R** und einen Punkt mit dem Ortsvektor **a** auf deren Wirkungslinie. Für die resultierende Kraft gilt wieder

$$\mathbf{R} = \sum_{i=1}^{n} \mathbf{F}_i.$$

Einen Punkt auf der Wirkungslinie von **R** ermitteln wir aus der Forderung nach statischer Äquivalenz beider Kräftesysteme. Es muss gelten

4.3 Die Reduktion ebener Kräftesysteme

$$\mathbf{a} \times \mathbf{R} = \sum_{i=1}^{n} \mathbf{r}_i \times \mathbf{F}_i \ .$$

Die Summe der Momente der Einzelkräfte $\mathbf{F}_i$ bezogen auf den Punkt 0 muss also gleich sein dem Moment der Resultierenden $\mathbf{R}$ bezogen auf denselben Punkt. In der obigen Beziehung kann jeder vom Punkt 0 zur Wirkungslinie von $\mathbf{F}_i$ weisende Vektor $\mathbf{r}_i = r_{i,x}\mathbf{e}_x + r_{i,y}\mathbf{e}_y$ eingesetzt werden.

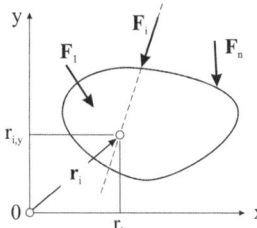
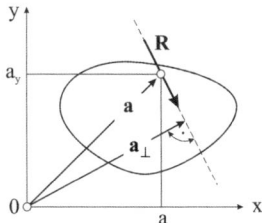

Abb. 4.23 Reduktion einer ebenen Kräftegruppe, Resultierende $\mathbf{R}$

Beachten wir

$$\mathbf{a} \times \mathbf{R} = \begin{vmatrix} \mathbf{e}_x & \mathbf{e}_y & \mathbf{e}_z \\ a_x & a_y & 0 \\ R_x & R_y & 0 \end{vmatrix} = \mathbf{e}_z (a_x R_y - a_y R_x)$$

und

$$\sum_{i=1}^{n} \mathbf{r}_i \times \mathbf{F}_i = \sum_{i=1}^{n} \begin{vmatrix} \mathbf{e}_x & \mathbf{e}_y & \mathbf{e}_z \\ r_{i,x} & r_{i,y} & 0 \\ F_{i,x} & F_{i,y} & 0 \end{vmatrix} = \mathbf{e}_z \sum_{i=1}^{n} (r_{i,x} F_{i,y} - r_{i,y} F_{i,x}) = \mathbf{M}^{(0)} \ ,$$

mit

$$\mathbf{M}^{(0)} = \mathbf{e}_z \sum_{i=1}^{n} (r_{i,x} F_{i,y} - r_{i,y} F_{i,x}) = M^{(0)} \mathbf{e}_z \ ,$$

dann liefert ein Komponentenvergleich der beiden oben stehenden Beziehungen

$$a_x R_y - a_y R_x = M^{(0)} \ .$$

Die Schnittpunkte der Wirkungslinie von $\mathbf{R}$ mit den Koordinatenachsen sind:

1. $a_y = 0, R_y \neq 0 \qquad \rightarrow a_x = \dfrac{M^{(0)}}{R_y}$,

2. $a_x = 0, R_x \neq 0 \qquad \rightarrow a_y = -\dfrac{M^{(0)}}{R_x}$.

Sind wir an dem senkrecht zur Wirkungslinie von **R** stehenden Vektor $\mathbf{a}_\perp$ in Abb. 4.23 interessiert, dann folgt mit denselben Überlegungen, die zur Lage der Zentralachse führten

$$\mathbf{a}_\perp = \frac{\mathbf{R} \times \mathbf{M}^{(0)}}{R^2} = \frac{M^{(0)}(R_y \mathbf{e}_x - R_x \mathbf{e}_y)}{R_x^2 + R_y^2}.$$

In den obigen Beziehungen bedeuten

$$F_{i,x} = \mathbf{F}_i \cdot \mathbf{e}_x = F_i \cos\alpha_{i,x} \quad \text{und} \quad F_{i,y} = \mathbf{F}_i \cdot \mathbf{e}_y = F_i \cos\alpha_{i,y},$$

wobei $\alpha_{i,x}$ und $\alpha_{i,y}$ diejenigen Winkel bezeichnen, die die Kräfte $\mathbf{F}_i$ mit den positiven Koordinatenachsen x und y einschließen. Den Betrag, die Richtung und die Orientierung der Resultierenden ermitteln wir dann aus den bekannten Beziehungen

$$R = |\mathbf{R}| = \sqrt{R_x^2 + R_y^2}, \qquad \cos\alpha_{R,x} = \frac{R_x}{R}, \qquad \cos\alpha_{R,y} = \frac{R_y}{R}.$$

Diese Gleichungen lassen sich auch vorteilhaft tabellarisch auswerten.

Beispiel 4-2:

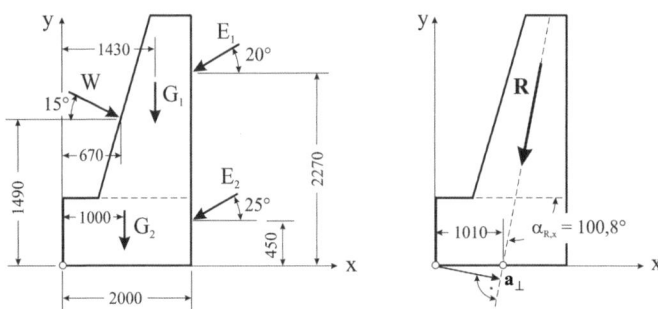

Abb. 4.24   Stützmauer mit Einzelkräften (alle Maße in mm)

Eine starre Stützmauer wird durch das Kräftesystem entsprechend Abb. 4.24 belastet. Gesucht wird die resultierende Kraft **R** nach Betrag, Lage, Richtung und Orientierung.

Geg.: $E_1 = 30$ kN, $E_2 = 15$ kN, $W = 16$ kN, $G_1 = 77$ kN, $G_2 = 40$ kN.

Lösung: Die Auswertung der betreffenden Gleichungen erfolgt tabellarisch.

4.3 Die Reduktion ebener Kräftesysteme

Tab. 4.1 Reduktion eines ebenen Kräftesystems, tabellarische Auswertung

Kraft	$r_{i,x}$ [m]	$r_{i,y}$ [m]	$\alpha_{i,x}$ [Grad]	$\alpha_{i,y}$ [Grad]	F_i [kN]	$F_{i,x}$ [kN]	$F_{i,y}$ [kN]	$r_{i,x} F_{i,y}$ [kNm]	$r_{i,y} F_{i,x}$ [kNm]
E_1	2,00	2,27	160	110	30,00	-28,19	-10,26	-20,52	-63,99
E_2	2,00	0,45	155	115	15,00	-13,59	-6,43	-12,68	-6,12
W	0,67	1,49	15	105	16,00	15,45	-4,14	-2,77	23,03
G_1	1,43	0	90	180	77,00	0	-77,00	-110,11	0
G_2	1,00	0	90	180	40,00	0	-40,00	-40,00	0
Σ						-26,33	-137,74	-186,08	-47,08

$R_x = -26{,}33\,\text{kN}$, $R_y = -137{,}74\,\text{kN}$, $R = \sqrt{R_x^2 + R_y^2} = \sqrt{26{,}33^2 + 137{,}74^2} = 140{,}23\,\text{kN}$,

$\cos\alpha_{R,x} = \dfrac{R_x}{R} = \dfrac{-26{,}33}{140{,}23} = -0{,}1878 \qquad \to \alpha_{R,x} = 100{,}8°$

$\cos\alpha_{R,y} = \dfrac{R_y}{R} = \dfrac{-137{,}74}{140{,}23} = -0{,}9822 \qquad \to \alpha_{R,y} = 169{,}2°.$

Wir beschaffen uns die Achsabschnitte der Wirkungslinie der resultierenden Kraft **R**:

$a_x = \dfrac{1}{R_y}\sum_{i=1}^{5}(r_{i,x}F_{i,y} - r_{i,y}F_{i,x}) = \dfrac{1}{-137{,}74}(-186{,}08 + 47{,}08)\,\text{m} = 1{,}01\,\text{m}$,

$a_y = -\dfrac{1}{R_x}\sum_{i=1}^{5}(r_{i,x}F_{i,y} - r_{i,y}F_{i,x}) = -\dfrac{1}{-26{,}33}(-186{,}08 + 47{,}08)\,\text{m} = -5{,}28\,\text{m}$.

Das resultierende Moment bezüglich des Koordinatenursprungs ist

$M^{(0)} = \sum_{i=1}^{n}(r_{i,x}F_{i,y} - r_{i,y}F_{i,x}) = -186{,}08 + 47{,}08 = -139\,\text{kNm}$.

Damit folgt $\mathbf{a}_\perp = \dfrac{M^{(0)}(R_y\mathbf{e}_x - R_x\mathbf{e}_y)}{R_x^2 + R_y^2} = \begin{bmatrix} 0{,}974\,\text{m} \\ -0{,}186\,\text{m} \end{bmatrix}$.

Beispiel 4-3:

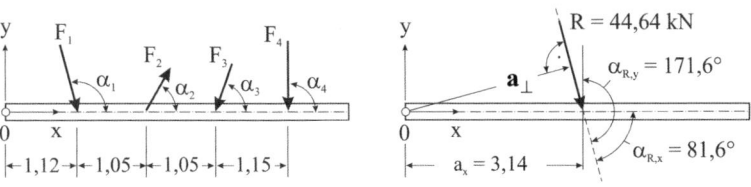

Abb. 4.25 Balken mit Einzelkräften (alle Längenmaße in m)

Auf einen geraden Balken wirken vier Kräfte. Gesucht wird die resultierende Kraft **R** nach Betrag, Lage, Richtung und Orientierung.

Geg.: $F_1 = 20\,kN$, $F_2 = 13\,kN$, $F_3 = 15\,kN$, $F_4 = 22\,kN$,

$\alpha_1 = 105°$, $\alpha_2 = 60°$, $\alpha_3 = 70°$, $\alpha_4 = 90°$.

Lösung: Da wir zur Berechnung der Momente der Kräfte F_i bezogen auf den Punkt 0 jeden beliebigen Punkt auf deren Wirkungslinien wählen dürfen, entscheiden wir uns zweckmäßigerweise für die Schnittpunkte der Kraftwirkungslinien mit der Balkenachse (x-Achse). Dann verbleiben wegen $r_{i,y} = 0$

$$a_x = \frac{1}{R_y}\sum_{i=1}^{n} r_{i,x}F_{i,y} \quad (R_y \neq 0), \qquad a_y = -\frac{1}{R_x}\sum_{i=1}^{n} r_{i,x}F_{i,y} \quad (R_x \neq 0).$$

Die Auswertung der obigen Beziehungen erfolgt wieder tabellarisch.

Tab. 4.2 *Resultierende eines ebenen Kräftesystems am Balken, tabellarische Auswertung*

i	$r_{i,x}$ [m]	$\alpha_{i,x}$ [Grad]	$\alpha_{i,y}$ [Grad]	F_i [kN]	$F_{i,x}$ [kN]	$F_{i,y}$ [kN]	$r_{i,x} F_{i,y}$ [kNm]
1	1,12	75	165	20	5,18	-19,33	-21,64
2	2,17	60	30	13	6,50	11,26	-24,43
3	3,22	110	160	15	-5,13	-14,10	-45,39
4	4,37	90	180	22	0	-22,00	-96,14
Σ					$R_x = 6,55$	$R_y = -44,16$	-138,73

$$R = \sqrt{R_x^2 + R_y^2} = \sqrt{6,55^2 + 44,16^2} = 44,64\,kN,$$

$$\cos\alpha_{R,x} = \frac{R_x}{R} = \frac{6,55}{44,64} = 0,1466 \qquad \rightarrow \alpha_{R,x} = 81,6°$$

$$\cos\alpha_{R,y} = \frac{R_y}{R} = \frac{-44,16}{44,64} = -0,9892 \qquad \rightarrow \alpha_{R,y} = 171,6°$$

$$a_x = \frac{1}{R_y}\sum_{i=1}^{5} r_{i,x}F_{i,y} = \frac{1}{-44,16}(-138,73)\,m = 3,14\,m,$$

$$a_y = -\frac{1}{R_x}\sum_{i=1}^{5} r_{i,x}F_{i,y} = -\frac{1}{6,55}(-138,73)\,m = 21,19\,m.$$

Mit $M^{(0)} = -138,73\,kNm$ folgt $\mathbf{a}_\perp = \dfrac{M^{(0)}(R_y \mathbf{e}_x - R_x \mathbf{e}_y)}{R_x^2 + R_y^2} = \begin{bmatrix} 3,07\,m \\ 0,46\,m \end{bmatrix}$.

4.4 Das räumliche Problem

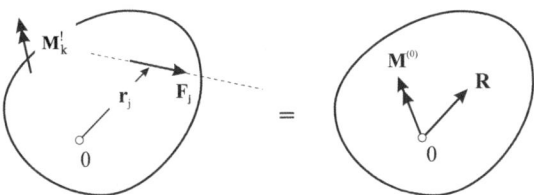

Abb. 4.26 *Reduktion eines räumlichen Systems bestehend aus Kräften und eingeprägten Momenten*

Wir betrachten den starren Körper in Abb. 4.26, der durch Kräfte $\mathbf{F}_j$ ($j=1,\ldots,n$) und freie eingeprägte Momente $\mathbf{M}_k^!$ ($k=1,\ldots,m$) belastet ist. Zur Reduktion dieses Systems werden zunächst sämtliche Kräfte $\mathbf{F}_j$ parallel zu sich selbst in den Ursprung 0 des gewählten Koordinatensystems verschoben und dort zur resultierenden Kraft

$$\mathbf{R} = \sum_{j=1}^{n} \mathbf{F}_j$$

zusammengefasst. Nach dem bisher Gesagten kommen die Versetzungsmomente

$$\mathbf{M}_V^{(0)} = \sum_{j=1}^{n} \mathbf{r}_j \times \mathbf{F}_j$$

hinzu, die mit den freien eingeprägten Momentenvektoren $\mathbf{M}_k^!$ zum resultieren Moment

$$\mathbf{M}^{(0)} = \sum_{j=1}^{n} \mathbf{r}_j \times \mathbf{F}_j + \sum_{k=1}^{m} \mathbf{M}_k^!$$

aufsummiert werden. Damit ist die Belastung auf eine resultierende Kraft $\mathbf{R}$ mit der Wirkungslinie durch den Punkt 0 und ein resultierendes Moment $\mathbf{M}^{(0)}$ reduziert[1].

Hätten wir anstelle des Punktes 0 einen anderen Bezugspunkt gewählt, beispielsweise den in Abb. 4.27 skizzierten Punkt P, so hätten wir dieselbe resultierende Kraft $\mathbf{R}$ errechnet, i. Allg. aber ein anderes Moment $\mathbf{M}^{(P)}$, denn mit $\tilde{\mathbf{r}}_j = \mathbf{r}_j - \mathbf{a}$ bekämen wir

---

[1] Louis Poinsot, frz. Mathematiker und Physiker, 1777–1859

$$M_V^{(P)} = \sum_{j=1}^n \tilde{r}_j \times F_j = \sum_{j=1}^n (r_j - a) \times F_j = \sum_{j=1}^n r_j \times F_j - \sum_{j=1}^n a \times F_j = M_V^{(0)} - a \times R$$

und damit

$$M^{(P)} = M_V^{(0)} - a \times R + \sum_{k=1}^m M_k^! = M^{(0)} - a \times R \; .$$

Hinweis: Um das resultierende Moment $M^{(P)}$ bezüglich des neuen Bezugspunktes P zu ermitteln, ist also lediglich von $M^{(0)}$ das Vektorprodukt $a \times R$ abzuziehen.

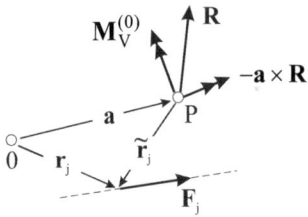

Abb. 4.27 *Änderung des Bezugspunktes*

Es stellt sich noch die Frage, ob sich im räumlichen Fall ein ausgezeichneter Punkt P finden lässt, bezüglich dessen die Reduktion des Systems lediglich eine resultierende Kraft R aber kein resultierendes Moment $M^{(P)}$ liefert. Zur Beantwortung dieser Frage fassen wir die Gleichung

$$M^{(P)} = 0 = M^{(0)} - a \times R \qquad \rightarrow a \times R = M^{(0)}$$

als Bestimmungsgleichung für den unbekannten Vektor a auf. Die obige Vektorgleichung zerfällt in drei skalare Gleichungen, die wir symbolisch als lineares inhomogenes Gleichungssystem zur Bestimmung der Koordinaten von a in der Form $A \cdot a = b$ notieren können. Dabei sind

$$A = \begin{bmatrix} 0 & R_z & -R_y \\ -R_z & 0 & R_x \\ R_y & -R_x & 0 \end{bmatrix}, \quad a = \begin{bmatrix} a_x \\ a_y \\ a_z \end{bmatrix}, \quad b = \begin{bmatrix} M_x^{(0)} \\ M_y^{(0)} \\ M_z^{(0)} \end{bmatrix}, \quad (A \mid b) = \begin{bmatrix} 0 & R_z & -R_y & M_x^{(0)} \\ -R_z & 0 & R_x & M_y^{(0)} \\ R_y & -R_x & 0 & M_z^{(0)} \end{bmatrix}$$

Die Determinante der schiefsymmetrischen Matrix A, hier gilt $A^T = -A$, verschwindet. Sie ist damit singulär. Ihr Rang[1] ist $r = 2$ und der Rang der erweiterten Koeffizientenmatrix

---

[1] Unter dem Rang der $(m \times n)$-Matrix A wird die höchste Ordnung r aller von null verschiedenen Unterdeterminanten von A verstanden. Schreibweise: $\mathrm{Rg}(A) = r$.

4.4 Das räumliche Problem

(A|b) beträgt $r = 3$. Damit ist das Gleichungssystem unlösbar. Betrachten wir dagegen das ebene Problem, etwa das der (x,y)-Ebene mit $R_z = a_z = 0$ sowie $M_x^{(0)} = M_y^{(0)} = 0$, dann besitzen **A** und (A|b) denselben Rang $r = 2$, und es liegen unendlich viele Lösungen $R_y a_x - R_x a_y = M_z^{(0)}$ mit einem Parameter vor (a_x oder a_y kann frei gewählt werden). Diese Lösung drückt die Linienflüchtigkeit des Kraftvektors am starren Körper aus.

Beispiel 4-4:

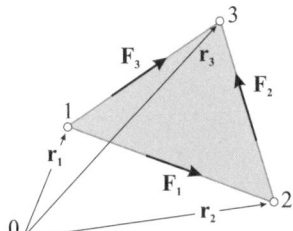

Abb. 4.28 Kräftesystem an einem starren Dreieck

An einem starren Dreieck greifen längs der Kanten die Kräfte $\mathbf{F}_1$, $\mathbf{F}_2$ und $\mathbf{F}_3$ an. Gesucht wird die Reduktion dieses Kräftesystems auf den Punkt 0.

Geg: $F_1 = 5$, $F_2 = 3$, $F_3 = 6$, $\mathbf{r}_1 = [1 \quad 2 \quad 5]^T$, $\mathbf{r}_2 = [3 \quad 1 \quad 4]^T$, $\mathbf{r}_3 = [2 \quad 4 \quad 6]^T$,

Lösung: Wir beschaffen uns zunächst die Kraftvektoren $\mathbf{F}_1$, $\mathbf{F}_2$ und $\mathbf{F}_3$.

$$\mathbf{F_1} = F_1\,\mathbf{e_1} = F_1 \frac{\mathbf{r}_2 - \mathbf{r}_1}{|\mathbf{r}_2 - \mathbf{r}_1|} = \frac{5\sqrt{6}}{6}[2 \quad -1 \quad -1]^T,\quad \mathbf{F_2} = F_2\,\mathbf{e_2} = F_2 \frac{\mathbf{r}_3 - \mathbf{r}_2}{|\mathbf{r}_3 - \mathbf{r}_2|} = \frac{3\sqrt{14}}{14}[-1 \quad 3 \quad 2]^T,$$

$$\mathbf{F_3} = F_3\,\mathbf{e_3} = F_3 \frac{\mathbf{r}_3 - \mathbf{r}_1}{|\mathbf{r}_3 - \mathbf{r}_1|} = \sqrt{6}[1 \quad 2 \quad 1]^T.$$

Die resultierende Kraft ist $\mathbf{R} = \sum_{i=1}^{3} \mathbf{F_i} = [5{,}73 \quad 5{,}26 \quad 2{,}01]^T$, und für das resultierende Moment bezüglich des Ursprungs errechnen wir (s. h. Maple-Arbeitsblatt)

$$\mathbf{M}^{(0)} = \sum_{i=1}^{3} \mathbf{r_i} \times \mathbf{F_i} = [-21{,}49 \quad 24{,}23 \quad -2{,}19]^T.$$

Beispiel 4-5:

An dem in Abb. 4.29 skizzierten rechtwinklig abknickenden Balken greifen die beiden Kräfte $\mathbf{F}_1$ und $\mathbf{F}_2$ an. Dieses Kräftesystems ist auf den Punkt 0 zu reduzieren.

Geg.: a, ℓ, $\mathbf{F}_1 = [0 \; 0 \; P]^T$, $\mathbf{F}_2 = [K \; 0 \; 0]^T$.

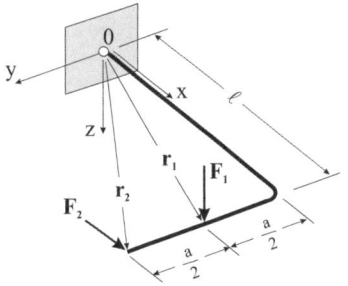

Abb. 4.29 *Kräftesystem an einem abknickenden Balken*

Lösung: Die resultierende Kraft ist $\mathbf{R} = \sum_{j=1}^{2} \mathbf{F}_j = [K \; 0 \; P]^T$. Mit den Ortsvektoren

$\mathbf{r}_1 = [\ell \; a/2 \; 0]^T$ und $\mathbf{r}_2 = [\ell \; a \; 0]^T$ folgt unter Beachtung von

$$\mathbf{r}_1 \times \mathbf{F}_1 = \begin{vmatrix} \mathbf{e}_x & \mathbf{e}_y & \mathbf{e}_z \\ \ell & a/2 & 0 \\ 0 & 0 & P \end{vmatrix} = P[a/2 \; -\ell \; 0]^T, \quad \mathbf{r}_2 \times \mathbf{F}_2 = \begin{vmatrix} \mathbf{e}_x & \mathbf{e}_y & \mathbf{e}_z \\ \ell & a & 0 \\ K & 0 & 0 \end{vmatrix} = K[0 \; 0 \; -a]^T$$

das resultierende Versetzungsmoment

$$\mathbf{M}^{(0)} = \left[M_x^{(0)} \; M_y^{(0)} \; M_z^{(0)} \right]^T = \sum_{j=1}^{2} \mathbf{r}_j \times \mathbf{F}_j = [Pa/2 \; -P\ell \; -Ka]^T.$$

Hinweis: Wie wir später sehen werden, entsprechen die resultierenden Größen $\mathbf{R}$ und $\mathbf{M}^{(0)}$, bis auf die Vorzeichen, den Lagerreaktionslasten des Trägers an der Einspannstelle.

4.5 Die Reduktion kontinuierlich verteilter Kräfte

Wirken auf einen starren Körper entsprechend Abb. 4.30 auch kontinuierlich verteilte Belastungen wie Linien-, Oberflächen- und Volumenkräfte, dann gehen die Summen in Integrale über und wir erhalten die resultierende Kraft

$$\mathbf{R} = \int_{(V)} d\mathbf{F}_V + \int_{O(V)} d\mathbf{F}_O + \int_{s(V)} d\mathbf{F}_s = \int_{(V)} \mathbf{f}(\mathbf{r}) dV + \int_{O(V)} \mathbf{p}(\mathbf{r}) dO + \int_{s(V)} \mathbf{q}(\mathbf{r}) ds$$

4.5 Die Reduktion kontinuierlich verteilter Kräfte

und das resultierende Versetzungsmoment bezogen auf den Punkt 0

$$\mathbf{M}^{(0)} = \int_{(V)} \mathbf{r} \times \mathbf{f(r)} dV + \int_{O(V)} \mathbf{r} \times \mathbf{p(r)} dO + \int_{s(V)} \mathbf{r} \times \mathbf{q(r)} ds.$$

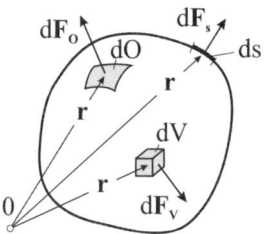

Abb. 4.30 *Kontinuierlich verteilte Kräfte, Linien-, Oberflächen- und Volumenkräfte*

Beispiel 4-6:

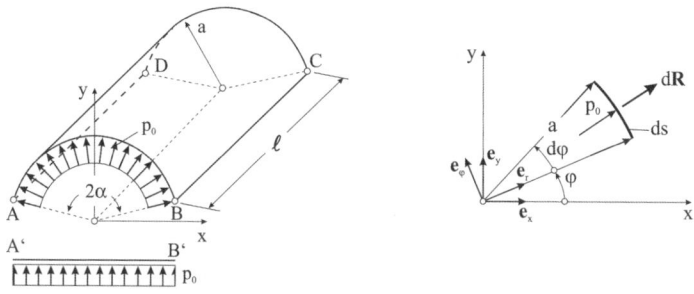

Abb. 4.31 *Zylinderschale unter konstantem Innendruck p_0*

Für die in Abb. 4.31 skizzierte Zylinderschale mit dem Öffnungswinkel 2α, dem Radius a und der Länge ℓ ist die resultierende Kraft infolge einer radial wirkenden Druckkraft p_0 zu berechnen.

Geg.: p_0, α, a, ℓ.

Lösung: Mit der inkrementellen Kraft $d\mathbf{R} = p_0 \, dA \, \mathbf{e}_r = p_0 \, ds \, \ell \, \mathbf{e}_r$ und dem Liniendifferenzial $ds = a \, d\varphi$ sowie $\mathbf{e}_r = \cos\varphi \, \mathbf{e}_x + \sin\varphi \, \mathbf{e}_y$ ist $d\mathbf{R} = p_0 \, a \, d\varphi \, \ell \, (\cos\varphi \, \mathbf{e}_x + \sin\varphi \, \mathbf{e}_y)$. Die resultierende Kraft $\mathbf{R}$ erhalten wir durch Summation aller $d\mathbf{R}$

$$\mathbf{R} = \int d\mathbf{R} = p_0 \, a \, \ell \int_{\varphi=\pi/2-\alpha}^{\pi/2+\alpha} (\cos\varphi \, \mathbf{e}_x + \sin\varphi \, \mathbf{e}_y) d\varphi = 2p_0 \, a \, \ell \sin\alpha \, \mathbf{e}_y.$$

Aus Symmetriegründen folgt ohne Rechnung: $x_R = 0, z_R = -\ell/2$.

Hinweis: Die Projektion der Zylinderfläche in die (x,z)-Ebene ergibt $A' = 2a\,\ell\sin\alpha$, womit wir für die resultierende Kraft auch $\mathbf{R} = p_0 A' \mathbf{e}_y$ schreiben können.

Beispiel 4-7:

Eine rechteckige Platte mit den Abmessungen a und b wird entsprechend Abb. 4.32 normal zur ihrer Mittelfläche durch flächenhaft verteilte Kräfte $\sigma_{zz}(x,y)$ belastet. Gesucht wird die resultierende Druckkraft **R** nach Betrag, Lage, Richtung und Orientierung. Für diesen Fall ist eine Maple-Prozedur zu entwerfen, die, neben den Berechnungsergebnissen für die Resultierende **R**, das System grafisch darstellt.

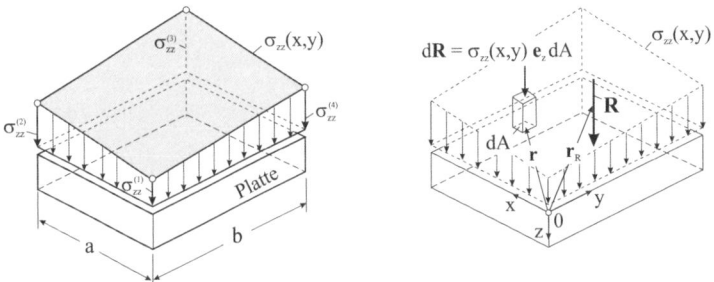

*Abb. 4.32 Druckbelastete Platte, Elementarkraft d**R** und Resultierende **R***

Lösung: Die Elementarkraft $d\mathbf{R} = \sigma_{zz}(x,y)\mathbf{e}_z dA = \sigma_{zz}(x,y)\mathbf{e}_z dx\,dy$ hat nur eine Komponente in z-Richtung. Das trifft dann auch auf die resultierende Kraft **R** zu, die wir durch Summation aller Elementarkräfte d**R** erhalten, also $\mathbf{R} = \mathbf{e}_z \iint_{(A)} \sigma_{zz}(x,y) dA = R\,\mathbf{e}_z$. Die Lage von **R** ermitteln wir aus der Forderung nach statischer Äquivalenz, was bedeutet, dass das Moment der Kraft **R** bezüglich eines beliebigen Punktes (hier des Punktes 0) gleich sein muss der Summe aller Elementarmomente $d\mathbf{M} = \mathbf{r} \times d\mathbf{R}$ bezüglich desselben Punktes, also $\mathbf{r}_R \times \mathbf{R} = \int \mathbf{r} \times d\mathbf{R}$. Beachten wir

$$\mathbf{r}_R \times \mathbf{R} = \begin{vmatrix} \mathbf{e}_x & \mathbf{e}_y & \mathbf{e}_z \\ x_R & y_R & z_R \\ 0 & 0 & R \end{vmatrix} = R(y_R \mathbf{e}_x - x_R \mathbf{e}_y),$$

4.5 Die Reduktion kontinuierlich verteilter Kräfte

$$\int \mathbf{r} \times d\mathbf{R} = \int \begin{vmatrix} \mathbf{e}_x & \mathbf{e}_y & \mathbf{e}_z \\ x & y & z \\ 0 & 0 & \sigma_{zz}dA \end{vmatrix} = \int \sigma_{zz}(y\mathbf{e}_x - x\mathbf{e}_y)dA,$$

dann liefert der Komponentenvergleich ($R \neq 0$)

$$R\, y_R = \int y\sigma_{zz}dA \qquad \rightarrow y_R = \frac{1}{R}\int y\sigma_{zz}dA,$$

$$R\, x_R = \int x\sigma_{zz}dA \qquad \rightarrow x_R = \frac{1}{R}\int x\sigma_{zz}dA.$$

Als Beispiel betrachten wir die Spannungsverteilung $\sigma_{zz}(x,y) = a_0 + a_1\dfrac{x}{a} + a_2\dfrac{y}{b} + a_3\dfrac{xy}{ab}$ mit $a_0 = \sigma_{zz}^{(1)}$, $a_1 = \sigma_{zz}^{(2)} - \sigma_{zz}^{(1)}$, $a_2 = \sigma_{zz}^{(4)} - \sigma_{zz}^{(1)}$, $a_3 = \sigma_{zz}^{(1)} + \sigma_{zz}^{(3)} - \sigma_{zz}^{(2)} - \sigma_{zz}^{(4)}$, die an den Plattenecken die Werte $\sigma_{zz}^{(1)}$, $\sigma_{zz}^{(2)}$, $\sigma_{zz}^{(3)}$ und $\sigma_{zz}^{(4)}$ annimmt. Damit folgt

$$\mathbf{R} = \frac{ab}{4}(4a_1 + 2a_2 + 2a_3 + a_4)\mathbf{e}_z = \frac{ab}{4}(\sigma_{zz}^{(1)} + \sigma_{zz}^{(2)} + \sigma_{zz}^{(3)} + \sigma_{zz}^{(4)})\mathbf{e}_z = R\,\mathbf{e}_z.$$

Die Lage der resultierenden Kraft $\mathbf{R}$ in der (x,y)-Ebene folgt mit

$$\int x\sigma_{zz}\,dA = \frac{a^2 b}{12}(6a_0 + 4a_1 + 3a_2 + 2a_3) = \frac{a^2 b}{12}(\sigma_{zz}^{(1)} + 2\sigma_{zz}^{(2)} + 2\sigma_{zz}^{(3)} + \sigma_{zz}^{(4)})$$

$$\int y\sigma_{zz}\,dA = \frac{ab^2}{12}(6a_0 + 3a_1 + 4a_2 + 2a_3) = \frac{ab^2}{12}(\sigma_{zz}^{(1)} + \sigma_{zz}^{(2)} + 2\sigma_{zz}^{(3)} + 2\sigma_{zz}^{(4)})$$

$$x_R = \frac{a}{3}\frac{\sigma_{zz}^{(1)} + 2\sigma_{zz}^{(2)} + 2\sigma_{zz}^{(3)} + \sigma_{zz}^{(4)}}{\sigma_{zz}^{(1)} + \sigma_{zz}^{(2)} + \sigma_{zz}^{(3)} + \sigma_{zz}^{(4)}}, \qquad y_R = \frac{b}{3}\frac{\sigma_{zz}^{(1)} + \sigma_{zz}^{(2)} + 2\sigma_{zz}^{(3)} + 2\sigma_{zz}^{(4)}}{\sigma_{zz}^{(1)} + \sigma_{zz}^{(2)} + \sigma_{zz}^{(3)} + \sigma_{zz}^{(4)}}.$$

<u>Zahlenbeispiel:</u>

$a = 3$ m, $b = 4$ m, $\sigma_{zz}^{(1)} = 0$, $\sigma_{zz}^{(2)} = 1$ kN/m², $\sigma_{zz}^{(3)} = 4$ kN/m², $\sigma_{zz}^{(4)} = 1$ kN/m²,

$R = 18{,}00$ kN, $x_R = 1{,}83$ m, $y_R = 2{,}44$ m.

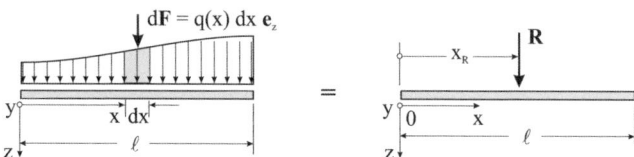

Abb. 4.33 *Reduktion einer allgemeinen Linienkraftbelastung am geraden Balken*

Für den eindimensionalen Fall des geraden Balkens mit Linienkraftbelastung nach Abb. 4.33 gehen die Gleichungen aus Beispiel 4-7 über in

$$R = \int_{x=0}^{\ell} q(x)\,dx, \quad x_R = \frac{1}{R}\int_{x=0}^{\ell} x\,q(x)\,dx.$$

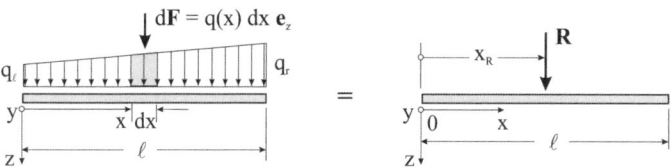

Abb. 4.34 Reduktion einer linear verteilten Linienkraftbelastung am geraden Balken

Im Sonderfall der linear verteilten Linienkraftbelastung $q(x) = q_\ell + (q_r - q_\ell)\frac{x}{\ell}$ in Abb. 4.34 liefert die Integration $R = \frac{\ell}{2}(q_\ell + q_r)$, $x_R = \frac{\ell}{3}\frac{q_\ell + 2q_r}{q_\ell + q_r}$.

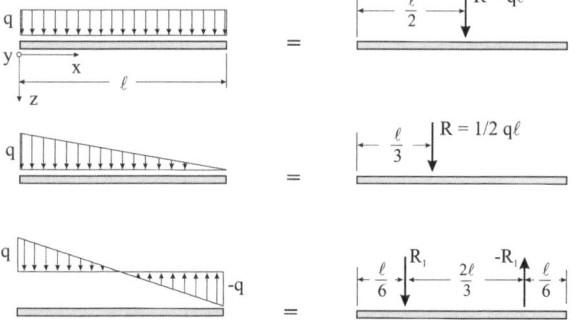

Abb. 4.35 Sonderfälle der Reduktion linear verteilter Linienkräfte

Es lassen sich noch folgende Sonderfälle betrachten (Abb. 4.35):
1.) $q_\ell = q_r = q$ → $R = q\ell$, $x_R = \ell/2$,

2.) $q_\ell = q, q_r = 0$ → $R = q\ell/2$, $x_R = \ell/3$,

3.) $q_\ell = q, q_r = -q$ → $R = 0$.

4.5 Die Reduktion kontinuierlich verteilter Kräfte

Im letzten Fall erhalten wir die Teilresultierende $R_1 = -R_2 = q\ell/4$. Damit verschwindet zwar die resultierende Kraft $R = R_1 + R_2$, es verbleibt jedoch mit $M_y = q\ell^2/6$ ein resultierendes Moment, das nicht weiter reduzierbar ist.

Beispiel 4-8:

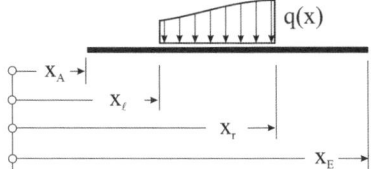

Abb. 4.36 Allgemeine Linienkraftbelastung am Balken, Berechnung der Resultierenden R

Es soll eine Maple-Prozedur bereitgestellt werden, mit deren Hilfe die resultierende Kraft **R** sowie deren Lage für eine allgemeine Linienkraftbelastung q(x) am geraden Balken berechnet und grafisch dargestellt werden kann (Abb. 4.36). Zur Erfassung von Sprüngen in der Belastung q(x) kann die Heaviside[1]-Funktion (s.h. auch Kap. 7.2)

$$H(x) = \begin{cases} 0 & \text{für } x < 0 \\ 1 & \text{für } x > 0 \end{cases} \qquad H(-x) = 1 - H(x)$$

eingesetzt werden.

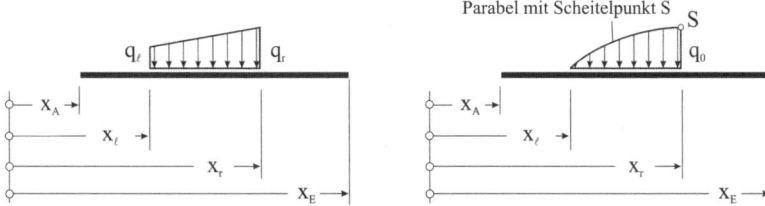

Abb. 4.37 Beispiele zur Berechnung der resultierenden Kraft R

Für die Belastung in Abb. 4.36 ist beispielsweise $g(x) = q(x)[H(x - x_\ell) - H(x - x_r)]$ mit $x_a \leq x \leq x_e$. Wenden Sie die Prozedur ist auf die in Abb. 4.37 angegebenen Linienkraftbelastungen an.

---

[1] Oliver Heaviside, brit. Mathematiker und Physiker, 1850–1925

4.6 Die Gleichgewichtsbedingungen

Ein allgemeines Kräftesystem lässt sich nach den bisherigen Untersuchungen immer auf eine resultierende Kraft $\mathbf{R} = \sum_{j=1}^{n} \mathbf{F}_j$ und ein resultierendes Moment $\mathbf{M}^{(A)} = \sum_{k=1}^{m} \mathbf{M}_k^! + \sum_{j=1}^{n} \mathbf{r}_j \times \mathbf{F}_j$, zurückführen. Darin bezeichnen die $\mathbf{M}_k^!$ die freien eingeprägten Momente und $\mathbf{r}_j \times \mathbf{F}_j$ die Versetzungsmomente der Kräfte $\mathbf{F}_j$ bezüglich des frei gewählten Punktes A. Ein so belasteter Körper würde sich beschleunigt translatorisch und rotatorisch bewegen. Greift dagegen ein Kräftesystem an ihm an, dessen resultierende Kraft und resultierendes Moment verschwinden, so wird der Körper im Zustand der Ruhe oder der geradlinig gleichförmigen Bewegung bleiben. Der Körper befindet sich dann im Gleichgewicht. Die notwendigen und hinreichenden Bedingungen des Gleichgewichts eines belasteten starren Körpers lauten

$$\mathbf{R} = \sum_{j=1}^{n} \mathbf{F}_j = \mathbf{0}, \quad \mathbf{M}^{(A)} = \sum_{k=1}^{m} \mathbf{M}_k^! + \sum_{j=1}^{n} \mathbf{r}_j \times \mathbf{F}_j = \mathbf{0}.$$

Der Bezugspunkt (hier der Punkt A) ist dabei beliebig wählbar, denn mit $\mathbf{R} = \mathbf{0}$ gilt bei einem Wechsel des Bezugspunktes (Abb. 4.27) von A nach B mit dem Verbindungsvektor $\mathbf{a}$

$$\mathbf{M}^{(B)} = \mathbf{M}^{(A)} - \mathbf{a} \times \mathbf{R} = \mathbf{M}^{(A)}.$$

Den vektoriellen Gleichgewichtsbedingungen entsprechen im Raum jeweils sechs skalare Gleichungen. Bei Bezugnahme auf ein kartesisches Orthonormalsystem lauten nämlich mit

$$\mathbf{F}_j = \begin{bmatrix} F_{j,x} & F_{j,y} & F_{j,z} \end{bmatrix}^T \text{ sowie } \mathbf{r}_j = \begin{bmatrix} x_j & y_j & z_j \end{bmatrix}^T$$

die Bedingungen für das Kraftgleichgewicht (drei Gleichgewichtsbedingungen)

$$R_x = \sum_{j=1}^{n} F_{j,x} = 0, \quad R_y = \sum_{j=1}^{n} F_{j,y} = 0, \quad R_z = \sum_{j=1}^{n} F_{j,z} = 0$$

und das Momentengleichgewicht (drei Gleichgewichtsbedingungen)

$$M_x^{(A)} = \sum_{k=1}^{m} M_{k,x}^! + \sum_{j=1}^{n} (y_j F_{j,z} - z_j F_{j,y}) = 0,$$

$$M_y^{(A)} = \sum_{k=1}^{m} M_{k,y}^! + \sum_{j=1}^{n} (z_j F_{j,x} - x_j F_{j,z}) = 0,$$

$$M_z^{(A)} = \sum_{k=1}^{m} M_{k,z}^! + \sum_{j=1}^{n} (x_j F_{j,y} - y_j F_{j,x}) = 0.$$

4.6 Die Gleichgewichtsbedingungen

Bei ebenen Problemen reduziert sich die Anzahl der Gleichgewichtsbedingungen auf insgesamt drei skalare Gleichungen. Liegen die Kräfte beispielsweise in der (x,z)-Ebene, dann verbleiben wegen $F_{j,y} = 0$ und $y_j = 0$ zwei Kraftgleichgewichtsbedingungen

$$R_x = \sum_{j=1}^{n} F_{j,x} = 0, \quad R_z = \sum_{j=1}^{n} F_{j,z} = 0,$$

und lediglich eine Momentengleichgewichtsbedingung

$$M_y^{(A)} = \sum_{k=1}^{m} M_{k,y}^! + \sum_{j=1}^{n} (z_j F_{j,x} - x_j F_{j,z}) = 0.$$

Bei einem ebenen Kräftesystem, etwa wieder der (x,z)-Ebene, sprechen wir von einem Gleichgewichtssystem, wenn die folgenden Bedingungen erfüllt sind:

1. $R_x = 0,\quad R_z = 0,\quad M_y^{(A)} = 0,$
2. $R_x = 0,\quad M_y^{(B)} = 0,\quad M_y^{(A)} = 0 \quad (b_x \neq 0),$
3. $R_z = 0,\quad M_y^{(A)} = 0,\quad M_y^{(B)} = 0 \quad (b_z \neq 0),$
4. $M_y^{(A)} = 0,\quad M_y^{(B)} = 0,\quad M_y^{(C)} = 0 \quad (b_x c_z - b_z c_x \neq 0).$

In der 2. Fassung wurde gegenüber der ersten die Kraftgleichgewichtsbedingung $R_z = 0$ durch die zusätzliche Momentengleichgewichtsbedingung $M_y^{(B)} = 0$ ersetzt. Unter Beachtung von $M_y^{(B)} = M_y^{(A)} + b_x R_z - b_z R_x$ muss $b_x \neq 0$ gefordert werden, ansonsten ist die vorstehende Bedingung auch dann erfüllt, wenn $R_z \neq 0$ und damit das Kraftgleichgewicht in z-Richtung nicht erfüllt ist. Dieselbe Argumentation führt auf die 3. Fassung, hingegen ist hier $b_z \neq 0$ zu fordern. Beim Gleichgewichtssystem der vierten Variante werden drei Momentengleichgewichtsbedingungen benutzt. Der Nachweis der Gültigkeit dieser Beziehungen gelingt, wenn wir zusätzlich zum Punkt A das Kräftesystem auf die Punkte B und C reduzieren. Wir erhalten dann $M_y^{(B)} = M_y^{(A)} + b_x R_z - b_z R_x$, $M_y^{(C)} = M_y^{(A)} + c_x R_z - c_z R_x$, was unter Beachtung der Gleichgewichtsbedingungen der 4. Fassung

$$b_x R_z - b_z R_x = 0, \quad c_x R_z - c_z R_x = 0$$

erfordert. Fassen wir diese beiden Beziehungen als homogenes Gleichungssystem $\mathbf{A} \cdot \mathbf{x} = \mathbf{0}$ mit

$$\mathbf{A} = \begin{bmatrix} -b_z & b_x \\ -c_z & c_x \end{bmatrix}, \quad \mathbf{x} = \begin{bmatrix} R_x \\ R_y \end{bmatrix},$$

zur Bestimmung von R_x und R_z auf, dann erhalten wir nur dann die triviale Lösung $R_x = 0$ und $R_z = 0$, wenn die Determinante der Koeffizientenmatrix $\mathbf{A}$ regulär ist, also die Bedingung $b_xc_z - b_zc_x \neq 0$ erfüllt ist. Für $b_xc_z - b_zc_x = 0$ oder $b_x/b_z = c_x/c_z$ ist die Matrix **A** singulär und ihr Rang ist 1. Damit existieren unendlich viele Lösungen mit einem freien Parameter. Das ist offensichtlich immer dann der Fall, wenn die Punkte A, B und C auf einer Geraden liegen.

Hinweis: Die obigen Gleichgewichtsbedingungen sind notwendig und hinreichend um festzustellen, wann ein System sich im Gleichgewicht befindet, nicht dagegen, von welcher Art dieses Gleichgewicht ist.

Beispiel 4-9:

Für den in Abb. 4.38 skizzierten ebenen Balken, der nach der Anwendung des Befreiungsprinzips durch die Kräfte F, A_x, A_z und B_z belastet wird, sind mit den vier zur Verfügung stehenden Varianten der Gleichgewichtsbedingungen die Auflagerkräfte A_x, A_z und B_z so zu berechnen, dass sich das System im Gleichgewicht befindet. Geg.: F, h, ℓ.

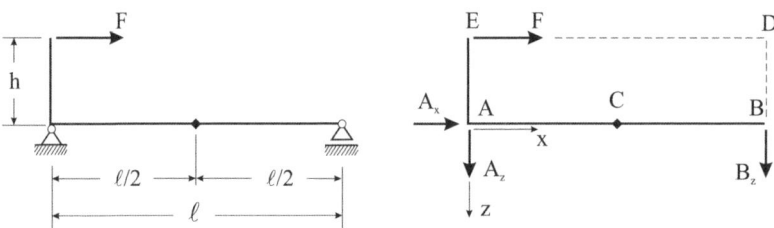

Abb. 4.38 *Ebener Balken mit Einzelkraft F, Auswertung der Gleichgewichtsbedingungen*

1. Variante: $R_x = 0 = A_x + F$, $R_z = 0 = A_z + B_z$, $M_y^{(A)} = 0 = -Fh - B_z\ell$.

Aus diesen Gleichungen folgen: $A_x = -F$, $B_z = -Fh/\ell$, $A_z = -B_z = Fh/\ell$.

2. Variante: $R_x = 0 = A_x + F$, $M_y^{(A)} = 0 = -Fh - B_z\ell$, $M_y^{(B)} = 0 = -Fh + A_z\ell$.

Aus diesen Gleichungen folgen: $A_x = -F$, $B_z = -Fh/\ell$, $A_z = Fh/\ell$.

3. Variante: $R_z = 0 = A_z + B_z$, $M_y^{(A)} = 0 = -Fh - B_z\ell$, $M_y^{(B)} = 0 = -Fh + A_z\ell$.

Aus diesen Gleichungen folgen: $B_z = -Fh/\ell$, $A_z = Fh/\ell$. Die unbekannte Lagerkraft A_x taucht in diesem Gleichungssystem gar nicht auf. Wir haben bei der Auswahl des Punktes B nämlich nicht beachtet, dass hier $b_z = 0$ gilt, was gegen die Voraussetzung verstößt. Wir wählen deshalb als neuen Bezugspunkt den Punkt D und erhalten als Ersatz für die Momentengleichgewichtsbedingung um den Punkt B: $M_y^{(D)} = 0 = A_x h + A_z \ell$, aus der dann, unter Beachtung von B_z, die Horizontalkomponente $A_x = -A_z \ell / h = -F$ folgt.

4. Variante:

$M_y^{(A)} = 0 = -Fh - B_z \ell$, $M_y^{(B)} = 0 = -Fh + A_z \ell$, $M_y^{(C)} = 0 = -Fh + A_z \ell / 2 - B_z \ell / 2$.

Aus diesen Gleichungen folgen: $B_z = -Fh/\ell$, $A_z = Fh/\ell$. Auch in diesem Gleichungssystem ist die unbekannte Lagerkraft A_x nicht vorhanden. Die Begründung liegt in der Tatsache, dass die Punkte A, B und C auf einer Geraden liegen, was gegen die Voraussetzung zur Anwendung dieser Form der Gleichgewichtsbedingung verstößt. Wir wählen deshalb neben A und B den Punkt E und erhalten $M_y^{(E)} = 0 = A_x h - B_z \ell$, was wieder $A_x = B_z \ell / h = -F$ liefert.

5 Physikalische und geometrische Größen von Körpern, Flächen und Linien

In den folgenden Untersuchungen treten Definitionen physikalischer und geometrischer Größen von Körpern auf, die wir allgemein in der Form

$$\int_{(V)} r^{(n)} f(\mathbf{r}) dV \quad \text{oder} \quad \int_{(V)} \mathbf{r}^{(n)} f(\mathbf{r}) dV \quad \text{bzw.} \quad \int_{(V)} \mathbf{r}^{(n)} \times \mathbf{f}(\mathbf{r}) dV \qquad (n = 0, 1, 2).$$

schreiben können. Integrale dieser Art werden in der Mechanik als Momente *n*-ten Grades der Belegungsfunktionen f(**r**) bzw. **f**(**r**) bezeichnet. Darin ist *V* das Volumen des Körpers und **r** stellt den Ortsvektor zum Konvergenzpunkt des Volumenelementes dV dar. Jedes Volumenelement wird mit einer Belegungsfunktion gewichtet, wobei diese skalar- oder auch vektorwertig sein kann (Abb. 5.1). Die obigen Definitionen lassen sich auch auf Flächen und Linien anwenden, wenn wir das Volumenelement dV durch das Flächenelement dA bzw. durch das Linienelement ds ersetzen.

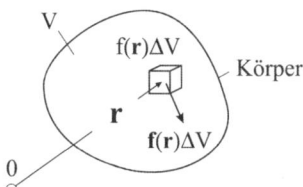

Abb. 5.1 *Volumenelement eines Körpers, skalar- und vektorwertige Belegungsfunktionen*

5.1 Momente nullten Grades, Volumen, Masse und Gewicht eines Körpers

Setzen wir speziell $n = 0$ und $f(\mathbf{r}) = 1$, dann erhalten wir das Moment nullten Grades

$$V = \int_{(V)} dV,$$

also das Volumen eines Körpers. Für n = 0 und f(**r**) = ρ(**r**) folgt mit

$$m = \int_{(V)} \rho(\mathbf{r}) \, dV$$

die Masse des Körpers. Das Gewicht **G** lässt sich als Moment nullten Grades mit der vektorwertigen Belegungsfunktion **Φ**(**r**) = ρ(**r**)**g**(**r**) interpretieren:

$$\mathbf{G} = \int_{(V)} \rho(\mathbf{r}) \, \mathbf{g}(\mathbf{r}) \, dV \, .$$

Darin bedeuten ρ(**r**) die vom Ort abhängige Dichte und **g**(**r**) die Fallbeschleunigung im Schwerefeld.

5.2 Momente ersten Grades, Schwerpunkt und Massenmittelpunkt eines Körpers

Die folgenden Untersuchungen sollen die Frage beantworten, ob sich für einen starren Körper im homogenen Schwerefeld[1] ein ausgezeichneter Punkt finden lässt, dem wir die gesamte Gewichtskraft **G** zuordnen können. Das äquivalente Kraftsystem soll dann dieselbe mechanische Wirkung besitzen wie die Summe der Elementarkräfte d**G**. Offensichtlich handelt es sich bei dieser Fragestellung um die Aufgabe, kontinuierlich verteilte Kräfte auf einen Punkt zu reduzieren. Auf jedes Volumenelement dV eines der Schwerewirkung unterworfenen Körpers wirkt dann die elementare Gewichtskraft (Abb. 5.2)

$$d\mathbf{G} = dG \, \mathbf{e_G} = dm \, g_n \mathbf{e_G} = \rho(\mathbf{r}) \, g_n \, dV \, \mathbf{e_G} = \gamma(\mathbf{r}) \, dV \, \mathbf{e_G} \, .$$

$$[\gamma] = \frac{\text{Masse}}{(\text{Länge})^2 (\text{Zeit})^2} \, , \quad \text{Einheit: N/m}^3$$

In der obigen Beziehung wurde mit

$$\gamma(\mathbf{r}) = \rho(\mathbf{r}) g_n$$

das spezifische Gewicht oder auch die Wichte eingeführt.

---

[1] also mit konstanter Fallbeschleunigung **g** = $g_n \mathbf{e_G}$

5.2 Momente ersten Grades, Schwerpunkt und Massenmittelpunkt eines Körpers

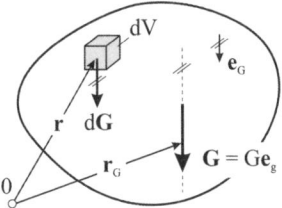

Abb. 5.2 *Körper im homogenen Schwerefeld, Gewichtskraft* **G**

Die Orientierung der infinitesimalen Gewichtskräfte d**G** ist festgelegt durch den Einheitsvektor $\mathbf{e}_G$. Alle Elementarkräfte sind untereinander parallel, wenn wir voraussetzen, dass der Körper im Verhältnis zur Erde hinreichend klein ist. Wenn $\mathbf{G} = \int d\mathbf{G} = \int dG\,\mathbf{e}_G = G\mathbf{e}_G$ die Resultierende aller d**G** sein soll, so muss, um statische Äquivalenz sicherzustellen, das Moment der Kraft **G** bezüglich des Punktes *0* gleich der Summe der Momente aller d**G** bezüglich desselben Punktes sein, also

$$\left.\begin{array}{l}\mathbf{r}_G \times \mathbf{G} = \int \mathbf{r} \times d\mathbf{G} \\ \mathbf{r}_G \times G\,\mathbf{e}_G = \int \mathbf{r} \times dG\,\mathbf{e}_G\end{array}\right\} \rightarrow \mathbf{r}_G \times \mathbf{e}_G - \frac{1}{G}\int \mathbf{r} \times dG\,\mathbf{e}_G = \mathbf{0}$$

und damit

$$\left(\mathbf{r}_G - \frac{1}{G}\int \mathbf{r}\,dG\right) \times \mathbf{e}_G = \mathbf{0}.$$

Das ist die Gleichung der Wirkungslinie der Gewichtskraft **G**. Sie ist für $(\ ) = \mathbf{0}$ oder auch für $(\ ) = \lambda\,\mathbf{e}_G$ erfüllt. Der Fall $(\ ) = \lambda\,\mathbf{e}_G$ führt auf

$$\mathbf{r}_G = \frac{1}{G}\int \mathbf{r}\,dG + \lambda\,\mathbf{e}_G,$$

wobei λ noch unbestimmt ist. Die obige Beziehung bringt zunächst das Axiom von der Linienflüchtigkeit des Kraftvektors am starren Körper zum Ausdruck, womit lediglich eine Wirkungslinie von **G** festgelegt ist. Soll es sich beim Schwerpunkt *S* um einen eindeutig festgelegten Punkt handeln, dann darf eine beliebige Drehung des Körpers nicht zu einer Änderung der Schwerpunktlage führen (Abb. 5.3). Das ist aber nur für $\lambda = 0$ möglich. Dieser ausgezeichnete Punkt

$$\mathbf{r}_S = \frac{1}{G}\int \mathbf{r}\,dG$$

wird Schwerpunkt des Körpers genannt. Seine Koordinaten lauten in einer kartesischen Basis

$$x_s = \frac{1}{G}\int x\,dG, \quad y_s = \frac{1}{G}\int y\,dG, \quad z_s = \frac{1}{G}\int z\,dG.$$

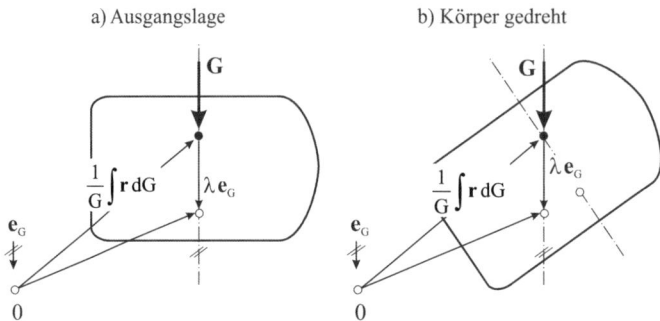

Abb. 5.3 *Schwerpunkt eines Körpers im homogenen Schwerefeld*

Um mit diesen Formeln praktische Berechnungen durchführen zu können, müssen wir auf das Volumen des Körpers übergehen. Mit $dG = \gamma\, dV$ und damit $G = \int dG = \int_{(V)} \gamma\, dV$ folgt

$$\mathbf{r}_S = \frac{\int_{(V)} \gamma(\mathbf{r})\,\mathbf{r}\, dV}{\int_{(V)} \gamma(\mathbf{r})\, dV}.$$

In Koordinaten hinsichtlich einer kartesischen Basis erhalten wir

$$x_S = \frac{\int_{(V)} \gamma\, x\, dV}{\int_{(V)} \gamma\, dV}, \quad y_S = \frac{\int_{(V)} \gamma\, y\, dV}{\int_{(V)} \gamma\, dV}, \quad z_S = \frac{\int_{(V)} \gamma\, z\, dV}{\int_{(V)} \gamma\, dV},$$

wobei im allgemeinen Fall zur Bestimmung der Schwerpunktkoordinaten eines Körpers Dreifachintegrale zu lösen sind. Ist der Körper homogen, so ist γ = konst. und kann somit vor das Integral gezogen und gekürzt werden. Unter Berücksichtigung von $\int_{(V)} dV = V$ erhalten wir den Ortsvektor zum Schwerpunkt eines homogenen Körpers

$$\mathbf{r}_S = \frac{1}{V} \int_{(V)} \mathbf{r}\, dV,$$

der auch Volumenmittelpunkt (VM) genannt wird und nur von der Geometrie des Körpers abhängt. Hinsichtlich einer kartesischen Basis erhalten wir seine Koordinaten

$$x_S = \frac{1}{V} \int_{(V)} x\, dV, \quad y_S = \frac{1}{V} \int_{(V)} y\, dV, \quad z_S = \frac{1}{V} \int_{(V)} z\, dV.$$

Beispiel 5-1:

Der inhomogene Kreiszylinder mit der Höhe h und dem Radius a besitzt das über die Höhe z linear veränderliche spezifische Gewicht $\gamma(z) = \gamma_0(1 + \lambda z/h)$.

5.2 Momente ersten Grades, Schwerpunkt und Massenmittelpunkt eines Körpers

Für diesen Körper sind die Koordinaten des Schwerpunktes und des Volumenmittelpunktes zu bestimmen. Geg.: h, a, γ_0, λ .

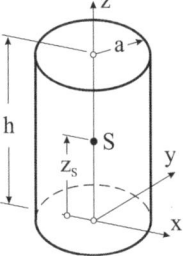

Abb. 5.4 *Schwerpunkt eines inhomogenen Kreiszylinders*

Lösung: Aus Symmetriegründen sind $x_S = y_S = 0$, und es verbleibt mit

$$z_S = \int_{(V)} \gamma(z) z \, dV \Big/ \int_{(V)} \gamma(z) \, dV$$

lediglich die Berechnung der z-Koordinate des Schwerpunktes. Um die Dreifachintegration zu umgehen, zerlegen wir den Zylinder in Scheiben der Dicke dz. Eine solche Scheibe besitzt das infinitesimale Volumen $dV = a^2 \pi dz$. Führen wir die dimensionslose Koordinate $\zeta = z/h$ ein, dann sind unter Beachtung von $dz = h \, d\zeta$

$$\int_{(V)} \gamma(z) \, dV = \gamma_0 a^2 \pi h \int_{\zeta=0}^{1} (1+\lambda\zeta) d\zeta = \frac{1}{2}\gamma_0 a^2 \pi h (2+\lambda),$$

$$\int_{(V)} \gamma(z) z \, dV = \gamma_0 a^2 \pi h^2 \int_{\zeta=0}^{1} (1+\lambda\zeta)\zeta d\zeta = \frac{1}{6}\gamma_0 a^2 \pi h^2 (3+2\lambda),$$

und damit $z_S = \dfrac{h}{3}\dfrac{3+2\lambda}{2+\lambda}$. Setzen wir $\lambda = 0$, dann ist mit $\gamma = \gamma_0$ das spezifische Gewicht des Körpers konstant, und wir erhalten mit $z_S = h/2$ die z-Koordinate des Volumenmittelpunktes eines homogenen Kreiszylinders.

Beispiel 5-2:

Der inhomogenen Kreiskegel mit der Höhe *h* und dem Radius *a* besitzt das über die Höhe *z* linear veränderliche spezifische Gewicht $\gamma(z) = \gamma_0(1+\lambda z/h)$. Für diesen Körper ist die Lage des Schwerpunktes zu bestimmen. Geg.: h, a, γ_0, λ.

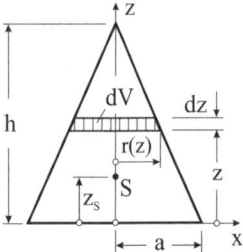

Abb. 5.5 *Schwerpunkt eines inhomogenen Kreiskegels*

Lösung: Aufgrund der vorliegenden Symmetrie sind wieder $x_S = 0$ und $y_S = 0$ zu fordern. Mit $r(z)/(h-z) = a/h$ und der dimensionslosen Koordinate $\zeta = z/h$ folgt für den Kegelradius $r(\zeta) = a(1-\zeta)$. Unter Beachtung von $dz = h\,d\zeta$ können wir dann für das infinitesimale Volumenelement $dV = r^2(z)\,\pi\,dz = a^2\pi h(1-\zeta)^2 d\zeta$ schreiben. Damit sind

$$\int_{(V)} \gamma(z)\,dV = \gamma_0 a^2\pi h \int_{\zeta=0}^{1}(1+\lambda\zeta)(1-\zeta)^2\,d\zeta = \frac{1}{12}\gamma_0 a^2\pi h(4+\lambda),$$

$$\int_{(V)} \gamma(z)z\,dV = \gamma_0 a^2\pi h^2 \int_{\zeta=0}^{1}(1+\lambda\zeta)\zeta(1-\zeta)^2\,d\zeta = \frac{1}{30}\gamma_0 a^2\pi h^2(5+2\lambda),$$

womit $z_S = \dfrac{h}{5}\dfrac{5+2\lambda}{4+\lambda}$ folgt. Setzen wir $\lambda = 0$, dann ist mit $\gamma = \gamma_0$ das spezifische Gewicht des Körpers konstant, und wir erhalten mit $z_S = h/4$ die z-Koordinate des Volumenmittelpunktes eines homogenen Kreiskegels.

Beispiel 5-3:

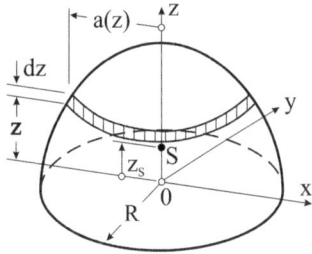

Abb. 5.6 Schwerpunkt einer inhomogenen Halbkugel

5.2 Momente ersten Grades, Schwerpunkt und Massenmittelpunkt eines Körpers 83

Die inhomogene Halbkugel mit dem Radius R besitzt das über die Höhe z linear veränderliche spezifische Gewicht $\gamma(z) = \gamma_0(1+\lambda z/R)$. Für diesen Körper sind die Lage des Schwerpunktes und des Volumenmittelpunktes zu bestimmen. Geg.: R, γ_0, λ.

Lösung: Aufgrund der vorliegenden Symmetrie sind wieder $x_S = 0$ und $y_S = 0$. Wir fassen alle Volumenelemente mit demselben Abstand z zu einer Scheibe der Dicke dz und dem Radius $a^2(z) = R^2 - z^2$ zusammen. Mit der dimensionslosen Koordinate $\zeta = z/R$ folgt zunächst für den Kugelradius $a^2(\zeta) = R^2(1-\zeta^2)$ und unter Beachtung von $dz = R d\zeta$ erhalten wir das infinitesimale Volumenelement $dV = a(z)^2 \pi dz = R^3 \pi (1-\zeta^2) d\zeta$. Damit sind

$$\int_{(V)} \gamma(z) dV = \gamma_0 R^3 \pi \int_{\zeta=0}^{1} (1+\lambda\zeta)(1-\zeta^2) d\zeta = \frac{1}{12} \gamma_0 R^3 \pi (8+3\lambda),$$

$$\int_{(V)} \gamma(z) z \, dV = \gamma_0 R^4 \pi \int_{\zeta=0}^{1} (1+\lambda\zeta)\zeta(1-\zeta^2) d\zeta = \frac{1}{60} \gamma_0 R^4 \pi (15+8\lambda),$$

womit $z_S = \dfrac{R}{5} \dfrac{15+8\lambda}{8+3\lambda}$ folgt. Setzen wir $\lambda = 0$, dann ist mit $\gamma = \gamma_0$ das spezifische Gewicht des Körpers konstant, und wir erhalten mit $z_S = 3/8 \, R$ die z-Koordinate des Volumenmittelpunktes einer homogenen Halbkugel.

Beispiel 5-4:

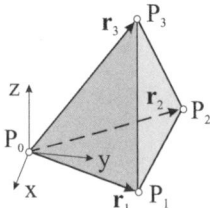

Abb. 5.7 Volumenmittelpunkt eines Tetraeders

Es ist der Volumenmittelpunkt eines Tetraeders zu berechnen.

Lösung: Wir greifen zur Lösung dieser Aufgabe auf die bereits in Kap. 1.3 erzielten Ergebnisse zurück. Mit Einführung der Gauß-Parameter (u,v,w) erhielten wir dort für das Volumenelement $dV = 2|(\mathbf{r}_1 \times \mathbf{r}_2) \cdot \mathbf{r}_3| du\, dv\, dw$, und die Integration lieferte $V = |(\mathbf{r}_1 \times \mathbf{r}_2) \cdot \mathbf{r}_3|/6$. Mit dem Ortsvektor $\mathbf{r} = u(\mathbf{r}_1+\mathbf{r}_2) + v(\mathbf{r}_2-\mathbf{r}_1) + w\mathbf{r}_3$ errechnen wir dann

$$\mathbf{r}_S = \frac{1}{V}\int_{(V)} \mathbf{r}\,dV = 12 \int_{u=0}^{1/2}\left[\int_{v=-u}^{u}\underbrace{\left(\int_{w=0}^{1-2u}[u(\mathbf{r}_1+\mathbf{r}_2)+v(\mathbf{r}_2-\mathbf{r}_1)+w\,\mathbf{r}_3]dw\right)dv}_{=1/48(\mathbf{r}_1+\mathbf{r}_2+\mathbf{r}_3)}\right]du = (\mathbf{0}+\mathbf{r}_1+\mathbf{r}_2+\mathbf{r}_3)/4.$$

Man überzeugt sich leicht, dass dieses Ergebnis auch dann richtig ist, wenn keiner der Punkte im Koordinatenursprung liegt. Der Ortsvektor $\mathbf{r}_S$ des Volumenmittelpunktes ergibt sich somit allgemein als Mittelwert der Ortsvektoren der vier Eckpunkte des Tetraeders.

Beispiel 5-5:

Zur Berechnung des Volumenmittelpunktes eines Polyeders soll eine Maple-Prozedur geschrieben werden. Testen sie die Prozedur mit den Datensätzen *Daten_01.txt* (Quader mit abgeschnittener Ecke), *Daten_02.txt* (durch Tetraeder approximierte Halbkugel) und *Daten_03.txt* (Quader). ∎

Besitzt ein homogener Körper eine oder mehrere Symmetrieebenen, so können wir von vornherein gewisse Aussagen über die Lage des Volumenmittelpunktes machen. Ist beispielsweise die (y,z)-Ebene eine solche Symmetrieebene (Abb. 5.8), so bedeutet dies, dass zu jedem Volumenelement dV mit den Koordinaten (x,y,z) ein gleiches Element in dem zu dieser Ebene symmetrischen Punkt (-x,y,z) aufzufinden ist. Beide Elemente liefern also zum Integral $\int_{(V)} x\,dV$ entgegengesetzt gleiche Beiträge, und daher ist $\int_{(V)} x\,dV = 0$, womit auch $x_S = 0$ wird. Der Volumenmittelpunkt liegt folglich in der (y,z)-Ebene.

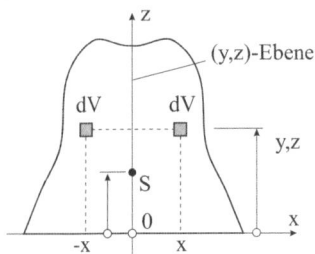

Abb. 5.8 *Körper mit der (x,z)-Ebene als Symmetrieebene*

Ist ein Körper aus *n* Teilkörpern zusammengesetzt, deren Volumina und Schwerpunkte bekannt sind, so gilt mit dem bisher Gesagten

$$\mathbf{r}_S = \frac{\int_{(V)} \gamma(\mathbf{r})\mathbf{r}\,dV}{\int_{(V)} \gamma(\mathbf{r})\,dV} = \frac{\int_{(V_1)} \gamma(\mathbf{r})\mathbf{r}\,dV + \int_{(V_2)} \gamma(\mathbf{r})\mathbf{r}\,dV + \ldots + \int_{(V_n)} \gamma(\mathbf{r})\mathbf{r}\,dV}{\int_{(V_1)} \gamma(\mathbf{r})\,dV + \int_{(V_2)} \gamma(\mathbf{r})\,dV + \cdots + \int_{(V_n)} \gamma(\mathbf{r})\,dV}.$$

5.2 Momente ersten Grades, Schwerpunkt und Massenmittelpunkt eines Körpers

Unter Beachtung von $\int_{(V_1)} \gamma(\mathbf{r})\mathbf{r}\,dV = \mathbf{r}_{S_1} G_1$ sowie $\int_{(V_1)} \gamma(\mathbf{r})\,dV = G_1$ usw. folgt daraus

$$\mathbf{r}_S = \frac{\sum_{i=1}^{n} \mathbf{r}_{S_i} G_i}{\sum_{i=1}^{n} G_i}.$$

Für einen homogenen Körper erhalten wir den Ortsvektor zum Volumenmittelpunkt

$$\mathbf{r}_S = \frac{\sum_{i=1}^{n} \mathbf{r}_{S_i} V_i}{\sum_{i=1}^{n} V_i}$$

und entsprechend in Koordinaten hinsichtlich einer kartesischen Basis

$$x_S = \frac{\sum_{i=1}^{n} x_{S_i} V_i}{\sum_{i=1}^{n} V_i}, \quad y_S = \frac{\sum_{i=1}^{n} y_{S_i} V_i}{\sum_{i=1}^{n} V_i}, \quad z_S = \frac{\sum_{i=1}^{n} z_{S_i} V_i}{\sum_{i=1}^{n} V_i}.$$

Hinweis: Auch bei einem deformierbaren Körper im homogenen Schwerefeld kann ein Punkt ermittelt werden, dem wir die Gewichtskraft **G** zuordnen können. Dieser Punkt ist allerdings nicht mehr körperfest. Für einen deformierbaren Körper in einem inhomogenen Schwerefeld lässt sich ein solcher Punkt nicht finden.

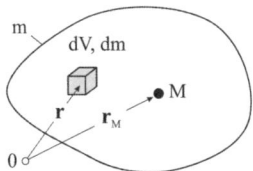

Abb. 5.9 *Der Massenmittelpunkt M eines Körpers*

In Analogie zum Schwerpunkt nennen wir den Punkt *M* in Abb. 5.9 mit

$$\mathbf{r}_M = \frac{1}{m} \int \mathbf{r}\,dm$$

den Massenmittelpunkt des Körpers. Er hat in einer kartesischen Basis die Koordinaten

$$x_m = \frac{1}{m}\int x\,dm, \quad y_m = \frac{1}{m}\int y\,dm, \quad z_m = \frac{1}{m}\int z\,dm.$$

Die Berechnung der i. Allg. anfallenden Dreifachintegrale erfolgt unter Beachtung von $dm = \rho\,dV$ und $m = \int dm = \int_{(V)} \rho(\mathbf{r})\,dV$ aus

$$\mathbf{r}_M = \int_{(V)} \rho(\mathbf{r})\,\mathbf{r}\,dV \bigg/ \int_{(V)} \rho(\mathbf{r})\,dV,$$

und in Koordinaten hinsichtlich einer kartesischen Basis sind

$$x_M = \frac{\int_{(V)} \rho x\,dV}{\int_{(V)} \rho\,dV}, \quad y_M = \frac{\int_{(V)} \rho y\,dV}{\int_{(V)} \rho\,dV}, \quad z_M = \frac{\int_{(V)} \rho z\,dV}{\int_{(V)} \rho\,dV},$$

wobei noch $\rho = \rho(x,y,z)$ sein kann. Wegen $\rho = \gamma/g$ gilt ferner

$$\mathbf{r}_M = \int_{(V)} \frac{\gamma(\mathbf{r})}{g(\mathbf{r})}\mathbf{r}\,dV \bigg/ \int_{(V)} \frac{\gamma(\mathbf{r})}{g(\mathbf{r})}\,dV.$$

Damit sind in einem homogenen Schwerefeld wegen $g = g_n = $ konst. Schwerpunkt und Massenmittelpunkt identisch. Dies trifft im inhomogenen Schwerefeld nicht mehr zu, denn die näher zur anziehenden Masse gelegenen Körperpunkte werden stärker angezogen als die weiter entfernt liegenden. Wegen der schwachen Inhomogenität des Schwerefeldes der Erde ist dieser Effekt jedoch sehr klein. Wir können deshalb mit guter Näherung Schwerpunkt und Massenmittelpunkt gleichsetzen.

5.3 Schwerpunkt und Mittelpunkt einer Fläche

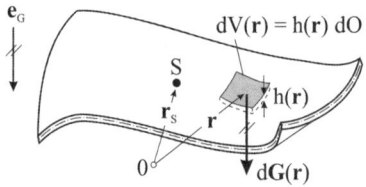

Abb. 5.10 *Schwerpunkt einer räumlich gekrümmten Fläche*

Für den Körper in Abb. 5.10, dessen Dicke $h(\mathbf{r})$ klein ist im Vergleich zu den übrigen Abmessungen, dürfen wir mit dem Oberflächenelement dO für das Volumenelement

5.3 Schwerpunkt und Mittelpunkt einer Fläche

$dV = h(\mathbf{r}) dO$ schreiben. In einem homogenen Schwerefeld ist dann die infinitesimale Gewichtskraft $dG = \gamma(\mathbf{r}) dV = \gamma(\mathbf{r}) h(\mathbf{r}) dO = \mu(\mathbf{r}) dO$, wobei wir zur Abkürzung die flächenbezogene Wichte $\mu(\mathbf{r}) = \gamma(\mathbf{r}) h(\mathbf{r})$ eingeführt haben. Für den Schwerpunkt einer räumlich gekrümmten Fläche in einem homogenen Schwerefeld erhalten wir, in Anlehnung an die Gleichungen zur Berechnung des Volumenmittelpunktes,

$$\mathbf{r}_S = \frac{\int_{(O)} \mu(\mathbf{r}) \mathbf{r} \, dO}{\int_{(O)} \mu(\mathbf{r}) \, dO} \, .$$

Ist $\mu(\mathbf{r}) =$ konst., dann folgt aus obiger Gleichung der Mittelpunkt einer räumlich gekrümmten Fläche (FM)

$$\mathbf{r}_S = \frac{\int_{(O)} \mathbf{r} \, dO}{\int_{(O)} dO} = \frac{1}{O} \int_{(O)} \mathbf{r} \, dO \, ,$$

und hinsichtlich einer kartesischen Basis erhalten wir

$$x_S = \frac{1}{O} \int_{(O)} x \, dO, \quad y_S = \frac{1}{O} \int_{(O)} y \, dO, \quad z_S = \frac{1}{O} \int_{(O)} z \, dO \, .$$

Die Integrale $\int_{(O)} x \, dO$, $\int_{(O)} y \, dO$, $\int_{(O)} z \, dO$ heißen Flächenmomente ersten Grades oder auch Statische Momente.

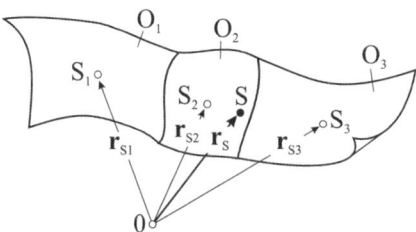

Abb. 5.11 Flächenmittelpunkt einer zusammengesetzten Fläche

Besteht eine Fläche aus *n* Teilflächen, deren Flächeninhalte O_i ($i = 1...n$) und Flächenmittelpunkte S_i bekannt sind (Abb. 5.11), so erhalten wir mit den gleichen Überlegungen, die zum Mittelpunkt eines zusammengesetzten Körpers führten

$$\mathbf{r}_S = \frac{\sum_{j=1}^{n} \mathbf{r}_{S_j} O_j}{\sum_{j=1}^{n} O_j},$$

und hinsichtlich einer kartesischen Basis sind

$$x_S = \frac{\sum_{j=1}^{n} x_{S_j} O_j}{\sum_{j=1}^{n} O_j}, \quad y_S = \frac{\sum_{j=1}^{n} y_{S_j} O_j}{\sum_{j=1}^{n} O_j}, \quad z_S = \frac{\sum_{j=1}^{n} z_{S_j} O_j}{\sum_{j=1}^{n} O_j}.$$

Zur allgemeinen Beschreibung zweidimensionaler Flächen im Raum führen wir die beiden Gauß-Parameter u und v ein. Die kartesischen Koordinaten (x,y,z) der Punkte P(x,y,z) sind dann nur noch Funktionen von (u,v). Die Abb. 5.12 zeigt links die Vernetzung der Fläche Φ mit (u,v)-Linien und rechts ihren rechteckigen Parameterbereich R in der (u,v)-Ebene. Die Gleichungen x = x(u,v), y = y(u,v), z = z(u,v) werden Parameterdarstellung der Fläche Φ genannt[1].

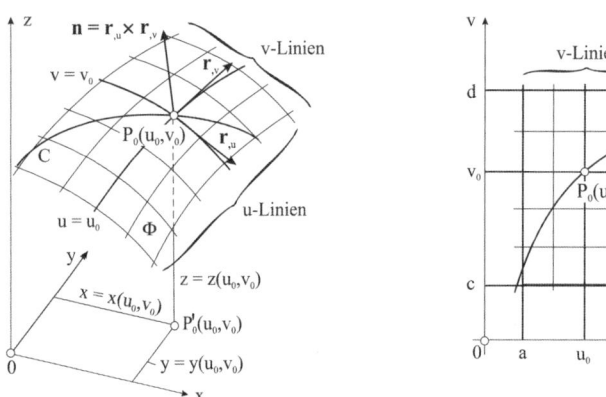

Abb. 5.12 *Fläche Φ mit u- und v-Linien und rechteckiger Parameterbereich R in der (u,v)-Ebene*

Bei hinreichend kleiner Dichte der (u,v)-Linien können die Parametermaschen als Parallelogramme aufgefasst werden, deren Kantenvektoren die Richtungen $\frac{\partial \mathbf{r}(u,v)}{\partial u} du = \mathbf{r}_{,u} du$ und

---

[1] Karl Strubecker: Differentialgeometrie II, Theorie der Flächenmetrik, Walter de Gruyter & Co., Berlin 1958

5.3 Schwerpunkt und Mittelpunkt einer Fläche

$\frac{\partial \mathbf{r}(u,v)}{\partial v} dv = \mathbf{r}_{,v} dv$ besitzen. Für den Flächeninhalt des Parallelogramms können wir dann

$dO = |\mathbf{r}_{,u} du \times \mathbf{r}_{,v} dv| = |\mathbf{r}_{,u} \times \mathbf{r}_{,v}| du\, dv$ schreiben, und für den Oberflächeninhalt folgt

$O = \int_{(O)} dO = \int_{(R)} |\mathbf{r}_{,u} \times \mathbf{r}_{,v}| du\, dv$. Der Ortsvektor des Flächenmittelpunktes errechnet sich damit zu

$$\mathbf{r}_S = \frac{1}{O} \int_{(R)} \mathbf{r}(u,v) |\mathbf{r}_{,u} \times \mathbf{r}_{,v}| du\, dv \,.$$

Ist die Oberfläche explizit durch die Gleichung $z = z(x,y)$ gegeben, wobei die Wertepaare (x,y) den Bereich B durchlaufen, dann sind

$$O = \int_{(B)} |\mathbf{r}_{,x} \times \mathbf{r}_{,y}| dx\, dy = \int_{(B)} \sqrt{z_{,x}^2 + z_{,y}^2 + 1}\, dx\, dy \quad \text{und} \quad \mathbf{r}_S = \frac{1}{O} \int_{(B)} \mathbf{r}(x,y) \sqrt{z_{,x}^2 + z_{,y}^2 + 1}\, dx\, dy \,.$$

Ist der Rand des ebenen Grundgebietes, über dem sich die räumlich gekrümmte Fläche erstreckt, von komplizierter Gestalt, dann kann dieser Rand mit beliebiger Genauigkeit durch ein Polygon ersetzt werden. Jedes Polygon mit n Ecken lässt sich nach Gauß in genau n Dreiecke zerlegen, wobei eine Ecke im Koordinatenursprung 0 liegen soll. Die Nummerierung der Eckpunkte der Randkurve erfolgt mathematisch positiv im Gegenuhrzeigersinn, so dass die jeweilige Grundfläche immer links von der Randkurve erscheint.

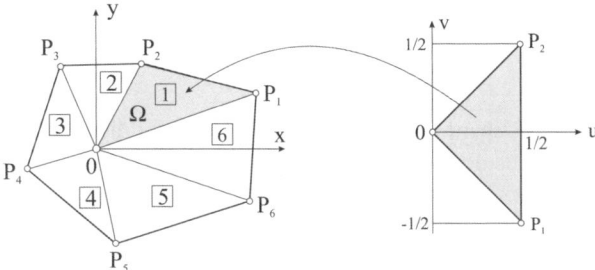

Abb. 5.13 In Dreiecke zerlegtes polygonal berandetes Gebiet der (x,y)-Ebene (n = 6)

Wir betrachten das Dreieck mit den Eckpunkten 0, P_1, P_2 in der (x,y)-Ebene. Dieses Dreieck nimmt das in Abb. 5.13 invers dargestellte Grundgebiet Ω ein. Wir führen im Sinne von Gauß die Parameter u und v ein und stellen damit den planaren Ortsvektor $\mathbf{r}_p$ des Dreiecks mittels der linearen Transformation

$$\mathbf{r}_p(u,v) = u(\mathbf{r}_{1,p} + \mathbf{r}_{2,p}) + v(\mathbf{r}_{2,p} - \mathbf{r}_{1,p}) = u\, \mathbf{s}_p + v\, \mathbf{t}_p$$

dar. Die beiden linear unabhängigen Vektoren $\mathbf{s}_p = \mathbf{r}_{1,p} + \mathbf{r}_{2,p}$ und $\mathbf{t}_p = \mathbf{r}_{2,p} - \mathbf{r}_{1,p}$ werden aus der Summe und der Differenz der beiden Kantenvektoren $\mathbf{r}_{1,p}$ und $\mathbf{r}_{2,p}$ gebildet. Die Parameterpaare (0,0), (1/2,-1/2) und (1/2,1/2) legen die Eckpunkte des Dreiecks in der (x,y)-Ebene fest, welches in der (u,v)-Ebene durch

$$\{(u,v) \mid -u \leq v \leq u, \ 0 \leq u \leq 1/2\}$$

beschrieben wird. Der Ortsvektor der Oberfläche ist dann lediglich um die z-Komponente zu ergänzen, also

$$\mathbf{r}(u,v) = \mathbf{r}_p(u,v) + z(u,v)\mathbf{e}_z = u\mathbf{s}_p + v\mathbf{t}_p + z(u,v)\mathbf{e}_z.$$

Die Tangentenvektoren an die (u,v)-Linien sind $\mathbf{r}_{,u} = \mathbf{s}_p + z_{,u}\mathbf{e}_z$ und $\mathbf{r}_{,v} = \mathbf{t}_p + z_{,v}\mathbf{e}_z$. Einem Rechteck mit den Kantenlängen du und dv in der (u,v)-Ebene entspricht auf der ursprünglichen Oberfläche ein Parallelogramm mit dem Flächeninhalt

$$dO = |\mathbf{r}_{,u} \times \mathbf{r}_{,v}|\, du\, dv = 2|\mathbf{r}_{1,p} \times \mathbf{r}_{2,p} + [(z_{,v} + z_{,u})\mathbf{r}_{1,p} + (z_{,v} - z_{,u})\mathbf{r}_{2,p}] \times \mathbf{e}_z|\, du\, dv.$$

In der obigen Beziehung wurde von $\mathbf{s}_p \times \mathbf{t}_p = 2\mathbf{r}_{1,p} \times \mathbf{r}_{2,p}$ Gebrauch gemacht.

Mit $J(u,v) = |\mathbf{r}_{,u} \times \mathbf{r}_{,v}|$ kann für das Oberflächenelement auch kürzer $dO = J(u,v)\, du\, dv$ notiert werden. Die Auswertung der anfallenden Doppelintegrale erfolgt nun so, dass zunächst über v von −u bis u und anschließend über u von 0 bis 1/2 integriert wird. Der Ortsvektor $\mathbf{r}_S$ des Flächenmittelpunktes berechnet sich dann zu

$$\mathbf{r}_S = \frac{1}{O} \int_{u=0}^{1/2} \left[\int_{v=-u}^{u} J(u,v)\mathbf{r}(u,v)\, dv \right] du.$$

Beschreibt die Funktion z(x,y) speziell eine Ebene über dem Dreieck Ω, besteht die Oberfläche also aus ebenen Dreiecken, dann folgt aus der Dreipunkteform der Ebenengleichung

$$z(x,y) = z_0 + \frac{(z_1 - z_0)y_2 - (z_2 - z_0)y_1}{x_1 y_2 - x_2 y_1} x + \frac{(z_2 - z_0)x_1 - (z_1 - z_0)x_2}{x_1 y_2 - x_2 y_1} y.$$

Unter Beachtung von $x = u(x_1 + x_2) + v(x_2 - x_1)$ sowie $y = u(y_1 + y_2) + v(y_2 - y_1)$ ist dann

$$z(u,v) = z_0 + u(z_1 + z_2 - 2z_0) + v(z_2 - z_1)$$

festzustellen. Mit $z_{,v} + z_{,u} = 2(z_2 - z_0)$ sowie $z_{,v} - z_{,u} = -2(z_1 - z_0)$ folgt

$$dO = |\mathbf{r}_{,u} \times \mathbf{r}_{,v}|\, du\, dv = 2|\mathbf{r}_{1,p} \times \mathbf{r}_{2,p} + [(z_2 - z_0)\mathbf{r}_{1,p} - (z_1 - z_0)\mathbf{r}_{2,p}] \times \mathbf{e}_z|\, du\, dv.$$

Mit $\mathbf{r}_0 = z_0\mathbf{e}_z$ und $\mathbf{r}_1 = \mathbf{r}_{1,p} + z_1\mathbf{e}_z$ sowie $\mathbf{r}_2 = \mathbf{r}_{2,p} + z_2\mathbf{e}_z$ können wir dafür auch

$$dO = 2|(\mathbf{r}_1 - \mathbf{r}_0) \times (\mathbf{r}_2 - \mathbf{r}_0)|\, du\, dv$$

5.3 Schwerpunkt und Mittelpunkt einer Fläche

schreiben. Beachten wir noch $\int_{u=0}^{1/2}\left(\int_{v=-u}^{u}dv\right)du = \frac{1}{4}$, dann ist

$$O = \int_{(O)} dO = \frac{1}{2}|(\mathbf{r}_1 - \mathbf{r}_0) \times (\mathbf{r}_2 - \mathbf{r}_0)| \quad \text{und}$$

$$\mathbf{r}_S = \frac{1}{O}\int_{u=0}^{1/2}\left[\int_{v=-u}^{u}J(u,v)\mathbf{r}(u,v)dv\right]du = 4\int_{u=0}^{1/2}\left[\int_{v=-u}^{u}\mathbf{r}(u,v)dv\right]du$$

$$= 4\int_{u=0}^{1/2}\left\{\int_{v=-u}^{u}[\mathbf{r}_p(u,v) + z(u,v)\mathbf{e}_z]dv\right\}du = \frac{1}{3}[\mathbf{s}_p + (z_0 + z_1 + z_2)\mathbf{e}_z] = \frac{1}{3}(\mathbf{r}_0 + \mathbf{r}_1 + \mathbf{r}_2).$$

Der Ortsvektor $\mathbf{r}_S$ des Flächenmittelpunktes ergibt sich also als Mittelwert der Ortsvektoren der drei Ecken. Das gilt übrigens auch dann, wenn die planaren Komponenten des Ortsvektors $\mathbf{r}_0$ nicht null sind. Durch Summation der Teillösungen über sämtliche Dreiecke erhalten wir dann die vollständige Lösung des Problems.

Im Falle eines rechteckigen Grundgebietes ist dagegen die Beschreibung der Integrationsgrenzen unproblematisch. Wählen wir die Gauß-Parameter $x = u$ und $y = v$, dann folgt mit dem oben Gesagten für den Ortsvektor $\mathbf{r} = [x \quad y \quad z(x,y)]^T$, und die Tangentenvektoren an die (u,v)-Parameterlinien sind $\mathbf{r}_{,x} = [1 \quad 0 \quad z_{,x}]^T$ und $\mathbf{r}_{,y} = [0 \quad 1 \quad z_{,y}]^T$. Unter Beachtung von $\mathbf{r}_{,x} \times \mathbf{r}_{,y} = [-z_{,x} \quad -z_{,y} \quad 1]^T$ ist in diesem Fall $J(x,y) = |\mathbf{r}_{,x} \times \mathbf{r}_{,y}| = \sqrt{(z_{,x})^2 + (z_{,y})^2 + 1}$. Das Oberflächenelement ist dann durch $dO = J(x,y)dx\,dy = \sqrt{(z_{,x})^2 + (z_{,y})^2 + 1}\,dx\,dy$ gegeben. Die Oberfläche erhalten wir durch Auswertung des Doppelintegrals, wenn die Koordinaten (x,y) den Bereich B durchlaufen zu $O = \iint_{(B)}\sqrt{(z_{,x})^2 + (z_{,y})^2 + 1}\,dx\,dy$, und für den Ortsvektor des Flächenmittelpunktes folgt $\mathbf{r}_S = \frac{1}{O}\iint_{(B)}\mathbf{r}(x,y)\sqrt{z_{,x}^2 + z_{,y}^2 + 1}\,dx\,dy$.

Eine Näherungslösung, die ohne die zeitintensive Doppelintegration auskommt, besteht darin, die ursprünglich gekrümmte Oberfläche durch ebene Dreiecke anzunähern (Abb. 5.14). Jedem schräg im Raum liegenden Dreieck lassen sich genau 3 Knoten zuordnen. Die (x,y,z)-Koordinaten eines jeden Knotens werden in der Knotendatei zur Verfügung gestellt. Die Elementdatei fasst für jedes Dreieck die globalen Knotennummern zusammen. Die Reihenfolge dieser Knotennummerierung erfolgt in mathematisch positivem Sinn, so dass die Dreieckfläche immer links von der Randkurve liegt. Wir betrachten das in Abb. 5.14 invers dargestellte Dreieck P_1, P_2, P_3 mit den Ortsvektoren $\mathbf{r}_1$, $\mathbf{r}_2$ und $\mathbf{r}_3$ der drei Eckpunkte. Mit den Kantenvektoren $\mathbf{p} = \mathbf{r}_2 - \mathbf{r}_1$ und $\mathbf{q} = \mathbf{r}_3 - \mathbf{r}_1$ notieren wir das gerichtete Oberflächenelement $\mathbf{O} = 1/2\,\mathbf{p} \times \mathbf{q}$, dessen Betrag $O = |\mathbf{O}| = 1/2\,|\mathbf{p} \times \mathbf{q}|$ dem Flächeninhalt des Dreiecks entspricht, und der Ortsvektor $r_S = (r_1 + r_2 + r_3)/3$ des Flächenmittelpunktes ist der Mittelwert der Ortsvektoren der drei Ecken.

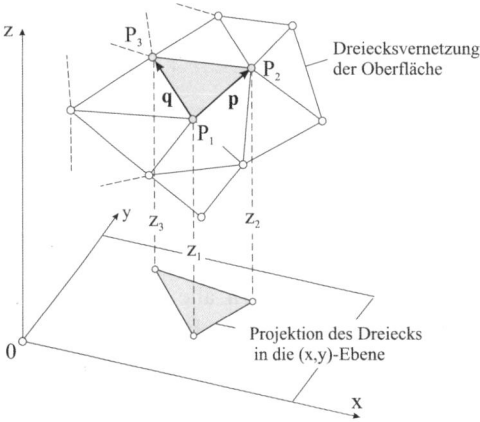

Abb. 5.14 Durch ebene Dreiecke approximierte Oberfläche

Der Flächeninhalt der gesamten Oberfläche folgt dann durch Summation über sämtliche Dreiecke

$$O = \sum_{i=1}^{n} O_i = \frac{1}{2}\sum_{i=1}^{n}|p_i \times q_i|,$$

und für den Ortsvektor des Flächenmittelpunktes folgt

$$r_S = \frac{1}{O}\sum_{i=1}^{n} O_i\, r_{S,i}.$$

Hinweis: Ist die Oberfläche mehrfach zusammenhängend, dann existieren mehrere unabhängige Ränder. Das Gebiet muss dann so aufgeschnitten werden, dass nur noch eine einfach zusammenhängende Fläche verbleibt.

Beispiel 5-6:

Für die in Abb. 5.15 skizzierte Halbkugelschale mit dem Radius R ist die Lage des Flächenmittelpunktes (FM) zu berechnen.

5.3 Schwerpunkt und Mittelpunkt einer Fläche

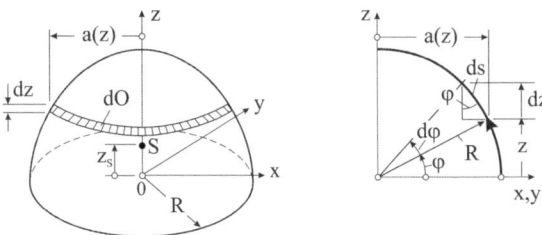

Abb. 5.15 *Flächenmittelpunkt einer Halbkugelschale*

<u>Lösung</u>: Aus Symmetriegründen sind $x_S = y_S = 0$. Es ist also lediglich mit $z_S = \dfrac{1}{O}\int_{(O)} z\,dO$ die z-Koordinate des Flächenmittelpunktes zu berechnen. Fassen wir alle Oberflächenelemente mit gleicher z-Koordinate zusammen, dann ist $dO = 2\pi a(z)\,ds$. Beachten wir noch $ds = dz/\cos\varphi = R\,dz/a(z)$, dann ist $dO = 2\pi R\,dz$, und für die Oberfläche einer Halbkugelschale erhalten wir $O = \int_{(O)} dO = 2\pi R \int_{z=0}^{R} dz = 2\pi R^2$. Mit $\int_{(O)} z\,dO = 2\pi R \int_{z=0}^{R} z\,dz = \pi R^3$ folgt dann $z_S = \dfrac{1}{O}\int_{(O)} z\,dO = \dfrac{\pi R^3}{2\pi R^2} = \dfrac{R}{2}$ die z-Koordinate des Flächenmittelpunktes.

Beispiel 5-7:

Fassen Sie die oben bereitgestellten Gleichungen zur Berechnung des Oberflächeninhalts O und des Ortsvektors $\mathbf{r}_S$ des Flächenmittelpunktes einer Fläche $z(x,y)$ über einem rechteckigen Grundgebiet $\{(x,y)\,|\,x_A \leq x \leq x_E, y_A \leq y \leq y_E\}$ in einer Maple-Prozedur zusammen. Testen Sie diese am Beispiel des hyperbolischen Paraboloids $z(x,y) = z_0\left[1 + (x/a)^2 - (y/b)^2\right]$.

<u>Geg.</u>: $z_0 = 1$, $a = 2$, $b = 3$, $x_A = -5$, $x_E = 5$, $y_A = -4$, $y_E = 4$.

<u>Lösungshinweise</u>: Der Ortsvektor $\mathbf{r} = [x \quad y \quad z(x,y)]^T$ besitzt die Ableitungen

$\mathbf{r}_{,x} = \begin{bmatrix} 1 & 0 & 2z_0 x/a^2 \end{bmatrix}^T$ und $\mathbf{r}_{,y} = \begin{bmatrix} 0 & 1 & -2z_0 y/b^2 \end{bmatrix}^T$. Weiterhin sind

$\mathbf{r}_{,x} \times \mathbf{r}_{,y} = \begin{bmatrix} -2z_0 x/a^2 & 2z_0 y/b^2 & 1 \end{bmatrix}^T$, $|\mathbf{r}_{,x} \times \mathbf{r}_{,y}| = \sqrt{(2z_0 x/a^2)^2 + (2z_0 y/b^2)^2 + 1}$

und damit

$$O = \int_{x=x_A}^{x_E} \int_{y=y_A}^{y_E} \sqrt{(2z_0 x/a^2)^2 + (2z_0 y/b^2)^2 + 1}\, dy\, dx\,,$$

$$O\,\mathbf{r}_S = \int_{x=x_A}^{x_E} \int_{y=y_A}^{y_E} \mathbf{r} \sqrt{(2z_0 x/a^2)^2 + (2z_0 y/b^2)^2 + 1}\, dy\, dx\,.$$

Bei der Auswertung der Doppelintegrale ist die Integrationsreihenfolge beliebig.

Beispiel 5-8:

Zur Berechnung des Inhaltes O und des Ortsvektors $\mathbf{r}_S$ des Flächenmittelpunktes einer räumlich gekrümmten Fläche über einem mehrfach zusammenhängenden polygonal begrenzten Grundgebiet (Abb. 5.16) sind die obigen Beziehungen in eine Maple-Prozedur zu bringen. Testen Sie die Prozedur mit der Oberflächenfunktion $z(x, y) = 1 + 0{,}25(x^2 - y^2)$. Die Koordinaten der Eckpunkte des Grundgebietes stehen im Arbeitsblatt *Kapitel_05_b.mw*.

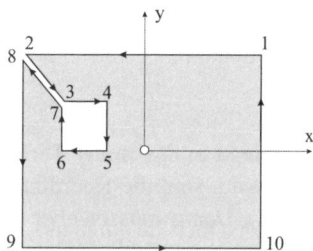

Abb. 5.16 *Mehrfach zusammenhängendes polygonal berandetes Grundgebiet, Oberflächenfunktion z(x,y)*

Beispiel 5-9:

Zur Berechnung des Oberflächeninhalts O und des Ortsvektors $\mathbf{r}_S$ des Flächenmittelpunktes einer durch ebene Dreiecke angenäherten räumlich gekrümmten Fläche über einem mehrfach zusammenhängenden polygonal begrenzten Grundgebiet (Abb. 5.16) sind die obigen Beziehungen in eine Maple-Prozedur zu bringen. Dazu wird zusätzlich eine Prozedur erstellt, die die vernetze Oberfläche mit Knoten- und Elementnummern grafisch darstellt. Wenden Sie die Prozeduren auf die Oberflächenfunktion $z(x, y) = 1 + 0{,}25(x^2 - y^2)$ an. Vergleichen Sie die Ergebnisse mit denjenigen aus Beispiel 5-8. Die Eingabedaten stehen in der Datei *Daten_04.txt*.

5.3 Schwerpunkt und Mittelpunkt einer Fläche

Wie wir später sehen werden, bilden die ebenen Flächen einen wichtigen Sonderfall. Liegt beispielsweise die Fläche mit dem Inhalt A in der (x,y)-Ebene, dann erhalten wir die Koordinaten des Flächenmittelpunktes zu

$$x_S = \frac{1}{A} \int_{(A)} x \, dA, \quad y_S = \frac{1}{A} \int_{(A)} y \, dA \; .$$

Die Flächenmomente ersten Grades sind dann

$$S_x = \int_{(A)} y \, dA = A \, y_S, \quad S_y = \int_{(A)} x \, dA = A \, x_S.$$

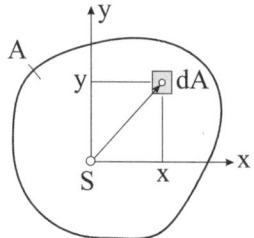

Abb. 5.17 *Zentralachsensystem (ZAS)*

Für ein Koordinatensystem mit dem Ursprung im Flächenmittelpunkt S, das in der Technischen Mechanik auch als Zentralachsensystem (ZAS) bezeichnet wird, sind die Koordinaten des Flächenmittelpunktes definitionsgemäß gleich null (Abb. 5.17). Damit müssen aber wegen $A \neq 0$ auch die Flächenmomente ersten Grades verschwinden. Es gilt also folgender Satz:

Die Flächenmomente ersten Grades in Bezug auf ein Zentralachsensystem sind null.

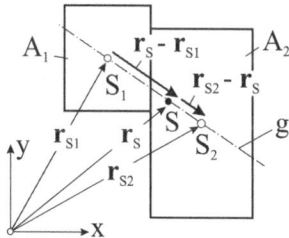

Abb. 5.18 *Flächenmittelpunkt einer aus zwei Flächen zusammengesetzten Fläche*

Wir wollen abschließend noch eine bemerkenswerte Eigenschaft hinsichtlich der Lage des Flächenmittelpunktes zusammengesetzter ebenen Flächen notieren. Für den Fall, dass die

Fläche A aus der Summe zweier Teilflächen A_1 und A_2 gebildet wird (Abb. 5.18), gilt zunächst für den gemeinsamen Flächenmittelpunkt

$$\mathbf{r}_S = \frac{\mathbf{r}_{S_1} A_1 + \mathbf{r}_{S_2} A_2}{A} = \frac{A_1}{A}\mathbf{r}_{S_1} + \frac{A_2}{A}\mathbf{r}_{S_2} \, .$$

Die Differenzvektoren, die in Richtung der Verbindungsgeraden g der Teilflächenmittelpunkte S_1 und S_2 fallen, sind

$$\mathbf{r}_S - \mathbf{r}_{S_1} = \left(\frac{A_1}{A} - 1\right)\mathbf{r}_{S_1} + \frac{A_2}{A}\mathbf{r}_{S_2} = \frac{A_2}{A}\left(\mathbf{r}_{S_2} - \mathbf{r}_{S_1}\right),$$

$$\mathbf{r}_{S_2} - \mathbf{r}_S = \frac{A_1}{A}\left(\mathbf{r}_{S_2} - \mathbf{r}_{S_1}\right) \quad \rightarrow \quad \mathbf{r}_{S_2} - \mathbf{r}_{S_1} = \frac{A}{A_1}\left(\mathbf{r}_{S_2} - \mathbf{r}_S\right).$$

Da S_1 und S_2 voraussetzungsgemäß auf der Geraden g liegen, muss auch S auf dieser Geraden liegen. Es gilt nämlich $\mathbf{r}_S - \mathbf{r}_{S_1} = \frac{A_2}{A_1}\left(\mathbf{r}_{S_2} - \mathbf{r}_S\right)$. Bilden wir auf beiden Seiten die Beträge, dann folgt

$$\frac{\left|\mathbf{r}_S - \mathbf{r}_{S_1}\right|}{\left|\mathbf{r}_{S_2} - \mathbf{r}_S\right|} = \frac{A_2}{A_1} \, .$$

Die Strecke $\overline{S_1 S_2}$ wird durch den Flächenmittelpunkt S im umgekehrten Verhältnis der beiden Teilflächen geteilt, und der Flächenmittelpunkt S liegt näher am Teilflächenmittelpunkt der größeren Fläche.

Beispiel 5-10:

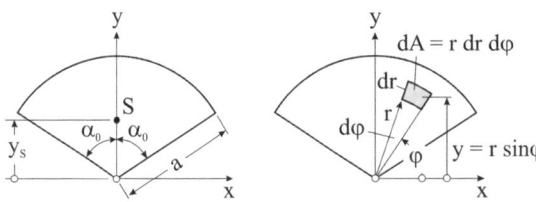

Abb. 5.19 *Kreisausschnitt mit dem Öffnungswinkel $2\alpha_0$, Flächenmittelpunkt*

Für den Kreisausschnitt mit dem Öffnungswinkel $2\alpha_0$ und dem Radius a sind die Koordinaten des Flächenmittelpunktes zu ermitteln.
<u>Lösung:</u> Aus Symmetriegründen folgt sofort $x_S = 0$. Damit verbleibt $y_S = \frac{1}{A}\int_{(A)} y\,dA$. Wir beschreiben das Problem vorteilhaft in ebenen Polarkoordinaten (r,φ). Mit $dA = r\,dr\,d\varphi$ ist

5.3 Schwerpunkt und Mittelpunkt einer Fläche

$$A = \int_{(A)} dA = \int_{r=0}^{a} r\, dr \int_{\varphi=\pi/2-\alpha_0}^{\varphi=\pi/2+\alpha_0} d\varphi = a^2\alpha_0.$$

Das statische Moment der Fläche A bezogen auf die x-Achse folgt mit $y = r\sin\varphi$ zu

$$S_x = \int_{(A)} y\, dA = \int_{r=0}^{a} r^2\, dr \int_{\varphi=\pi/2-\alpha_0}^{\pi/2+\alpha_0} \sin\varphi\, d\varphi = \frac{2a^3}{3}\sin\alpha_0$$

und damit

$$y_S = \frac{S_x}{A} = \frac{2a}{3}\frac{\sin\alpha_0}{\alpha_0} = \frac{2a}{3}\left[1-\frac{1}{6}\alpha_0^2 + O(\alpha_0^3)\right].$$

Die Entwicklung der Lösung in eine Potenzreihe um den Punkt $\alpha_0 = 0$ zeigt, dass für kleine Öffnungswinkel α_0 näherungsweise $y_S = \frac{a}{9}(6-\alpha_0^2)$ gilt.

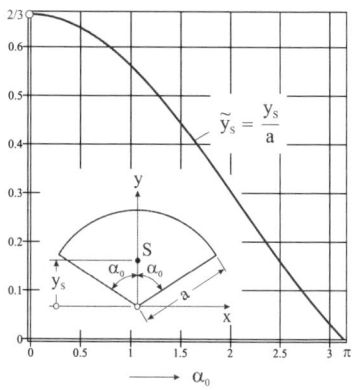

Abb. 5.20 *Bezogene y-Koordinate des Flächenmittelpunktes in Abhängigkeit von α_0 ($x_S = 0$)*

Beispiel 5-11:

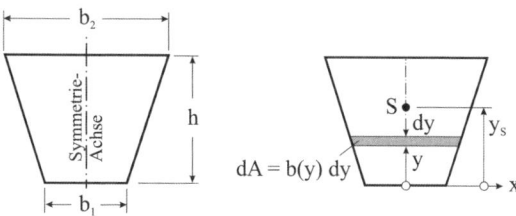

Abb. 5.21 *Trapezquerschnitt, Lage des Flächenmittelpunktes*

Für den skizzierten Trapezquerschnitt ist die Lage des Flächenmittelpunktes zu ermitteln.

Lösung: Aus Symmetriegründen muss wieder $x_S = 0$ sein. Wir berechnen zunächst den Flächeninhalt A des Trapezquerschnitts. Dazu fassen wir sämtliche Flächenelemente mit gleicher y-Koordinate (Abb. 5.21, rechts) zusammen und erhalten $dA = b(y)dy$. Aus rechentechnischen Gründen werden die dimensionslosen Größen $\beta = b_2/b_1$ und $\eta = y/h$ eingeführt. Damit ist $b = b_1[1+(\beta-1)\eta]$ und für das Flächenelement errechnen wir unter Beachtung von $dy = h\,d\eta$: $dA = b_1 h[1+(\beta-1)\eta]$. Die Integration liefert den Flächeninhalt des Trapezquerschnitts $A = \int_{(A)} dA = b_1 h \int_{\eta=0}^{1} [1+(\beta-1)\eta]\,d\eta = \frac{b_1 h}{2}(1+\beta)$, und das statische Moment der Fläche bezüglich der x-Achse ist

$$S_x = \int_{y=0}^{h} y\,dA = b_1 h^2 \int_{\eta=0}^{1} \eta[1+(\beta-1)\eta]\,d\eta = \frac{b_1 h^2}{6}(1+2\beta).$$ Damit folgt $y_S = \frac{S_x}{A} = \frac{h}{3}\frac{1+2\beta}{1+\beta}$.

Wir betrachten noch die folgenden Sonderfälle:

1.) Dreieck mit Spitze oben ($b_2 = 0$, $\beta = 0$) $A = b_1 h/2$, $y_S = h/3$.

2.) Dreieck mit Spitze unten ($b_1 = 0$, $1/\beta = 0$) $A = b_2 h/2$, $y_S = 2h/3$.

3.) Rechteckquerschnitt ($b_1 = b_2 = b$, $\beta = 1$) $A = bh$, $y_S = h/2$.

Beispiel 5-12:

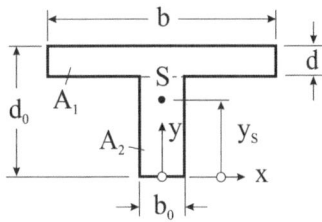

Abb. 5.22 Der symmetrische Plattenbalken, Flächenmittelpunkt

Für den zur y-Achse symmetrischen Plattenbalken ist die Lage des Flächenmittelpunktes zu berechnen.

Geg.: b, b_0, d, d_0.

Lösung: Aus Symmetriegründen ist $x_S = 0$. Der Querschnitt besteht aus den Teilflächen $A_1 = bd$ und $A_2 = b_0(d_0 - d)$, deren Flächenmittelpunkte mit $y_{S_1} = d_0 - d/2$ und

5.3 Schwerpunkt und Mittelpunkt einer Fläche

$y_{S_2} = 1/2(d_0 - d)$ bekannt sind. Mit den dimensionslosen Größen $\delta = d/d_0$ und $\beta = b/b_0$ liefert die Summenformel

$$y_S = \frac{\sum_{j=1}^{2} y_{Sj} A_j}{\sum_{j=1}^{2} A_j} = \frac{y_{S_1} A_1 + y_{S_2} A_2}{A_1 + A_2} = \frac{d_0}{2} \frac{\delta(1-\beta)(\delta-2)+1}{\delta(\beta-1)+1}.$$ ∎

Für eine polygonal berandete ebene Fläche gestaltet sich die Berechnung des Flächeninhalts A und des Ortsvektors $\mathbf{r}_S$ des Flächenmittelpunktes besonders einfach. Wir zerlegen dazu die Fläche in Dreiecke, deren eine Ecke jeweils im Ursprung des Koordinatensystems liegt. Die Nummerierung der Randknoten erfolgt positiv im Gegenuhrzeigersinn (Abb. 5.23).

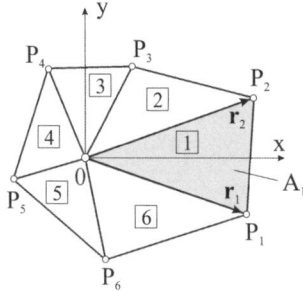

Abb. 5.23 *Polygonal berandete ebene Fläche, Zerlegung in Dreiecke*

Sind $\mathbf{r}_1 = [x_1 \; y_1 \; 0]^T$ und $\mathbf{r}_2 = [x_2 \; y_2 \; 0]^T$ die Ortsvektoren der Eckpunkte des invers dargestellten Dreiecks, dann legt das Vektorprodukt $\mathbf{f} = \mathbf{r}_1 \times \mathbf{r}_2 = [0 \; 0 \; x_1 y_2 - x_2 y_1]$ die von den Kanten aufgespannte Parallelogrammfläche fest. Der Vektor $\mathbf{f}$ steht senkrecht auf der (x,y)-Ebene. Sein Betrag entspricht dem Flächeninhalt des Parallelogramms, und das Vorzeichen der z-Komponente gibt die Orientierung des Vektors $\mathbf{f}$ an. Ist dieses positiv, was bei einfach zusammenhängenden Gebieten bei der oben vorgenommenen Reihenfolge der Knotennummerierung immer der Fall ist, dann bilden $\mathbf{r}_1$, $\mathbf{r}_2$ und $\mathbf{f}$ in der angegeben Reihenfolge ein Rechtssystem. Der Flächeninhalt des Dreiecks entspricht der halben Parallelogrammfläche, also

$$A_1 = \frac{1}{2}(x_1 y_2 - x_2 y_1).$$

Wie bereits gezeigt wurde, ist der Ortsvektor zum Flächenmittelpunkt eines Dreiecks der Mittelwert $\mathbf{r}_S = (\mathbf{0} + \mathbf{r}_1 + \mathbf{r}_2)/3$ der Eckpunkte, also $\mathbf{r}_S = [x_1 + x_2 \; y_1 + y_2 \; 0]/3$. Besteht die Fläche aus n Dreiecken mit den Flächeninhalten A_i und den Ortsvektoren $\mathbf{r}_{Si}$, dann sind

$$A = \sum_{i=1}^{n} A_i \quad \text{und} \quad r_S = \frac{\sum_{i=1}^{n} r_{S_i} A_i}{\sum_{i=1}^{n} A_i}.$$

Beispiel 5-13:

Es ist eine Maple-Prozedur zu entwerfen, die für ein polygonal berandetes ebenes Gebiet den Flächeninhalt A und den Ortsvektor $\mathbf{r}_S$ des Flächenmittelpunktes berechnet. Testen Sie die Prozedur an

1. der Fläche des Trapezquerschnitts in Abb. 5.21 und
2. der Fläche, die die Parabel $y(x) = h[1-(x/a)^2]$ mit der x-Achse einschließt (Abb. 5.24). Nähern Sie dazu die Kurve durch einen Polygonzug an.

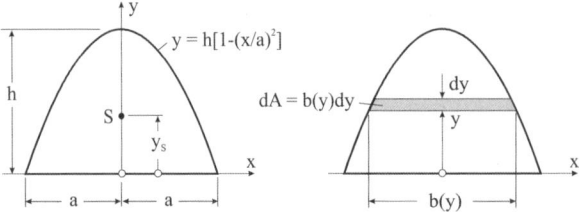

Abb. 5.24 *Flächeninhalt und Flächenmittelpunkt einer Parabel*

Die exakten Lösungen für die unter 2. genannte Fläche sind mit $b(y) = 2a\sqrt{1-y/h}$:

$$A = 2a \int_{y=0}^{h} \sqrt{1-y/h}\, dy = \frac{4}{3}ah, \quad S_x = \int_{(A)} y\, dA = 2a \int_{y=0}^{h} y\sqrt{1-y/h}\, dy = \frac{8}{15}h^2 a, \quad y_S = \frac{S_x}{A} = \frac{2}{5}h.$$

Aus Symmetriegründen ist in beiden Fällen $x_S = 0$ zu fordern.

Beispiel 5-14:

Für die in Abb. 5.25 skizzierten polygonal berandeten Querschnitte sind die Flächeninhalte und die Ortsvektoren der Flächenmittelpunkte zu berechnen. Verwenden Sie dazu die in Beispiel 5-13 bereitgestellte Maple-Prozedur. Die Eingabedaten stehen in den Dateien *Daten_05.txt* und *Daten_06.txt*. Zum Einlesen dieser Daten ist zusätzlich eine Einleseprozedur zu schreiben.

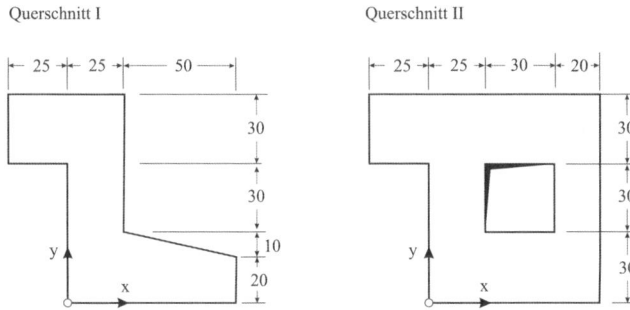

Abb. 5.25 *Polygonal berandete Querschnitte, Berechnung von Flächeninhalt und Ortsvektor des Flächenmittelpunktes (alle Maße in cm)*

5.4 Schwerpunkt und Mittelpunkt einer Kurve

Allgemein werden Raumkurven in der Parameterform $\mathbf{r}(t) = [x(t)\ y(t)\ z(t)]^T$ mit t als Parameter angegeben. Der Vektor $\dot{\mathbf{r}}(t) = \dfrac{d\mathbf{r}(t)}{dt} = [\dot{x}(t)\ \dot{y}(t)\ \dot{z}(t)]^T$ tangiert die Bahnkurve im Punkte P mit dem Ortsvektor $\mathbf{r}(t)$. Der Tangentenvektor ist im Sinne wachsender t gerichtet und seine Länge $|\dot{\mathbf{r}}| = \sqrt{\dot{\mathbf{r}}^2(t)} = \sqrt{\dot{x}^2(t) + \dot{y}^2(t) + \dot{z}^2(t)}$ hängt von der Skala der Parameterwerte ab. Der Parameter t stellt in den Anwendungen der Mechanik meist die Zeit dar. Man kann aber auch die Bogenlänge s als *natürlichen* Parameter einführen. Dann entsteht $\mathbf{r}(t(s)) = [x(t(s))\ y(t(s))\ z(t(s))]^T$ und der neue abgeleitete Tangentenvektor $\mathbf{r}' = \dfrac{d\mathbf{r}}{ds}$ hängt mit dem alten $\dot{\mathbf{r}} = \dfrac{d\mathbf{r}}{dt}$ durch die Kettenregel zusammen:

$$\frac{d\mathbf{r}}{ds} = \frac{d\mathbf{r}}{dt}\frac{dt}{ds} \quad \text{oder} \quad \mathbf{r}' = \dot{\mathbf{r}}\frac{dt}{ds} \quad \left(\frac{dt}{ds} \neq 0\right)$$

5.4.1 Die Bogenlänge

Im Unterschied zu den abgeleiteten Vektoren $\dot{\mathbf{r}}(t)$ und $\mathbf{r}'(s)$ hängt das erste Vektordifferenzial $d\mathbf{r}(t) = \dfrac{d\mathbf{r}}{dt}dt = \dot{\mathbf{r}}(t)dt = \dfrac{d\mathbf{r}}{ds}ds = \mathbf{r}'(s)ds$ und damit $\dot{\mathbf{r}}(t)dt = \mathbf{r}'(s)ds$ vom gewählten Parameter t oder s nicht ab. Bilden wir von beiden Seiten das Betragsquadrat, dann folgt

$$\dot{\mathbf{r}}^2(t)dt^2 = \mathbf{r}'^2(s)ds^2.$$

Der ausgezeichnete Parameter, für den $\mathbf{r}'^2(s) = x'^2(s) + y'^2(s) + z'^2(s) = 1$ gilt, wird Bogenlänge s der Raumkurve genannt. Der Tangentenvektor $\mathbf{r}'(s)$ hat in diesem Fall die feste Länge 1, und das Quadrat des Bogendifferenzials ist $ds^2 = \dot{\mathbf{r}}^2(t)dt^2 = [\dot{x}^2(t) + \dot{y}^2(t) + \dot{z}^2(t)]dt^2$. Durch Summation aller ds erhalten wir die Bogenlänge zwischen den Punkten t_0 und t:

$$s(t) = \int_{\tau=t_0}^{t} |\dot{\mathbf{r}}| \, d\tau = \int_{\tau=t_0}^{t} \sqrt{\dot{x}^2(\tau) + \dot{y}^2(\tau) + \dot{z}^2(\tau)} \, d\tau.$$

Hinweis: Der beliebig wählbare Punkt t_0 ist der Anfangspunkt der Bogenmessung. Damit ist die Bogenlänge nur bis auf eine additive Konstante festgelegt.

Kann die Kurve explizit durch $y = \varphi(x)$ und $z = \psi(x)$ dargestellt werden, dann führt die Wahl des speziellen Parameters $t = x$ auf die Ableitungen

$$\dot{x} = \frac{dx}{dx} = 1, \quad \dot{y} = \frac{dy}{dx} = y'(x) = \varphi'(x), \quad \dot{z} = \frac{dz}{dx} = z'(x) = \psi'(x),$$

und die Bogenlänge zwischen den Abszissenwerten x_0 und x errechnet sich zu:

$$s(x) = \int_{\xi=x_0}^{x} \sqrt{1 + [\varphi'(\xi)]^2 + [\psi'(\xi)]^2} \, d\xi.$$

In diesem Fall lautet das Bogenelement

$$ds = \sqrt{1 + [\varphi'(x)]^2 + [\psi'(x)]^2} \, dx = \sqrt{dx^2 + d\varphi^2 + d\psi^2}.$$

Beispiel 5-15:

Die Parameterdarstellung der Schraublinie mit dem Radius $a > 0$ ist durch den Ortsvektor $\mathbf{r}(t) = [x(t) \;\; y(t) \;\; z(t)]^T = [a\cos t \;\; a\sin t \;\; bt]^T$ ($b > 0$: Rechtsschraubung, $b < 0$: Linksschraubung) gegeben. Gesucht wird die Bogenlänge s zwischen den Punkten t_0 und t.

Geg.: $a = 1$, $b = 1/2$, $t_0 = \pi/4$, $t = 3\pi/2$.

Lösung: Mit $\dot{\mathbf{r}}(t) = [-a\sin t \;\; a\cos t \;\; b]^T$ ist $\dot{\mathbf{r}}^2(t) = a^2(\sin^2 t + \cos^2 t) + b^2 = a^2 + b^2$ und damit $|\dot{\mathbf{r}}| = \sqrt{a^2 + b^2}$. Damit erhalten wir die Bogenlänge s in Abhängigkeit vom Parameter t

$$s(t) = \int_{\tau=t_0}^{t} |\dot{\mathbf{r}}| \, d\tau = \int_{\tau=t_0}^{t} \sqrt{a^2 + b^2} \, d\tau = (t - t_0)\sqrt{a^2 + b^2}.$$

Mit den Werten des Beispiels errechnen wir $s = (3/2\pi - \pi/4)\sqrt{1 + (1/4)^2} = 4{,}39$.

5.4 Schwerpunkt und Mittelpunkt einer Kurve

Die Beziehung für s(t) kann explizit nach t aufgelöst werden, was $t = \frac{s}{\sqrt{a^2+b^2}} + t_0$ ergibt, und für den Ortsvektor in Abhängigkeit von s folgt dann

$$\mathbf{r}(s) = [x(s) \quad y(s) \quad z(s)]^T = \left[a\cos\left(\frac{s}{\sqrt{a^2+b^2}} + t_0\right) \quad a\sin\left(\frac{s}{\sqrt{a^2+b^2}} + t_0\right) \quad b\left(\frac{s}{\sqrt{a^2+b^2}} + t_0\right) \right].$$

Die Ableitung von $\mathbf{r}(s)$ nach der Bogenlänge s liefert den Tangentenvektor

$$\mathbf{r}'(s) = \frac{1}{\sqrt{a^2+b^2}} \left[-a\sin\left(\frac{s}{\sqrt{a^2+b^2}} + t_0\right) \quad a\cos\left(\frac{s}{\sqrt{a^2+b^2}} + t_0\right) \quad b \right]^T$$

der nun die Länge 1 hat ($|\mathbf{r}'(s)| = 1$). Mit den Werten des Beispiels ist

$$\mathbf{r}'(s) = [-0{,}894\sin(0{,}894s + 0{,}785) \quad 0{,}894\cos(0{,}894s + 0{,}785) \quad 0{,}447]^T.$$

5.4.2 Schwerpunkt und Mittelpunkt einer Raumkurve

Wir betrachten die materielle Kurve in Abb. 5.26, deren Abmessungen in der Querschnittsfläche A(**r**) klein sind im Vergleich zur Bogenlänge L. Auf das Volumenelement dV = A(**r**)ds wirke lediglich die aus dem Eigengewicht des materiellen Körpers resultierende Elementarkraft dG = q(**r**) ds in vertikaler Richtung $\mathbf{e}_G$.

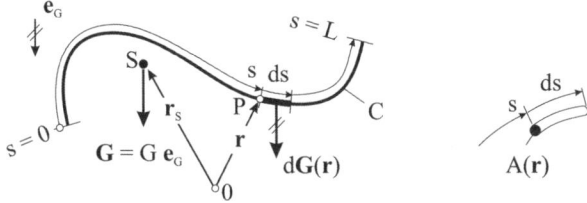

Abb. 5.26 Schwerpunkt einer materiellen Raumkurve C

In Anlehnung an die Untersuchungen zum Volumenschwerpunkt folgt der Ortsvektor des Linienschwerpunktes, wenn C die Raumkurve bezeichnet

$$\mathbf{r}_S = \int_{(C)} q(\mathbf{r})\mathbf{r}\,ds \bigg/ \int_{(C)} q(\mathbf{r})\,ds.$$

Ist der Körper homogen, so ist q(**r**) = q_0 = konst. und kann vor das Integral gezogen und gekürzt werden. Bezeichnet $L = \int_{(C)} ds$ die Bogenlänge der Kurve C zwischen zwei festen Punkten, dann erhalten wir den Ortsvektor zum Linienmittelpunkt

$$\mathbf{r}_S = \int_{(C)} \mathbf{r}\,ds \Big/ \int_{(C)} ds = \frac{1}{L}\int_{(C)} \mathbf{r}\,ds$$

und in Koordinaten hinsichtlich einer kartesischen Basis

$$x_S = \frac{1}{L}\int_{(C)} x\,ds,\qquad y_S = \frac{1}{L}\int_{(C)} y\,ds,\qquad z_S = \frac{1}{L}\int_{(C)} z\,ds$$

Beispiel 5-16:

Es wird eine Maple-Prozedur entworfen, die für eine Raumkurve mit dem Ortsvektor $\mathbf{r}(t)$ den Tangentenvektor $\dot{\mathbf{r}}(t)$, die Bogenlänge L zwischen zwei festen Punkten und den zugehörigen Ortsvektor $\mathbf{r}_S$ des Linienmittelpunktes berechnet und grafisch darstellt. Wenden Sie die Prozedur auf folgende Beispiele an:

1. Schraublinie: $\mathbf{r} = [x(t)\ y(t)\ z(t)]^T = [\cos t\ \sin t\ t/2]^T$, $\quad t_0 = \pi/4$, $t = 3\pi/2$,
2. Zykloide: $\quad\mathbf{r} = [x(t)\ y(t)\ z(t)]^T = [t - \sin t\ 1 - \cos t\ 0]^T$, $\quad t_0 = 0$, $t = 2\pi$. ■

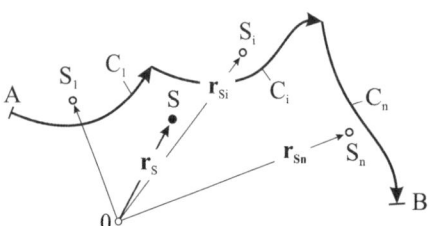

Abb. 5.27 Zusammengesetzte Kurve

Besteht die Kurve C aus n Teilkurven C_i ($i = 1\ldots n$), deren Bogenlängen L_i und Mittelpunkte $\mathbf{r}_{Si}$ bekannt sind (Abb. 5.27), so ergeben dieselben Überlegungen wie beim Körper

$$\mathbf{r}_S = \sum_{i=1}^{n} \mathbf{r}_{Si} L_i \Big/ \sum_{i=1}^{n} L_i\,.$$

In Koordinaten hinsichtlich einer kartesischen Basis sind

$$x_S = \frac{\sum_{i=1}^{n} x_{Si} L_i}{\sum_{i=1}^{n} L_i},\qquad y_S = \frac{\sum_{i=1}^{n} y_{Si} L_i}{\sum_{i=1}^{n} L_i},\qquad z_S = \frac{\sum_{j=1}^{n} z_{Si} L_i}{\sum_{i=1}^{n} L_i}\,.$$

5.4 Schwerpunkt und Mittelpunkt einer Kurve

Ist die Raumkurve von komplizierter Gestalt, dann kann diese mit beliebiger Genauigkeit durch einen räumlichen Polygonzug ersetzt werden (Abb. 5.28).

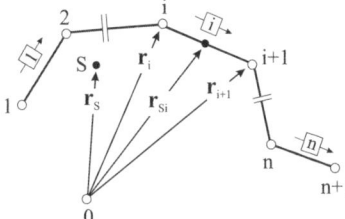

Abb. 5.28 *Räumlicher Polygonzug, Polygonmittelpunkt*

Die Orientierung des Polygonzuges wird durch die Reihenfolge der Knotennummerierung festgelegt. Der Geradenabschnitt mit dem Index *i* beginnt am Punkt *i* und endet am Punkt *i+1*. Seine Länge folgt aus dem Satz von Pythagoras zu

$$L_i = \sqrt{(x_{i+1} - x_i)^2 + (y_{i+1} - y_i)^2 + (z_{i+1} - z_i)^2},$$

und der Teillinienmittelpunkt hat den Ortsvektor

$$\mathbf{r}_{Si} = 1/2(\mathbf{r}_i + \mathbf{r}_{i+1}).$$

Zur Berechnung der Bogenlänge und des Linienmittelpunktes kommen die obigen Summenformeln zur Anwendung.

Beispiel 5-17:

Es ist eine Maple-Prozedur zu entwerfen, mit deren Hilfe die Länge und der Ortsvektor des Linienmittelpunktes einer durch einen Polygonzug angenäherten Raumkurve berechnet werden kann. Der Polygonzug besteht aus *n* Geradenabschnitten mit *n+1* Knoten. Die Knotendaten werden in einer Matrix übergeben, die zeilenweise die kartesischen Koordinaten der Knoten enthält. Die Knotenreihenfolge legt die Richtung des Polygonzuges fest. Testen Sie die Prozedur mit den Werten aus Beispiel 5-16. ∎

Handelt es sich um eine ebene Kurve, dann vereinfachen sich die bisher bereitgestellten Gleichungen. Liegt die Kurve beispielsweise in der (x,y)-Ebene, dann verbleiben

Ortsvektor: $\quad \mathbf{r}(t) = [x(t) \quad y(t)]^T \; (t_1 \leq t \leq t_2)$

Tangentenvektor: $\quad \dot{\mathbf{r}}(t) = [\dot{x}(t) \quad \dot{y}(t)]^T, \; |\dot{\mathbf{r}}| = \sqrt{\dot{x}^2(t) + \dot{y}^2(t)}$

Bogenlänge: $\qquad s(t) = \int_{\tau=t_0}^{t} |\dot{\mathbf{r}}|\, d\tau = \int_{\tau=t_0}^{t} \sqrt{\dot{x}^2(\tau)+\dot{y}^2(\tau)}\, d\tau$

Bogenlänge (explizit): $s(x) = \int_{\xi=x_0}^{x} \sqrt{1+[\varphi'(\xi)]^2}\, d\xi$.

Ist die Kurve C aus n Teilkurven C_i ($i = 1\dots n$) zusammengesetzt, die sich beispielsweise in der (x,y)-Ebene erstreckt, und deren Bogenlängen L_i und Mittelpunkte $\mathbf{r}_{Si}$ bekannt sind, so lauten die Koordinaten des Linienmittelpunktes in einer kartesischen Basis

$$x_S = \frac{\sum_{i=1}^{n} x_{Si} L_i}{\sum_{i=1}^{n} L_i}, \quad y_S = \frac{\sum_{i=1}^{n} y_{Si} L_i}{\sum_{i=1}^{n} L_i} .$$

Beispiel 5-18:

Für den skizzierten Kreisbogenabschnitt mit dem Radius a und dem Öffnungswinkel $\Delta\varphi$ sind die Bogenlänge und der Ortsvektor des Linienmittelpunktes zu berechnen.

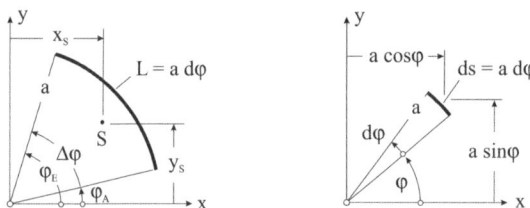

Abb. 5.29 *Linienmittelpunkt eines Kreisbogenabschnitts*

Lösung: Zur Lösung des Problems werden ebene Polarkoordinaten (r,φ) verwendet. Mit dem Bogenelement $ds = a\, d\varphi$ erhalten wir die Bogenlänge

$$L = \int_{(C)} ds = a \int_{\varphi=\varphi_A}^{\varphi_E} d\varphi = a\underbrace{(\varphi_E - \varphi_A)}_{=\Delta\varphi} = a\,\Delta\varphi .$$
Die Koordinaten des Linienmittelpunktes folgen aus

$$x_S = \frac{1}{L} \int_{(C)} x\, ds = \frac{1}{a\,\Delta\varphi} \int_{\varphi=\varphi_A}^{\varphi_E} a^2 \cos\varphi\, d\varphi = \frac{a}{\Delta\varphi}(\sin\varphi_E - \sin\varphi_A) ,$$

5.4 Schwerpunkt und Mittelpunkt einer Kurve

$$y_S = \frac{1}{L} \int_{(C)} y \, ds = \frac{1}{a \Delta\varphi} \int_{\varphi=\varphi_A}^{\varphi_E} a^2 \sin\varphi \, d\varphi = -\frac{a}{\Delta\varphi}(\cos\varphi_E - \cos\varphi_A).$$

Wir betrachten die in Abb. 5.30 skizzierten Sonderfälle.

a) Symmetr. Kreisbogenabschnitt   b) Halbkreisbogen   c) Viertelkreisbogen

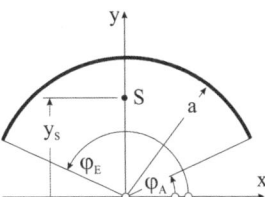
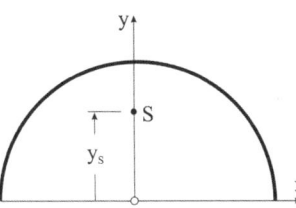
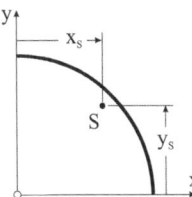

Abb. 5.30 *Kreisbogenabschnitte, Sonderfälle*

a) Symmetrischer Kreisbogenabschnitt: Mit $\varphi_E = \pi - \varphi_A$ und damit $\Delta\varphi = \pi - 2\varphi_A$ folgen

$$L = a(\pi - 2\varphi_A), \quad x_S = 0, \quad y_S = \frac{2a}{\Delta\varphi}\cos\varphi_A.$$

b) Halbkreisbogen: Mit $\varphi_A = 0$, $\varphi_E = \pi$ und damit $\Delta\varphi = \pi$ folgen

$$L = a\pi, \quad x_S = 0, \quad y_S = \frac{2a}{\pi}$$

c) Viertelkreisbogen: Mit $\varphi_A = 0$, $\varphi_E = \pi/2$ und damit $\Delta\varphi = \pi/2$ folgen

$$L = a\pi/2, \quad x_S = y_S = \frac{2a}{\pi}$$

5.4.3 Die Guldinschen Regeln

Die nach Paul Guldin[1] benannten Regeln gestatten:

1. Die Berechnung des Volumens eines Rotationskörpers, wenn die Koordinaten des Flächenmittelpunktes der erzeugenden Fläche bekannt sind.
2. Die Berechnung der Oberfläche eines Rotationskörpers, wenn die Koordinaten des Linienmittelpunktes der erzeugenden Randkurve bekannt sind.

---

[1] Paul Guldin (Taufname: Habakuk), schweizer. Mathematiker, 1577–1643, Jesuit

1. Regel: Volumenberechnung   2. Regel: Oberflächenberechnung

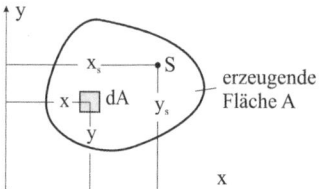 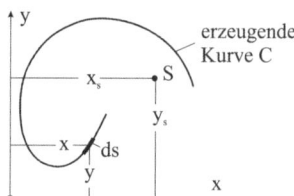

Abb. 5.31 *Guldinsche Regeln, Volumen- und Oberflächenberechnung*

Eine ebene Fläche vom Flächeninhalt A, die die Koordinatenachsen berühren aber nicht schneiden darf, rotiere um die x- oder y-Achse, so dass Rotationskörper vom Volumen V_x bzw. V_y entstehen (Abb. 5.31, links). Für diese sind:

$$dV_x = 2\pi y\,dA \quad \rightarrow V_x = \int dV_x = 2\pi \int_{(A)} y\,dA,$$

$$dV_y = 2\pi x\,dA \quad \rightarrow V_y = \int dV_y = 2\pi \int_{(A)} x\,dA.$$

Beachten wir $\int_{(A)} y\,dA = A\,y_S$ und $\int_{(A)} x\,dA = A\,x_S$, dann folgt die erste Guldinsche Regel

$$V_x = 2\pi A y_S, \qquad V_y = 2\pi A x_S,$$

oder aufgelöst nach den Koordinaten des Flächenmittelpunktes

$$x_S = \frac{V_y}{2\pi A}, \qquad y_S = \frac{V_x}{2\pi A}.$$

Als Beispiel berechnen wir mit der ersten Guldinschen Regel die Koordinate y_S des Flächenmittelpunktes einer Halbkreisfläche (Abb. 5.32, links). Bei deren Rotation um die x-Achse entsteht eine Kugel mit dem Volumen $V_x = 4a^3\pi/3$.

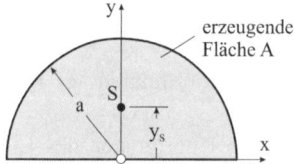 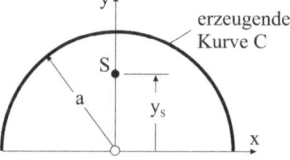

Abb. 5.32 *Guldinsche Regeln, Beispiele*

5.4 Schwerpunkt und Mittelpunkt einer Kurve

Damit kann sofort $y_S = \dfrac{V_x}{2\pi A} = \dfrac{4a}{3\pi}$ notiert werden. Aufgrund der vorliegenden Symmetrie ist $x_S = 0$. Die zweite Guldinsche Regel ermöglicht die Berechnung der Oberfläche eines Rotationskörpers. Rotiert eine ebene geschlossene oder auch offene Kurve C der Länge L um die x- oder y-Achse, die die Koordinatenachsen berühren aber nicht schneiden darf, so entstehen Mantelflächen O_x oder O_y (Abb. 5.31, rechts). Für diese sind

$$dO_x = 2\pi y\, ds \quad \rightarrow O_x = \int dO_x = 2\pi \int_{(C)} y\, ds,$$

$$dO_y = 2\pi x\, ds \quad \rightarrow O_y = \int dO_y = 2\pi \int_{(C)} x\, ds.$$

Beachten wir $\int_{(C)} y\, ds = L y_S$ und $\int_{(C)} x\, ds = L x_S$, dann folgt die zweite Guldinsche Regel

$$O_x = 2\pi L y_S, \qquad O_y = 2\pi L x_S,$$

und aufgelöst nach den Koordinaten des Linienmittelpunktes

$$x_s = \dfrac{O_y}{2\pi L}, \qquad y_s = \dfrac{O_x}{2\pi L}.$$

Soll beispielsweise der Linienmittelpunkt eines Halbkreisbogens (Abb. 5.32, rechts) berechnet werden, dann gehen wir wie folgt vor: Bei Rotation des Halbkreisbogens um die x-Achse entsteht eine Kugel mit der Oberfläche $O_x = 4\pi a^2$. Die Länge des Halbkreisbogens beträgt $L = a\pi$. Damit folgt direkt $y_S = \dfrac{O_x}{2\pi L} = \dfrac{2a}{\pi}$. Aus Symmetriegründen ist $x_S = 0$.

Beispiel 5-19:

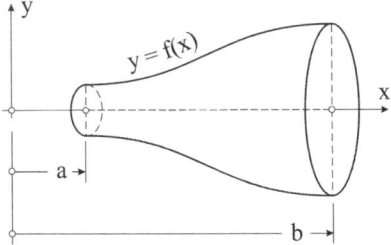

Abb. 5.33 Volumen und Mantelfläche eines Rotationskörpers

Durch Rotation einer Kurve $y = f(x)$ um die x-Achse entsteht ein Rotationskörper (Abb. 5.33). Dabei ist auszuschließen, dass f(x) negativ wird. Es soll eine Maple-Prozedur zur Verfügung gestellt werden, die das Volumen und die Mantelfläche des Rotationskörpers ermittelt. Ferner soll der Rotationsvorgang durch eine Animationsprozedur grafisch dargestellt werden.

Lösungshinweise:

Es gelten folgende Beziehungen für das Volumen V und die Mantelfläche O_x:

$$dV = \pi [f(x)]^2 dx \to V = \pi \int_{x=a}^{b} [f(x)]^2 dx, \quad dO_x = 2\pi f(x)\, ds \to O_x = 2\pi \int_{x=a}^{b} f(x)\sqrt{1+[f'(x)]^2}\, dx.$$

Wenden Sie die bereitgestellten Prozeduren auf folgende Funktionen an:

1. Gerader Kreiskegel: $f_1(x) = 1 + 0,5\dfrac{x-a}{b-a}$ ($a \le x \le b$)

2. Polynom: $f_2(x) = -\dfrac{1}{8}x^4 + \dfrac{19}{12}x^3 - 7x^2 + \dfrac{295}{24}x - \dfrac{23}{4}$ ($a \le x \le b$)

3. Kugel: $f_3(x) = \sqrt{1-x^2}$ ($-1 \le x \le 1$)

4. Unstetige Funktion: $f_4(x) = \begin{cases} 0,2x & x \le 2 \\ 0,1 & x \le 5 \end{cases}$

5.5 Flächenmomente zweiten Grades

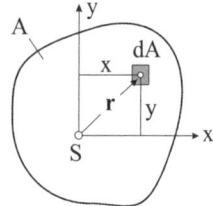

Abb. 5.34   *Fläche A mit Zentralachsensystem (ZAS)*

Wir betrachten die in Abb. 5.34 skizzierte ebene Fläche mit dem Flächeninhalt A. Der Ursprung des (x,y)-Koordinatensystems ist der Flächenmittelpunkt S. Es liegt also ein Zentralachsensystem (ZAS) vor, für das definitionsgemäß die statischen Momente verschwinden:

$$S_x = \int_{(A)} y\, dA = 0, \qquad S_y = \int_{(A)} x\, dA = 0.$$

5.5 Flächenmomente zweiten Grades

Für diesen Querschnitt definieren wir:

$$I_{xx} = \int_{(A)} y^2 \, dA, \quad I_{yy} = \int_{(A)} x^2 \, dA \ .$$

I_{xx} heißt Eigenflächenträgheitsmoment bezogen auf die x-Achse,

I_{yy} heißt Eigenflächenträgheitsmoment bezogen auf die y-Achse.

Beide Flächenträgheitsmomente[1], die auch axiale Flächenträgheitsmomente genannt werden, sind immer positiv. Das Eigenflächendeviationsmoment[2]

$$I_{xy} = -\int_{(A)} xy \, dA = I_{yx}$$

kann dagegen positiv, negativ oder auch null sein. Es verschwindet beispielsweise immer dann, wenn wenigstens eine der beiden Zentralachsen Symmetrieachse ist. Das Eigenflächendeviationsmoment wird auch Zentrifugalmoment genannt.

Hinweis: Das Minuszeichen beim Deviationsmoment wird erforderlich, um die allgemeinen Transformationsgesetze für Tensoren und sicherzustellen.

Im Zusammenhang mit Aufgaben der Torsionstheorie tritt noch das Moment

$$I_p = \int_{(A)} r^2 \, dA = \int_{(A)} (x^2 + y^2) \, dA = I_{yy} + I_{xx}$$

auf, das als polares Eigenflächenträgheitsmoment bezeichnet wird. Es kann durch die Eigenflächenträgheitsmomente I_{yy} und I_{xx} ausgedrückt werden. Das polare Eigenflächenträgheitsmoment ist stets positiv.

Sämtliche Flächenmomente haben die Dimension

$$[I] = \text{Länge}^4, \quad \text{Einheit: } m^4.$$

Die Größen I_{xx}, I_{yy} und I_{xy} entsprechen den Koordinaten eines symmetrischen Tensors zweiter Stufe, der Flächenträgheitsmomententensor genannt wird

$$\begin{aligned}
\mathbf{I} &= \int_{(A)} \mathbf{r} \otimes \mathbf{r} \, dA = \int_{(A)} (x\mathbf{e}_x + y\mathbf{e}_y) \otimes (x\mathbf{e}_x + y\mathbf{e}_y) \, dA \\
&= \int_{(A)} x^2 \, dA \, \mathbf{e}_x \otimes \mathbf{e}_x + \int_{(A)} y^2 \, dA \, \mathbf{e}_y \otimes \mathbf{e}_y + \int_{(A)} xy \, dA \, (\mathbf{e}_x \otimes \mathbf{e}_y + \mathbf{e}_y \otimes \mathbf{e}_x) \\
&= I_{yy} \mathbf{e}_x \otimes \mathbf{e}_x + I_{xx} \mathbf{e}_y \otimes \mathbf{e}_y - I_{xy} (\mathbf{e}_x \otimes \mathbf{e}_y + \mathbf{e}_y \otimes \mathbf{e}_x)
\end{aligned}$$

Seine Matrixdarstellung ist

---

[1] Die Bezeichnung *Flächenträgheitsmoment* hat historischen Charakter und geht auf Leonhard Euler zurück

[2] zu lat. deviare ›abweichen‹

$$\mathbf{I} = \begin{bmatrix} \int_{(A)} x^2 \, dA & \int_{(A)} xy \, dA \\ \int_{(A)} xy \, dA & \int_{(A)} y^2 \, dA \end{bmatrix} = \begin{bmatrix} I_{yy} & -I_{xy} \\ -I_{xy} & I_{zz} \end{bmatrix}.$$

Hinweis: Die im obigen Ausdruck auftretenden linearen Dyaden sind nicht weiter zerlegbar. Die Komponentenmatrix des dyadischen Produkts $\mathbf{a} \otimes \mathbf{b}$ ergibt sich als Matrixprodukt des Spaltenvektors $\mathbf{a}$ mit dem Zeilenvektor $\mathbf{b}$ als (2×2)-Matrix zu

$$\mathbf{a} \otimes \mathbf{b} = \begin{array}{c|cc} & b_y & b_z \\ \hline a_y & a_y b_y & a_y b_z \\ a_z & a_z b_y & a_z b_z \end{array} = \mathbf{a}\mathbf{b}^T.$$

In Verbindung mit den Eigenträgheitsmomenten definieren wir noch die stets positiven Eigenträgheitsradien

$$i_x = \sqrt{\frac{I_{xx}}{A}}, \qquad i_y = \sqrt{\frac{I_{yy}}{A}} \qquad i_p = \sqrt{\frac{I_p}{A}}.$$

$[i]$ = Länge , Einheit: m

Sind die Eigenträgheitsradien bekannt, dann sind

$$I_{xx} = i_x^2 A, \qquad I_{yy} = i_y^2 A, \qquad I_p = i_p^2 A.$$

Beispiel 5-20:

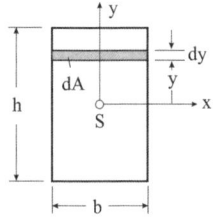

Abb. 5.35 *Rechteckquerschnitt, Breite b und Höhe h*

Gesucht werden die Eigenflächenträgheitsmomente, das Eigendeviationsmoment, das polare Eigenflächenträgheitsmoment und sämtliche Trägheitsradien für den Rechteckquerschnitt.

Mit $dA = b\,dz$ erhalten wir $I_{xx} = \int_{(A)} y^2 \, dA = \int_{-h/2}^{h/2} y^2 b \, dz = \frac{1}{12} bh^3$. Durch Vertauschen von b

und h folgt sofort $I_{yy} = \frac{1}{12}hb^3$. Da die x- und auch die y-Achse Symmetrieachsen darstellen, verschwindet mit $I_{xy} = 0$ das Eigendeviationsmoment. Die Trägheitsradien sind

$$i_x = \sqrt{\frac{I_{xx}}{A}} = \sqrt{\frac{bh^3}{12bh}} = \frac{\sqrt{3}}{6}h, \quad i_y = \frac{\sqrt{3}}{6}b.$$

Für das polare Flächenträgheitsmoment und den zugehörigen Trägheitsradius errechnen wir

$$I_p = \frac{1}{12}bh(b^2+h^2), \quad i_p = \sqrt{\frac{I_p}{A}} = \sqrt{\frac{bh(b^2+h^2)}{12bh}} = \frac{\sqrt{3}}{6}\sqrt{b^2+h^2}.$$

Beispiel 5-21:

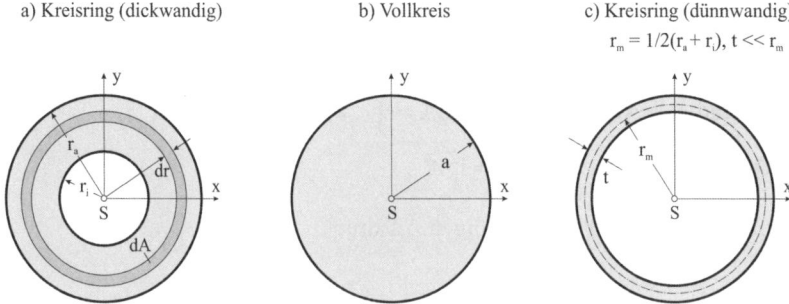

Abb. 5.36 Kreisringquerschnitt, Sonderfälle

Gesucht werden für den Kreisringquerschnitte sämtliche Eigenflächenträgheitsmomente und Trägheitsradien. Untersuchen Sie die in Abb. 5.36 skizzierten Sonderfälle b) Vollkreis und c) dünnwandiger Kreisringquerschnitt.

Lösungshinweise: Das Flächenelement in ebenen Polarkoordinaten lautet $dA = 2\pi r\, dr$ und aufgrund der Totalsymmetrie sind in allen Fällen $I_{xy} = 0$, $I_{xx} = I_{yy} = 1/2\, I_p$.

5.5.1 Transformationsgesetze für Flächenmomente zweiten Grades

Die Flächenmomente zweiten Grades lassen sich auch auf solche Koordinatensysteme beziehen, die nicht ihren Ursprung im Flächenmittelpunkt S haben, oder die gegenüber dem Ur-

Parallelverschiebung des Koordinatensystems

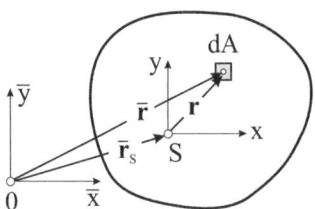

Abb. 5.37 Parallelverschiebung des Koordinatensystems

Führen wir eine Parallelverschiebung des Zentralachsensystems mit $\bar{\mathbf{r}} = \bar{\mathbf{r}}_S + \mathbf{r}$ in das $(\bar{x}, \bar{y})$-Koordinatensystem durch (Abb. 5.37), dann erhalten wir unter Beachtung von $\int_{(A)} \mathbf{r}\, dA = \mathbf{0}$:

$$\bar{\mathbf{I}} = \int_{(A)} (\bar{\mathbf{r}} \otimes \bar{\mathbf{r}})\, dA = \int_{(A)} (\bar{\mathbf{r}}_S + \mathbf{r}) \otimes (\bar{\mathbf{r}}_S + \mathbf{r})\, dA = \int_{(A)} \mathbf{r} \otimes \mathbf{r}\, dA + A\, \bar{\mathbf{r}}_S \otimes \bar{\mathbf{r}}_S$$
$$= \mathbf{I} + A\, \bar{\mathbf{r}}_S \otimes \bar{\mathbf{r}}_S.$$

In Matrizenschreibweise erhalten wir für den obigen Ausdruck

$$\bar{\mathbf{I}} = \begin{bmatrix} \int_{(A)} x^2\, dA + A\,\bar{x}_S^2 & \int_{(A)} xy\, dA + A\,\bar{x}_S\bar{y}_S \\ \int_{(A)} xy\, dA + A\,\bar{x}_S\bar{y}_S & \int_{(A)} y^2\, dA + A\,\bar{y}_S^2 \end{bmatrix} = \begin{bmatrix} I_{yy} + A\,\bar{x}_S^2 & -I_{xy} + A\,\bar{x}_S\bar{y}_S \\ -I_{xy} + A\,\bar{x}_S\bar{y}_S & I_{xx} + A\,\bar{y}_S^2 \end{bmatrix} = \begin{bmatrix} I_{\bar{y}\bar{y}} & -I_{\bar{x}\bar{y}} \\ -I_{\bar{x}\bar{y}} & I_{\bar{x}\bar{x}} \end{bmatrix},$$

mit den Komponenten

$$I_{\bar{x}\bar{x}} = I_{xx} + A\,\bar{y}_S^2, \quad I_{\bar{y}\bar{y}} = I_{yy} + A\,\bar{x}_S^2, \quad I_{\bar{x}\bar{y}} = I_{xy} - A\,\bar{x}_S\bar{y}_S = I_{\bar{y}\bar{x}}.$$

Besteht eine Fläche mit dem Flächeninhalt A aus Teilflächen A_i ($i = 1\ldots n$), deren Querschnittswerte bekannt sind, dann gilt:

$$I_{\bar{x}\bar{x}} = \sum_{i=1}^{n}(I_{xx,i} + A_i\,\bar{y}_{S,i}^2), \quad I_{\bar{y}\bar{y}} = \sum_{i=1}^{n}(I_{yy,i} + A_i\,\bar{x}_{S,i}^2), \quad I_{\bar{x}\bar{y}} = \sum_{i=1}^{n}(I_{xy,i} - A_i\,\bar{x}_{S,i}\,\bar{y}_{S,i}).$$

---

[1] Jakob Steiner, schweizer. Mathematiker, 1796–1863

5.5 Flächenmomente zweiten Grades

Beispiel 5-22:

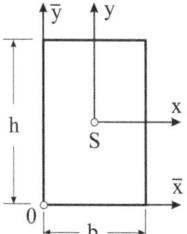

Abb. 5.38 Rechteckquerschnitt, Parallelverschiebung des Koordinatensystems

Für den skizzierten Rechteckquerschnitt in Abb. 5.38 sind die Flächenträgheitsmomente und das Deviationsmoment bezogen auf das ($\overline{x},\overline{y}$)-Achsensystem zu ermitteln.

$$I_{\overline{xx}} = \frac{1}{12}bh^3 + bh\left(\frac{h}{2}\right)^2 = \frac{1}{3}bh^3, \quad I_{\overline{yy}} = \frac{1}{12}hb^3 + bh\left(\frac{b}{2}\right)^2 = \frac{1}{3}hb^3, \quad I_{\overline{xy}} = 0 - bh\left(\frac{h}{2}\right)\left(\frac{b}{2}\right) = -\frac{1}{4}b^2h^2.$$

Beispiel 5-23:

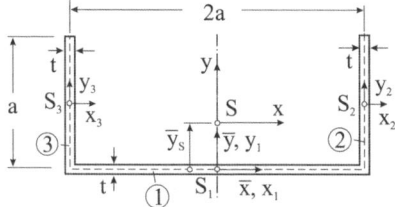

Abb. 5.39 U-Profil

Für das U-Profil (Breite 2a, Höhe a) in Abb. 5.39 sind die Eigenflächenträgheitsmomente I_{xx} und I_{yy} zu ermitteln.

<u>Lösung</u>: Der Querschnitt besteht aus drei dünnen Rechteckquerschnitten ($t \ll a$), deren Eigendeviationsmomente in den gewählten Zentralachsensystemen verschwinden. Mit der y-Achse als Symmetrieachse verschwindet auch das Eigendeviationsmoment I_{xy}.

1. Lage des Flächenmittelpunktes:

$$A = 4at, \quad S_{\overline{x}} = 2at\frac{a}{2} = a^2t, \quad \overline{y}_S = \frac{1}{A}S_{\overline{x}} = \frac{a}{4}, \quad \overline{x}_S = 0 \text{ (Symmetrie)}$$

2. Flächenträgheitsmomente bezogen auf die Achsen $\bar{x},\bar{y}$

$$I_{\bar{xx}} = \frac{2at^3}{12} + 2\left[\frac{ta^3}{12} + ta\left(\frac{a}{2}\right)^2\right] = \frac{ta^3}{6}(4+\tau^2) \approx \frac{2ta^3}{3}, \qquad (\tau = t/a \ll 1)$$

$$I_{\bar{yy}} = \frac{1}{12}t(2a)^3 + 2\left[\frac{at^3}{12} + ta \cdot a^2\right] = \frac{ta^3}{6}(16+\tau^2) \approx \frac{8ta^3}{3}$$

3. Eigenflächenträgheitsmomente

$$I_{xx} = I_{\bar{xx}} - A\bar{y}_S^2 = \frac{2}{3}ta^3 - 4at\left(\frac{a}{4}\right)^2 = \frac{5}{12}ta^3, \quad I_{yy} = I_{\bar{yy}} - A\bar{x}_S^2 = I_{\bar{yy}} = \frac{8ta^3}{3}.$$

Beispiel 5-24:

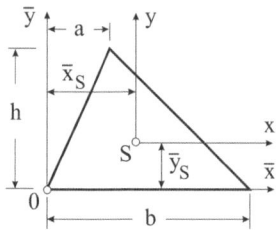

Abb. 5.40 Dreieckquerschnitt, Parallelverschiebung des Koordinatensystems

Für den in Abb. 5.40 skizzierten Dreieckquerschnitt sind die Koordinaten des Flächenmittelpunktes $\bar{x}_S, \bar{y}_S$, die axialen Flächenträgheitsmomente $I_{\bar{xx}}$, $I_{\bar{yy}}$, das Deviationsmoment $I_{\bar{xy}}$ und die Eigenflächenträgheitsmomente I_{xx}, I_{yy} sowie das Eigendeviationsmoment I_{xy} zu berechnen.

Lösung:

Der Flächeninhalt des Dreiecks ist $A = bh/2$. Mit $dA = b(\bar{y})d\bar{y} = b(1-\bar{y}/h)d\bar{y}$ folgen zunächst das statische Moment $S_{\bar{x}}$ und die $\bar{y}$-Koordinate des Flächenmittelpunktes zu:

$$S_{\bar{x}} = \int_{(A)} \bar{y}\, dA = b\int_{\bar{y}=0}^{h} \bar{y}(1-\bar{y}/h)d\bar{y} = \frac{bh^2}{6} \quad \rightarrow \bar{y}_S = \frac{S_{\bar{x}}}{A} = \frac{h}{3}.$$

5.5 Flächenmomente zweiten Grades

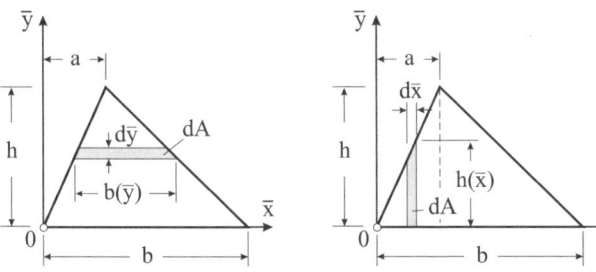

Abb. 5.41 *Flächenelemente dA*

Da die Höhe $h(\overline{x})$ im Definitionsbereich von $\overline{x}$ nicht stetig differenzierbar ist, sind zur Berechnung von $S_{\overline{y}}$ zwei Bereiche zu betrachten.

Bereich I $(0 \leq \overline{x} \leq a)$: $\quad h_1(\overline{x}) = \dfrac{h}{a}\overline{x}$, $\qquad dA_1 = h_1(\overline{x})d\overline{x} = \dfrac{h}{a}\overline{x}\,d\overline{x}$,

Bereich II $(a \leq \overline{x} \leq b)$: $\quad h_2(\overline{x}) = \dfrac{h}{b-a}(b-\overline{x})$, $\qquad dA_2 = h_2(\overline{x})d\overline{x} = \dfrac{h}{b-a}(b-\overline{x})d\overline{x}$.

Damit folgen

$$S_{\overline{y}} = \int_{(A_1)} \overline{x}\,dA_1 + \int_{(A_2)} \overline{x}\,dA_2 = \frac{h}{a}\int_{\overline{x}=0}^{a}\overline{x}^2\,d\overline{x} + \frac{h}{b-a}\int_{\overline{x}=a}^{b}\overline{x}(b-\overline{x})\,d\overline{x}$$

$$= \frac{ha^2}{3} + \frac{h}{6}(b^2 + ba - 2a^2) = \frac{hb}{6}(a+b) \rightarrow \overline{x}_S = \frac{S_{\overline{y}}}{A} = \frac{1}{3}(a+b).$$

Flächenträgheitsmomente:

$$I_{\overline{xx}} = \int_{(A)} \overline{y}^2\,dA = \int_{\overline{y}=0}^{h} \overline{y}^2 b(\overline{y})\,d\overline{y} = \frac{bh^3}{12},$$

$$I_{\overline{yy}} = \int_{(A)} \overline{x}^2\,dA = \int_{\overline{x}=0}^{a} \overline{x}^2 h_1(\overline{x})\,d\overline{x} + \int_{\overline{x}=a}^{b} \overline{x}^2 h_2(\overline{x})\,d\overline{x} = \frac{bh}{12}(a^2 + ba + b^2).$$

Zur Berechnung des Deviationsmomentes $I_{\overline{xy}}$ muss das Doppelintegral ausgewertet werden.

$$I_{\overline{xy}} = -\int_{\overline{x}=0}^{a}\left[\int_{\overline{y}=0}^{h_1(\overline{x})}\overline{x}\,\overline{y}\,d\overline{y}\right]d\overline{x} - \int_{\overline{x}=a}^{b}\left[\int_{\overline{y}=0}^{h_2(\overline{x})}\overline{x}\,\overline{y}\,d\overline{y}\right]d\overline{x} = -\frac{bh^2}{24}(2a+b).$$

Die Transformation auf Zentralachsen (x,y) liefert:

$$I_{xx} = I_{\overline{xx}} - A\,\overline{y}_S^2 = \frac{bh^3}{36},\ I_{yy} = I_{\overline{yy}} - A\,\overline{x}_S^2 = \frac{bh}{36}(a^2 - ab + b^2),\ I_{xy} = I_{\overline{xy}} + A\,\overline{x}_S\overline{y}_S = \frac{bh^2}{72}(b - 2a).$$

Sonderfälle:

    1.) a = 0   2.) a = b/2   3.) a = b

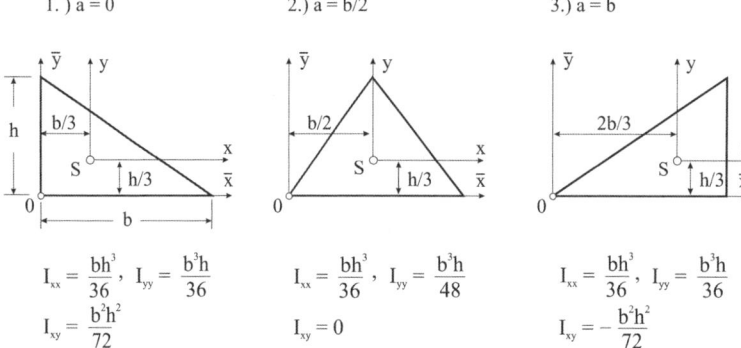

$I_{xx} = \dfrac{bh^3}{36},\ I_{yy} = \dfrac{b^3h}{36}$ $I_{xx} = \dfrac{bh^3}{36},\ I_{yy} = \dfrac{b^3h}{48}$ $I_{xx} = \dfrac{bh^3}{36},\ I_{yy} = \dfrac{b^3h}{36}$

$I_{xy} = \dfrac{b^2h^2}{72}$ $I_{xy} = 0$ $I_{xy} = -\dfrac{b^2h^2}{72}$

Drehung des Koordinatensystems

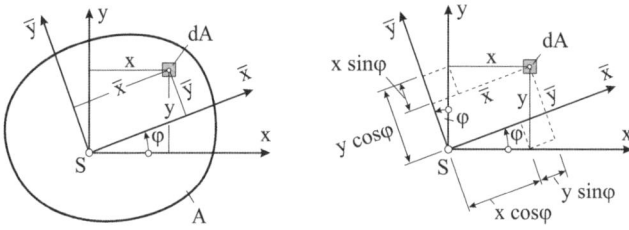

Abb. 5.42 *Drehung des Koordinatensystems um den Winkel φ*

Sind die Koordinaten des Flächenträgheitsmomententensors **I** bezüglich des (y,z)-Koordinatensystems bekannt, und möchte man dessen Koordinaten in dem um den Winkel φ gedrehten ($\overline{y},\overline{z}$)-Koordinatensystems berechnen, so gilt unter Beachtung von

$$\overline{x} = x\cos\varphi + y\sin\varphi,\quad \overline{y} = -x\sin\varphi + y\cos\varphi$$

für die Flächenträgheitsmomente

$$I_{\overline{xx}} = \int_{(A)} \overline{y}^2\,dA = \int_{(A)} (-x\sin\varphi + y\cos\varphi)^2\,dA$$

$$= \sin^2\varphi \int_{(A)} x^2\,dA - 2\sin\varphi\cos\varphi \int_{(A)} xy\,dA + \cos^2\varphi \int_{(A)} y^2\,dA$$

$$= I_{yy}\sin^2\varphi + I_{xx}\cos^2\varphi + 2I_{xy}\sin\varphi\cos\varphi$$

5.5 Flächenmomente zweiten Grades

$$I_{\overline{yy}} = \int_{(A)} \overline{x}^2 \, dA = \int_{(A)} (x\cos\varphi + y\sin\varphi)^2 \, dA$$

$$= \cos^2\varphi \int_{(A)} x^2 \, dA + 2\sin\varphi\cos\varphi \int_{(A)} xy \, dA + \sin^2\varphi \int_{(A)} y^2 \, dA$$

$$= I_{yy}\cos^2\varphi + I_{xx}\sin^2\varphi - 2I_{xy}\sin\varphi\cos\varphi$$

und das Deviationsmoment

$$I_{\overline{xy}} = -\int_{(A)} \overline{x}\,\overline{y}\, dA = -\int_{(A)} (x\cos\varphi + y\sin\varphi)(-x\sin\varphi + y\cos\varphi)\, dA$$

$$= \sin\varphi\cos\varphi \int_{(A)} x^2 dA - \cos^2\varphi \int_{(A)} xy\, dA + \sin^2\varphi \int_{(A)} xy\, dA - \sin\varphi\cos\varphi \int_{(A)} y^2 \, dA$$

$$= -(I_{xx} - I_{yy})\sin\varphi\,\cos\varphi + I_{xy}(\cos^2\varphi - \sin^2\varphi).$$

Mit den trigonometrischen Beziehungen

$$2\sin^2\varphi = 1 - \cos 2\varphi, \quad 2\cos^2\varphi = 1 + \cos 2\varphi, \quad 2\sin\varphi\cos\varphi = \sin 2\varphi$$

gehen die obigen Gleichungen über in

$$I_{\overline{xx}} = \frac{1}{2}(I_{xx} + I_{yy}) + \frac{1}{2}(I_{xx} - I_{yy})\cos 2\varphi + I_{xy}\sin 2\varphi$$

$$I_{\overline{yy}} = \frac{1}{2}(I_{yy} + I_{zz}) - \frac{1}{2}(I_{xx} - I_{yy})\cos 2\varphi - I_{xy}\sin 2\varphi$$

$$I_{\overline{xy}} = -\frac{1}{2}(I_{xx} - I_{yy})\sin 2\varphi + I_{xy}\cos 2\varphi$$

denen die beiden vom Drehwinkel φ unabhängigen (invarianten) Beziehungen

$$I_{\overline{xx}} + I_{\overline{yy}} = I_{xx} + I_{yy}, \quad I_{\overline{xx}} I_{\overline{yy}} - I_{\overline{xy}}^2 = I_{xx} I_{yy} - I_{xy}^2,$$

entnommen werden können, und die als Invariante des Flächenträgheitsmomententensors bezeichnet werden. Der ersten Invariante entspricht die Summe der Hauptdiagonalelemente (Spur, engl. *trace*) des Flächenträgheitsmomententensors, und die zweite Invariante ist dessen Determinante.

Bei einer Drehung um den Winkel $\varphi = \pi$ ändert sich nichts am Ergebnis. Drehen wir um den Winkel $\varphi = \pi/2$, dann sind $I_{\overline{xx}} = I_{yy}$, $I_{\overline{yy}} = I_{xx}$, $I_{\overline{xy}} = -I_{xy}$.

Beispiel 5-25:

Für den skizzierten Rechteckquerschnitt sind die Trägheitsmomente und das Deviationsmoment bezüglich des gedrehten $(\overline{x}, \overline{y})$-Koordinatensystems zu berechnen.

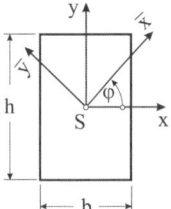

Abb. 5.43 Rechteckquerschnitt, Drehung des Koordinatensystems um den Winkel φ

<u>Lösung</u>: Mit $I_{xx} = bh^3/12$, $I_{yy} = hb^3/12$ und $I_{xy} = 0$ sind die (x,y)-Achsen Hauptzentralachsen des Querschnitts. Im gedrehten Koordinatensystem erhalten wir:

$$I_{\overline{xx}} = \frac{1}{24} bh[(h^2+b^2)+(h^2-b^2)\cos 2\varphi], \quad I_{\overline{yy}} = \frac{1}{24} bh[(h^2+b^2)-(h^2-b^2)\cos 2\varphi],$$

$$I_{\overline{xy}} = -\frac{1}{24} bh(h^2-b^2)\sin 2\varphi.$$

Insbesondere gilt für einen quadratischen Querschnitt mit $h = b$: $I_{\overline{xy}} = 0$, und für die Flächenträgheitsmomente errechnen wir $I_{\overline{xx}} = I_{\overline{yy}} = h^4/12$. Unabhängig vom Drehwinkel φ verschwindet demnach beim Quadrat das Flächendeviationsmoment, womit bei dieser Querschnittsform jedes gedrehte orthogonale Koordinatensystem ein Hauptzentralachsensystem darstellt.

Im Stahlleichtbau treten häufig dünnwandige Rechteckquerschnitte auf, deren Breite *b* klein ist im Vergleich zu Höhe *h*. Für diese Querschnitte gilt näherungsweise:

$$I_{\overline{xx}} = \frac{1}{12} bh^3 \cos^2\varphi, \quad I_{\overline{yy}} = \frac{1}{12} bh^3 \sin^2\varphi, \quad I_{\overline{xy}} = -\frac{1}{12} bh^3 \sin\varphi \cos\varphi \qquad (b/h \ll 1).$$

5.5.2 Hauptflächenträgheitsmomente

Fassen wir die Transformationsgleichungen für die Drehung des Koordinatensystems als Funktionen des Drehwinkels φ auf, so lässt sich die Frage stellen, unter welchem Winkel das Flächendeviationsmoment $I_{\overline{xy}}$ verschwindet. Das ist der Fall für

$$I_{\overline{xy}} = 0 = -\frac{1}{2}(I_{xx}-I_{yy})\sin 2\varphi + I_{xy}\cos 2\varphi \qquad \rightarrow \tan 2\varphi = \frac{2I_{xy}}{I_{xx}-I_{yy}}$$

Für diesen Drehwinkel nehmen die Flächenträgheitsmomente Extremwerte an, denn notwendige Bedingung für das Vorliegen eines Extremwertes ist das Verschwinden der 1. Ableitung

5.5 Flächenmomente zweiten Grades

1. $I_{\overline{xx}}(\varphi)$ = Extremum:

$$\frac{dI_{\overline{xx}}}{d\varphi} = 0 = -(I_{xx} - I_{yy})\sin 2\varphi + 2I_{xy}\cos 2\varphi = 2I_{\overline{xy}} \quad \rightarrow \quad \tan 2\varphi = \frac{2I_{xy}}{I_{xx} - I_{yy}}$$

2. $I_{\overline{yy}}(\varphi)$ = Extremum:

$$\frac{dI_{\overline{yy}}}{d\varphi} = 0 = (I_{xx} - I_{yy})\sin 2\varphi - 2I_{xy}\cos 2\varphi = -2I_{\overline{xy}} \quad \rightarrow \quad \tan 2\varphi = \frac{2I_{xy}}{I_{xx} - I_{yy}}$$

Das auf die gedrehten Achsen mit dem Winkel $\tan 2\varphi = \dfrac{2I_{xy}}{I_{xx} - I_{yy}}$ bezogene Flächendeviationsmoment $I_{\overline{xy}}$ ist also null, und die zugehörigen Flächenträgheitsmomente nehmen Extremwerte an. Wir beschaffen uns diese Extremwerte durch Lösung der Eigenwertaufgabe

$$(\mathbf{I} - \lambda \mathbf{1}) \cdot \mathbf{a} = \mathbf{0} \qquad \text{(1: Matrix des Einheitstensors)}.$$

oder in Matrizenschreibweise

$$\begin{bmatrix} I_{yy} - \lambda & -I_{xy} \\ -I_{xy} & I_{xx} - \lambda \end{bmatrix} \begin{bmatrix} a_x \\ a_y \end{bmatrix} = \begin{bmatrix} 0 \\ 0 \end{bmatrix}.$$

Dieses homogene lineare Gleichungssystem besitzt nur dann eine nichttriviale Lösung $\mathbf{a}$, wenn die Determinante der charakteristischen Matrix $\mathbf{I} - \lambda \mathbf{1}$ verschwindet, wenn also die Eigenwertgleichung

$$(I_{yy} - \lambda)(I_{xx} - \lambda) - I_{xy}^2 = \lambda^2 - \lambda \underbrace{(I_{yy} + I_{xx})}_{\text{Sp}(\mathbf{I})} + \underbrace{I_{yy} I_{xx} - I_{xy}^2}_{\det \mathbf{I}} = 0$$

besteht. Aufgrund der Symmetrie von $\mathbf{I}$ erhalten wir die beiden reellen Eigenwerte

$$\lambda_1 = I_{11} = \frac{1}{2}\left[I_{xx} + I_{yy} + \sqrt{(I_{xx} - I_{yy})^2 + 4I_{xy}^2}\right]$$

$$\lambda_2 = I_{22} = \frac{1}{2}\left[I_{xx} + I_{yy} - \sqrt{(I_{xx} - I_{yy})^2 + 4I_{xy}^2}\right]$$

die Hauptflächenträgheitsmomente genannt werden. I_{11} ist das größte und I_{22} das kleinste im Querschnitt aufzufindende Flächenträgheitsmoment. Zu jedem Eigenwert kann ein reeller Eigenvektor berechnet werden. Dazu setzen wir nacheinander die Eigenwerte λ_1 und λ_2 in die Eigenwertgleichung ein.

1. Eigenvektor zum Eigenwert $\lambda = \lambda_1 = I_{11}$.

$$(\mathbf{I}-\lambda_1\mathbf{1})\mathbf{a}^{(1)} = \mathbf{0} \quad \text{oder} \quad \begin{bmatrix} I_{yy}-I_{11} & -I_{xy} \\ -I_{xy} & I_{xx}-I_{11} \end{bmatrix} \begin{bmatrix} a_x^{(1)} \\ a_y^{(1)} \end{bmatrix} = \begin{bmatrix} 0 \\ 0 \end{bmatrix},$$

und ausgeschrieben lautet dieses System, dessen Gleichungen linear abhängig sind:

$$(I_{yy}-I_{11})a_x^{(1)} - I_{xy}a_y^{(1)} = 0$$
$$-I_{xy}a_x^{(1)} + (I_{xx}-I_{11})a_y^{(1)} = 0$$

Wählen wir $a_x^{(1)} = 1$, dann folgt aus der zweiten Gleichung $a_y^{(1)} = I_{xy}/(I_{xx}-I_{11})$ und damit

$$\mathbf{a}^{(1)} = \begin{bmatrix} 1 \\ I_{xy}/(I_{xx}-I_{11}) \end{bmatrix}.$$

2. Eigenvektor zum Eigenwert $\lambda = \lambda_2 = I_{22}$.

In gleicher Weise erhalten wir den Eigenvektor zum 2. Eigenwert

$$\mathbf{a}^{(2)} = \begin{bmatrix} 1 \\ I_{xy}/(I_{xx}-I_{22}) \end{bmatrix}.$$

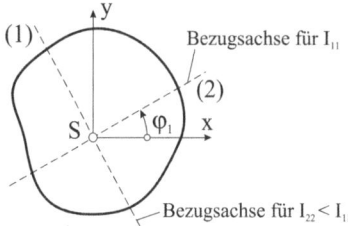

Abb. 5.44 *Winkel φ_1 zwischen der x-Achse und der Achse des größten Flächenträgheitsmomentes*

Die Eigenvektoren legen die Hauptachsrichtungen fest. Da neben $\mathbf{a}$ auch $-\mathbf{a}$ Eigenvektor ist, kann lediglich eine Richtung jedoch keine Orientierung der Hauptzentralachsen angegeben werden. Wegen $\mathbf{a}^{(1)} \cdot \mathbf{a}^{(2)} = 0$ stehen die Hauptachsrichtungen senkrecht aufeinander. Normieren wir mit $\mathbf{e}_1 = \mathbf{a}^{(1)}/|\mathbf{a}^{(1)}|$ und $\mathbf{e}_2 = \mathbf{a}^{(2)}/|\mathbf{a}^{(2)}|$ diese Eigenvektoren auf die Länge 1, dann schreibt der Flächenträgheitsmomententensor sich als Summe zweier dyadischer Produkte in der Form

$$\mathbf{I} = I_{11}\mathbf{e}_1 \otimes \mathbf{e}_1 + I_{22}\mathbf{e}_2 \otimes \mathbf{e}_2.$$

Der Eigenvektor $\mathbf{a}_2$ legt die Richtung derjenigen Achse fest, auf die sich das größte Flächenträgheitsmoment I_{11} bezieht. Den Winkel zwischen der positiven x-Achse und der Achse, auf

5.5 Flächenmomente zweiten Grades

die sich das größte Flächenträgheitsmomentes I_{11} (Abb. 5.44) bezieht, bezeichnen wir mit φ_1, und es gilt

$$\tan \varphi_1 = \frac{I_{xy}}{I_{xx} - I_{22}} = \frac{I_{xy}}{I_{11} - I_{yy}}.$$

Beispiel 5-26:

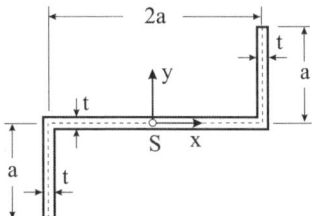 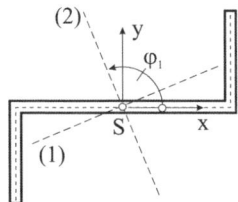

Abb. 5.45 Z-Stahl, Hauptzentralachsen (HZA)

Für den Z-Stahl in Abb. 5.45 mit der Dicke $t \ll a$ sind die Hauptflächenträgheitsmomente und die Lage der Hauptzentralachsen zu bestimmen.

Lösung: Wir führen zur Abkürzung die dimensionslose Dicke $\tau = t/a \ll 1$ ein. Damit sind

$$I_{xx} = \frac{2at^3}{12} + 2\left[\frac{ta^3}{12} + at\left(\frac{a}{2}\right)^2\right] = \frac{ta^3}{6}(4+\tau^2) \approx \frac{2}{3}ta^3,$$

$$I_{yy} = \frac{t(2a)^3}{12} + 2\left[\frac{at^3}{12} + at(a)^2\right] = \frac{ta^3}{6}(16+\tau^2) \approx \frac{8}{3}ta^3, \quad I_{xy} = -2at \cdot a\frac{a}{2} = -ta^3.$$

Eigenwerte (Hauptträgheitsmomente):

$$I_{11} = \frac{1}{2}\left[I_{xx} + I_{yy} + \sqrt{(I_{xx}-I_{yy})^2 + 4I_{xy}^2}\right] = \frac{ta^3}{3}(5+3\sqrt{2}) = 3{,}081\, ta^3$$

$$I_{22} = \frac{1}{2}\left[I_{xx} + I_{yy} - \sqrt{(I_{xx}-I_{yy})^2 + 4I_{xy}^2}\right] = \frac{ta^3}{3}(5-3\sqrt{2}) = 0{,}252\, ta^3$$

Eigenvektoren (Hauptachsrichtungen):

$$\mathbf{a}^{(1)} = \begin{bmatrix} 1 \\ I_{xy}/(I_{xx}-I_{11}) \end{bmatrix} = \begin{bmatrix} 1 \\ 1/(1+\sqrt{2}) \end{bmatrix}, \quad \mathbf{a}^{(2)} = \begin{bmatrix} 1 \\ I_{xy}/(I_{xx}-I_{22}) \end{bmatrix} = \begin{bmatrix} 1 \\ 1/(1-\sqrt{2}) \end{bmatrix}.$$

Der Winkel zwischen der x-Achse und derjenigen Achse, auf die sich das größte Flächenträgheitsmoment bezieht ist

$$\varphi_1 = \arctan\frac{I_{xy}}{I_{xx}-I_{22}} = \frac{1}{1-\sqrt{2}} = -67{,}5° \text{ oder } \varphi_1 = -67{,}5° + 180° = 112{,}5°.$$

Beispiel 5-27:

Es ist eine Maple-Prozedur zu entwerfen, die bei Vorgabe des Flächeninhaltes A, der Koordinaten des Flächenmittelpunktes $\overline{x}_S, \overline{y}_S$ sowie der Flächenmomente $I_{\overline{xx}}, I_{\overline{yy}}$ und $I_{\overline{xy}}$ (Abb. 5.37) die Flächenmomente zweiten Grades bezüglich des Zentralachsensystems berechnet und eine Hauptachsentransformation durchführt. Verifizieren Sie mit dieser Prozedur die Querschnittswerte aus Beispiel 5-24. ■

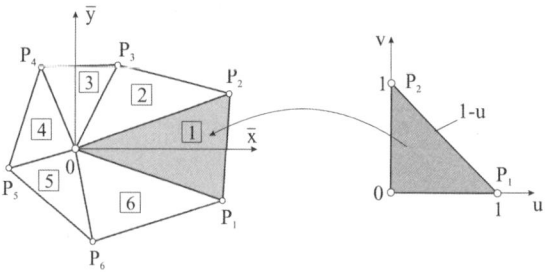

Abb. 5.46 Polygonal berandeter Querschnitt

Ist der Querschnitt polygonal berandet (Abb. 5.46), dann zerlegen wir diesen in Dreiecke, wobei eine Ecke im Ursprung des ($\overline{x},\overline{y}$)-Koordinatensystems liegt. Die Nummerierung der Eckpunkte erfolgt mathematisch positiv im Gegenuhrzeigersinn. Wir beginnen mit der Untersuchung eines einzelnen Dreiecks mit den Eckpunkten 0, P_1, P_2 und führen im Sinne von Gauß die Parameter u und v ein. Den planaren Ortsvektor $\overline{r}$ des Dreiecks stellen wir mittels der linearen Transformation $\overline{r}(u,v) = u\,\overline{r}_1 + v\,\overline{r}_2$ dar. Die Parameterpaare (0,0), (1,0) und (0,1) legen die Eckpunkte des Dreiecks in der Ebene fest, das in der (u,v)-Ebene durch $\{(u,v) \mid 0 \leq v \leq 1-u, 0 \leq u \leq 1\}$ beschrieben wird. Die Tangentenvektoren an die (u,v)-Linien sind $\overline{r}_{,u} = \overline{r}_1$ und $\overline{r}_{,v} = \overline{r}_2$. Einem Rechteck mit den Kantenlängen du und dv in der (u,v)-Ebene entspricht auf der ursprünglichen Fläche ein Parallelogramm mit dem Flächeninhalt $dA = |\overline{r}_{,u} \times \overline{r}_{,v}|\,du\,dv = |\overline{r}_1 \times \overline{r}_2|\,du\,dv = 2A\,du\,dv$. Die Auswertung der anfallenden Doppelintegrale erfolgt so, dass zunächst über v von 0 bis 1−u und anschließend über u von 0 bis 1 integriert wird. Der Ortsvektor $\overline{r}_S$ des Flächenmittelpunktes berechnet sich dann zu

$$\overline{r}_S A = \int_{(A)} \overline{r}\,dA = 2A \int_{(A)} \overline{r}\,du\,dv \,. \text{ Unter Beachtung von}$$

5.5 Flächenmomente zweiten Grades

$$\int_{(A)} \bar{r}\, du\, dv = \int_{u=0}^{1}\left[\int_{v=0}^{1-u}(u\bar{r}_1 + v\bar{r}_2)dv\right]du = (\bar{r}_1 + \bar{r}_2)/6$$

erhalten wir mit $\bar{r}_S = (\bar{r}_1 + \bar{r}_2)/3$ den Ortsvektor des Flächenmittelpunktes. Der symmetrische Flächenträgheitsmomententensor folgt aus

$$\bar{\mathbf{I}} = \int_{(A)} \bar{r}\otimes\bar{r}\,dA = \int_{(A)} (u\bar{r}_1+v\bar{r}_2)\otimes(u\bar{r}_1+v\bar{r}_2)dA\,,$$

Das Ausmultiplizieren führt auf

$$\bar{\mathbf{I}}(u,v) = \int_{(A)}[u^2\,\bar{r}_1\otimes\bar{r}_1 + uv(\bar{r}_1\otimes\bar{r}_2+\bar{r}_2\otimes\bar{r}_1)+v^2\,\bar{r}_2\otimes\bar{r}_2]dA\,.$$

Unter Beachtung von

$$\int_{(A)} u^2\,dA = 2A\int_{u=0}^{1}\left[\int_{v=0}^{1-u}u^2\,dv\right]du = \frac{1}{6}A\,,\quad \int_{(A)} v^2\,dA = 2A\int_{u=0}^{1}\left[\int_{v=0}^{1-u}v^2\,dv\right]du = \frac{1}{6}A \text{ sowie}$$

$$\int_{(A)} uv\,dA = 2A\int_{u=0}^{1}\left[\int_{v=0}^{1-u}uv\,dv\right]du = \frac{1}{12}A \text{ erhalten wir nach Zusammenfassung}$$

$$\bar{\mathbf{I}} = \frac{A}{12}[2(\bar{r}_1\otimes\bar{r}_1+\bar{r}_2\otimes\bar{r}_2)+\bar{r}_1\otimes\bar{r}_2+\bar{r}_2\otimes\bar{r}_1] = \frac{A}{24}[3(\bar{r}_1+\bar{r}_2)\otimes(\bar{r}_1+\bar{r}_2)+(\bar{r}_2-\bar{r}_1)\otimes(\bar{r}_2-\bar{r}_1)]\,.$$

Führen wir mit $\bar{s} = \bar{r}_1+\bar{r}_2$ und $\bar{d} = \bar{r}_2-\bar{r}_1$ die Summe und die Differenz der Kantenvektoren $\bar{r}_1$ und $\bar{r}_2$ ein, dann können wir kompakter

$$\bar{\mathbf{I}} = \frac{A}{24}(3\bar{s}\otimes\bar{s}+\bar{d}\otimes\bar{d})$$

schreiben. Für die aus n Dreiecken zusammengesetzte Fläche gilt dann

$$A = \sum_{i=1}^{n} A_i\,,\qquad A\bar{r}_S = \sum_{i=1}^{n}\bar{r}_{Si}A_i\,,\qquad \bar{\mathbf{I}} = \sum_{i=1}^{n}\bar{\mathbf{I}}_i\,.$$

Die Flächenträgheitsmomente bezüglich der zu den $(\bar{x},\bar{y})$-Achsen parallel liegenden (x,y)-Achsen (Abb. 5.47) erhalten wir mit $\bar{r} = \bar{r}_S + r$ zu $\mathbf{I} = \bar{\mathbf{I}} - A\bar{r}_S\otimes\bar{r}_S$, und die Lösung der Eigenwertaufgabe $(\mathbf{I}-\lambda\mathbf{1})\cdot\mathbf{a} = \mathbf{0}$ liefert uns mit den Eigenwerten und Eigenvektoren die Hauptträgheitsmomente und Hauptträgheitsachsen.

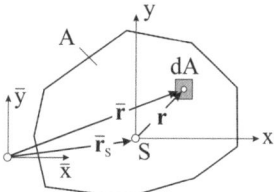

Abb. 5.47 *Polygonal berandeter Querschnitt, Transformation auf Zentralachsen*

Beispiel 5-28:

Entwerfen Sie:

1. Eine Maple-Prozedur, welche die obigen Gleichungen zur Berechnung der Flächenmomente einer ebenen polygonal berandeten Fläche auswertet.
2. Eine Maple-Prozedur, die zur optischen Kontrolle der Eingabedaten den Querschnitt mit den Knotennummern grafisch darstellt.
3. Eine Maple-Prozedur, die den Querschnitt im Zentralachsensystem mit der Lage der Hauptzentralachsen grafisch darstellt.

5.5.3 Aus Rechtecken zusammengesetzte Querschnitte

In praktischen Anwendungen, insbesondere im Stahlleichtbau, treten häufig Querschnitte auf, die sich aus Rechtecken zusammensetzen. Abb. 5.48 zeigt ein solches Rechteck der Länge ℓ und der Breite b. Der Flächeninhalt des Rechtecks ist dann $A = b\ell$. Um die Geometrie eindeutig festzulegen, benötigen wir die beiden Endvektoren $\bar{r}_1$ und $\bar{r}_2$ der Längsachse und die Breite b.

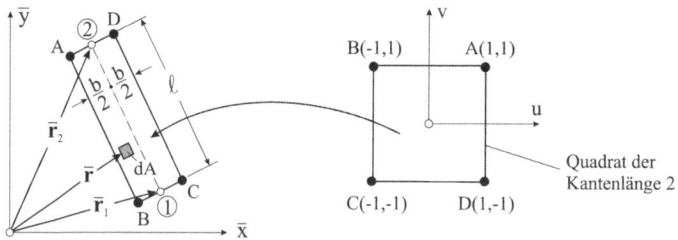

Abb. 5.48 *Rechteckquerschnitt in allgemeiner Lage und in der (u,v)-Ebene*

Mit den Gauß-Parametern u und v führen wir den Ortsvektor $\bar{r}$ des Rechtecks mittels der linearen Transformation

5.5 Flächenmomente zweiten Grades

$$\bar{r}(u,v) = \frac{1}{2}\left(\bar{s} + u\,\bar{d} + v\beta e_3 \times \bar{d}\right) \qquad (\beta = b/\ell)$$

ein. Die Vektoren $\bar{s} = \bar{r}_1 + \bar{r}_2$ und $\bar{d} = \bar{r}_2 - \bar{r}_1$ ergeben sich aus der Summe und der Differenz der Endvektoren $\bar{r}_1$ und $\bar{r}_2$. Der Vektor e_3 steht im Sinne der Rechtsschraubenregel senkrecht auf der $(\bar{x},\bar{y})$-Ebene und hat nur eine Komponente in $\bar{z}$-Richtung. Die Parameterpaare (1,1), (-1,1), (-1,-1) und (1,-1) legen die Eckpunkte des Rechtecks in der Ebene fest, das in der (u,v)-Ebene durch $\{(u,v) \mid -1 \leq v \leq 1,\ -1 \leq u \leq 1\}$ beschrieben wird. Die Tangentenvektoren an die (u,v)-Linien sind dann $\bar{r}_{,u} = \bar{d}/2$ und $\bar{r}_{,v} = \beta e_3 \times \bar{d}$. Einem Rechteck mit den Kantenlängen du und dv in der (u,v)-Ebene entspricht auf der ursprünglichen Fläche ein Rechteck mit dem Flächeninhalt $dA = |r_{,u} \times r_{,v}|\,du\,dv$, und mit

$$\bar{r}_{,u} \times \bar{r}_{,v} = \frac{\beta}{2}\bar{d} \times (e_3 \times \bar{d}) = \frac{\beta}{4}|\bar{d}|^2 e_3 = A e_3/4 \text{ folgt dann } dA = 1/4\,A\,du\,dv.$$

Die Auswertung der anfallenden Doppelintegrale erfolgt so, dass getrennt über v von -1 bis 1 und über u von -1 bis 1 integriert wird. Der Ortsvektor des Flächenmittelpunktes kann ohne Rechnung mit $\bar{r}_S = 1/2(\bar{r}_1 + \bar{r}_2) = 1/2\,\bar{s}$ sofort notiert werden. Der symmetrische Flächenträgheitsmomententensor folgt aus der Definition

$$\bar{\mathbf{I}} = \int_{(A)} \bar{r} \otimes \bar{r}\,dA = \frac{A}{16}\int_{u=-1}^{1}\int_{v=-1}^{1}\left(\bar{s} + u\bar{d} + v\beta e_3 \times \bar{d} \otimes \bar{s} + u\bar{d} + v\beta e_3 \times \bar{d}\right)dv\,du.$$

Führen wir zur Vereinfachung der Schreibweise den zu $\bar{d}$ senkrechten Vektor

$$\bar{d}_x = e_3 \times \bar{d}$$

ein, dann liefert die elementare Integration

$$\bar{\mathbf{I}} = \frac{A}{12}\left(3\bar{s} \otimes \bar{s} + \bar{d} \otimes \bar{d} + \beta^2\,\bar{d}_x \otimes \bar{d}_x\right).$$

Besteht die Fläche aus n Teilquerschnitten, dann sind

$$A = \sum_{i=1}^{n} A_i, \qquad A\bar{r}_S = \sum_{i=1}^{n} \bar{r}_{Si} A_i, \qquad \bar{\mathbf{I}} = \sum_{i=1}^{n} \bar{\mathbf{I}}_i.$$

Die Flächenträgheitsmomente bezüglich der Zentralachsen (x, y) erhalten wir zu

$$\mathbf{I} = \bar{\mathbf{I}} - A\bar{r}_S \otimes \bar{r}_S = \frac{A}{12}\left(\bar{d} \otimes \bar{d} + \underline{\beta^2\,\bar{d}_x \otimes \bar{d}_x}\right).$$

Für dünnwandige Querschnitte mit $\beta = b/\ell \ll 1$ kann in den Gleichungen für $\bar{\mathbf{I}}$ und $\mathbf{I}$ der unterstrichene Term vernachlässigt werden, womit die Eigenträgheitsmomente bezüglich der

Elementlängsachse, also der schwachen Achse, keine Berücksichtigung finden. In diesem Fall verbleiben lediglich

$$\bar{\mathbf{I}} = \frac{A}{12}\left(3\bar{\mathbf{s}} \otimes \bar{\mathbf{s}} + \bar{\mathbf{d}} \otimes \bar{\mathbf{d}}\right), \quad \mathbf{I} = \frac{A}{12}\bar{\mathbf{d}} \otimes \bar{\mathbf{d}}.$$

Zur Berechnung der Hauptträgheitsmomente und der Hauptträgheitsachsen ist wieder die Eigenwertaufgabe $(\mathbf{I} - \lambda \mathbf{1}) \cdot \mathbf{a} = \mathbf{0}$ zu lösen, was wir durch Maple erledigen lassen.

Beispiel 5-29:

Schreiben Sie:

1. Eine Maple-Prozedur, die die Knoten- und Elementdatei eines aus Rechtecken zusammengesetzten Querschnitts einliest. Verwenden Sie für die Beispielrechnungen die Datensätze *Daten_08.txt*, *Daten_09.txt* und *Daten_10.txt*.
2. Eine Maple-Prozedur, die die obigen Gleichungen zur Berechnung der Flächenmomente eines aus Rechteckprofilen bestehenden Querschnitts auswertet.
3. Eine Maple-Prozedur, die zur optischen Kontrolle der Eingabedaten den Querschnitt, die Element-Knotennummern sowie die Lage des Flächenmittelpunktes wahlweise im Ausgangskoordinatensystem oder im Zentralachsensystem grafisch darstellt.

6 Die Statik der starren Körper

Wie bereits in Kap. 1.4 definiert, kann sich ein starrer Körper, der keinerlei Formänderungen erleidet, nur translatorisch und rotatorisch bewegen. Im räumlichen Fall besitzt dieser Körper insgesamt sechs Freiheitsgrade, das sind drei Translations- und drei Rotationsfreiheitsgrade. Bei ebenen Problemen verbleiben zwei Translations- und ein Rotationsfreiheitsgrad. Der deformierbare Körper besitzt dagegen unendlich viele Freiheitsgrade.

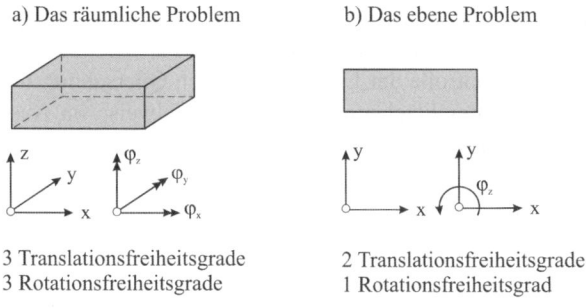

Abb. 6.1 *Freiheitsgrade eines starren Körpers im Raum und in der Ebene*

6.1 Lager

Soll ein starrer Körper in seiner Bewegung eingeschränkt werden, etwa im Sonderfall der Statik in relativer Ruhe verharren, so ist er nach Vorgabe der gewünschten Bewegungseinschränkungen an den Erdboden oder angrenzende Bauteile zu fesseln. In der Statik werden solche kinematischen Fesselungen als Lager bezeichnet. Eine baupraktische Realisierung der Lager erfolgt beispielsweise durch Fundamente, Wände, Böcke, Federn oder durch den Baugrund selbst. Neben diesen Lagern sind auch Lagerungen durch Schwimmen oder Schweben in einem Gas bzw. Magnetfeld möglich. Wir definieren:

> *Die Lagerung heißt kinematisch bestimmt, wenn sie die Lage des Körpers in eindeutiger Weise festlegt. Die Lagerung heißt kinematisch unbestimmt, wenn der Körper endliche oder auch infinitesimale Bewegungen ausführen kann.*

Durch den Einbau von Lagern in Konstruktionen werden zwischen den Bauteilen kinematische Bindungen hergestellt, die nur die Übertragung von bestimmten Kräften und Momenten zulassen. Diese Lasten werden Reaktionslasten oder Auflagerreaktionslasten oder auch nur kurz Auflagerlasten genannt. Die Berührung von Körpern ist naturgemäß immer flächenhaft. In der Berechnung von Lagerreaktionsgrößen werden die Berührungen von Körpern jedoch idealisierend als punktförmig angenommen[1] und die flächenhaft verteilten Kräfte durch Einzelkräfte ersetzt, wobei zunächst offen bleibt, wo diese Kräfte angreifen. Sind die Verformungen der Auflagerbereiche hinreichend klein, dann dürfen wir auch die Auflager näherungsweise als starre Gebilde annehmen. Wir sprechen dann von starren Auflagern.

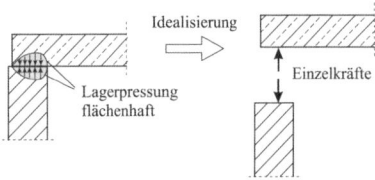

Abb. 6.2 *Idealisierung eines Lagers*

Zur Veranschaulichung von Auflagern werden in statischen Berechnungen vereinfachte Darstellungen in Form von Symbolen benutzt. Das können stilisierte Auflagersymbole oder Fesselmodelle sein. Bei den als starr angenommenen Fesselstäben wird zwischen Weg- und Drehfesseln unterschieden. Jeder Fesselstab unterbindet genau einen Freiheitsgrad. Im Fall einer Wegfessel ist das ein Verschiebungsfreiheitsgrad in Richtung der Fessel, und im Falle einer Drehfessel wird der Drehfreiheitsgrad um die Achse der Drehfessel unterbunden. Es ist üblich, die Drehachse gestrichelt darzustellen (Abb. 6.3).

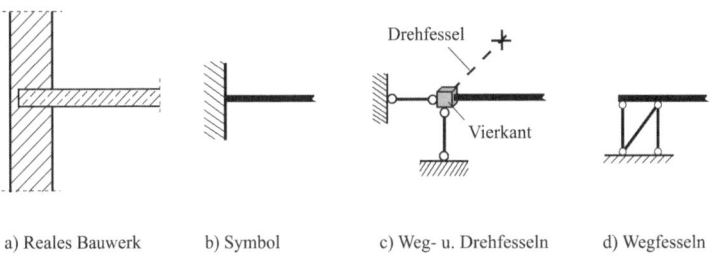

a) Reales Bauwerk   b) Symbol   c) Weg- u. Drehfesseln   d) Wegfesseln

Abb. 6.3 *Eingespannter Rand einer Decke, Möglichkeiten der symbolischen Darstellung*

Die Wertigkeit eines Lagers ist identisch mit der Anzahl der unterbundenen Freiheitsgrade. Da zum Beispiel im ebenen Fall eine Einspannung zwei Translations- und einen Rotations-

---

[1] s.h. beispielsweise DIN EN 1337, Lager im Bauwesen

6.1 Lager

freiheitsgrad unterbindet, handelt es sich hierbei um ein dreiwertiges Lager. Mittels der Lager können Kraft- und Momentenkomponenten an die angrenzenden Bauteile übertragen werden.

Die Reaktionslasten, also Kräfte und Momente, werden in Freischnittskizzen sichtbar gemacht. Dazu werden zunächst durch Anwendung des Befreiungsprinzips, das eine Sonderform des allgemeinen Schnittprinzips darstellt, die kinematischen Bindungen des Systems gelöst, indem um das gesamte Tragwerk gedanklich einen Rundschnitt gelegt wird (Abb. 6.4). Dort, wo kinematische Bindungen geschnitten werden, müssen, dem Schnittprinzip entsprechend, Spannungen bzw. deren Resultierende angebracht werden.

Abb. 6.4 *Freischnittskizze, Befreiungsprinzip*

In Abb. 6.5 sind die drei wichtigsten Lagerungsarten für ebene Probleme dargestellt. Es existieren weitere Lagerungsformen, die insbesondere auch als rechnerische Zwischenzustände in statischen Berechnungen auftreten, auf die hier nicht näher eingegangen wird. Die Stützung eines Körpers kann damit durch Angabe der *kinematischen Bindungen* oder durch die diesen kinematischen Bindungen zugeordneten *Reaktionskräfte* angegeben werden. Zwischen beiden äquivalenten Darstellungen steht lediglich das Befreiungsprinzip.

Bezeichnung	Symbol	Fesselmodell	Reaktionskräfte	Wertigkeit
Gleitlager			A_z	1
Festes Lager			A_x, A_z	2
Einspannung			M_y, A_x, A_z	3

Abb. 6.5 *Lagerformen ebener Systeme in der (x,z)-Ebene*

Bezeichnet *r* die Anzahl der kinematischen Bindungen, und damit auch die Anzahl der Reaktionskräfte, so ist die Anzahl der Freiheitsgrade eines gestützten Körpers im Raum (f_R) bzw. in der Ebene (f_E) gegeben durch

$$f_R = 6 - r, \qquad f_E = 3 - r.$$

Der Balken in Abb. 6.6 wird links durch ein Festlager (zweiwertig) und rechts durch ein Gleitlager (einwertig) gestützt, so dass mit r = 3 das ebene System f_E = 3 - 3 = 0 Freiheitsgrade besitzt.

Hinweis: Wir unterstellen beim Gleitlager in Abb. 6.6, dass die aus der Fesselung in vertikaler Richtung resultierende Reaktionskraft B_z als Zug- oder Druckkraft wirken kann. Treten in der technischen Realisierung in Lagerformen nur Fesselungen in einer Richtung auf, so sprechen wir von einseitigen Bindungen. Beispiele für einseitige Bindungen sind durch Seile abgespannte Konstruktionen oder frei auf einer Unterlage liegende Balken oder Platten, die gegen Abheben nicht gesichert sind.

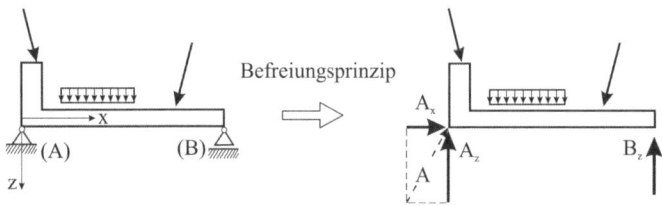

Abb. 6.6 *Gestützter Balken, links kinematische Bindungen, rechts Befreiungsprinzip*

Mit Hilfe der Gleichgewichtsbedingungen ist es möglich, an einem starren Körper bei vorgegebener Belastung 6 und in der Ebene genau 3 unbekannte Reaktionslasten zu berechnen. Wir definieren:

Ein Körper heißt statisch bestimmt gelagert, wenn sämtliche Reaktionskräfte aus Gleichgewichtsbedingungen allein berechnet werden können. Andernfalls wird von statisch unbestimmter Lagerung gesprochen.

Notwendige Bedingung zur Erfüllung des Gleichgewichts ist eine kinematisch bestimmte Lagerung. Beispiel a) in Abb. 6.7 zeigt einen kinematisch bestimmt gelagerten Körper, der auf 6 Pendelstützen gelagert ist (r = 6). Das reine Abzählkriterium liefert $f_E = 3 - r = -3$. Würden wir nacheinander die mit einem Kreuz markierten Pendelstützen entfernen, dann hätte sich am kinematischen Zustand nichts geändert. Das System verfügt damit über a = 3 abhängige kinematische Bindungen. Das Restsystem besitzt jedoch nur noch r – a Bindungen. Wir erweitern deshalb den Begriff des Freiheitsgrades auf Systeme mit abhängigen kinematischen Bindungen:

$$f_R = 6 - (r - a), \quad f_E = 3 - (r - a).$$

6.2 Berechnung von Lagerreaktionsgrößen

Für unser Beispiel folgt: $f_E = 3 - (6 - 3) = 0$. Beispiel b) in Abb. 6.7 zeigt einen kinematisch unbestimmt gelagerten Körper. Es sind endliche Bewegungen in horizontaler Richtung möglich. Systeme dieser Art sind damit kein Thema der Statik. Beispiel c) zeigt einen subtileren Lagerungsfall. Die Wirkungslinien sämtlicher Reaktionslasten schneiden sich in einem Punkt, dem Punkt D. Damit ist eine infinitesimale Drehung des Körpers um diesen Punkt möglich. Auch Systeme dieser Art sind statisch unbrauchbar.

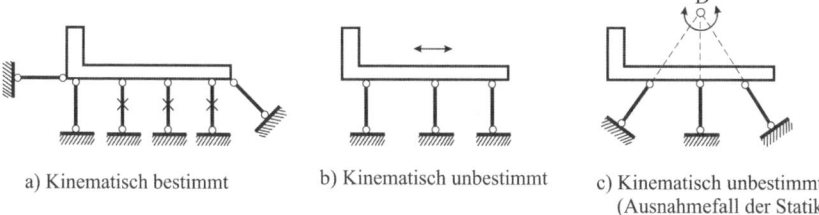

a) Kinematisch bestimmt   b) Kinematisch unbestimmt   c) Kinematisch unbestimmt (Ausnahmefall der Statik)

Abb. 6.7 Lagerungen eines Körpers in der Ebene

Kinematisch unbestimmt gelagerte Systeme können offensichtlich auch bei Vorhandensein von mehr als 6 (bzw. in der Ebene von mehr als 3) Reaktionskräften auftreten, und zwar immer dann, wenn die Lagerung des Körpers in ungeeigneter Weise vorgenommen wurde. Offensichtlich sind dann die kinematischen Bindungen nicht unabhängig voneinander. Lassen sich für ein kinematisch bestimmtes System die Auflagerreaktionslasten aus den Gleichgewichtsbedingungen nicht ermitteln, weil es weniger Gleichungen als Unbekannte gibt, dann heißt der Körper statisch unbestimmt gelagert. Die Gleichgewichtsbedingungen reichen nun allein nicht mehr aus, um alle Reaktionskräfte zu ermitteln. In diesen Fällen muss die Idealisierung des starren Körpers aufgegeben werden. Neben den Gleichgewichtsbedingungen werden weitere Gleichungen benötigt, die das Deformationsverhalten des Körpers beschreiben.

6.2 Berechnung von Lagerreaktionsgrößen

Der Berechnung der Lagerreaktionsgrößen eines gefesselten starren Körpers kommt eine besondere Bedeutung zu. Einerseits ermöglicht sie dem Konstrukteur die sichere Bemessung der Tragwerkslager, und andererseits werden die Lagerkräfte zur Dimensionierung des Tragsystems benötigt. Wir gehen wie folgt vor: Zunächst werden durch Anwendung des Befreiungsprinzips die kinematischen Bindungen des Systems gelöst. Die inneren Fesselkräfte werden so zu äußeren Kräften, die erst jetzt der Berechnung zugänglich sind. Die Richtungen der Fesselkräfte $\mathbf{S}_k = S_k \mathbf{e}_k$ (k = 1...n) werden zunächst durch die beliebig orientierten Einheitsvektoren $\mathbf{e}_k$ festgelegt (Abb. 6.8). Liefert die Rechnung für S_k einen negativen Wert, dann ist die tatsächliche Orientierung der Fesselkraft umzudrehen. Wird der Körper durch eingeprägte Kräfte $\mathbf{F}_i$ (i = 1...r) und Momente $\mathbf{M}_j$ (j = 1...s) belastet, dann erfordern die Gleichgewichtsbedingungen für das freigeschnittene Starrkörpersystem

1.) Kraftgleichgewicht:
$$\sum_{k=1}^{n} \mathbf{S}_k + \sum_{i=1}^{r} \mathbf{F}_i = \mathbf{0}$$

2.) Momentengleichgewicht:
$$\sum_{k=1}^{n} \mathbf{r}_k \times \mathbf{S}_k + \sum_{i=1}^{r} \mathbf{a}_i \times \mathbf{F}_i + \sum_{j=1}^{s} \mathbf{M}_j = \mathbf{0}$$

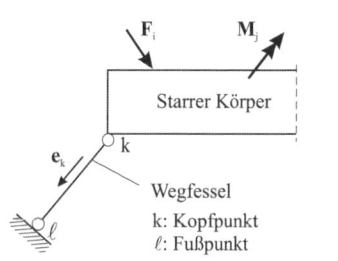
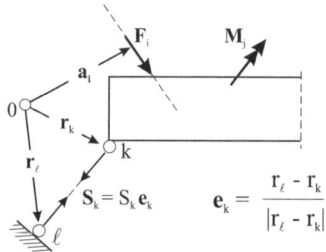

Abb. 6.8 *Der gestützte Starrkörper*

Führen wir mit $\mathbf{x} = [S_1 \ S_2 \ ... \ S_n]^T$ den Vektor der unbekannten Stabkräfte ein, dann können wir die Gleichgewichtsbedingungen auch symbolisch als inhomogene Matrizengleichung in der Form

$$\mathbf{A} \cdot \mathbf{x} = \mathbf{b}$$

schreiben. Darin sind

$$\mathbf{A} = \underbrace{\left[\begin{array}{c|c|c|c} \mathbf{e}_1 & \mathbf{e}_k & \vdots & \mathbf{e}_n \\ \hline \mathbf{r}_1 \times \mathbf{e}_1 & \mathbf{r}_k \times \mathbf{e}_k & \vdots & \mathbf{r}_n \times \mathbf{e}_n \end{array}\right]}_{(6 \times n)}, \quad \mathbf{b} = -\underbrace{\left[\begin{array}{c} \sum_{i=1}^{r} \mathbf{F}_i \\ \hline \sum_{i=1}^{r} \mathbf{a}_i \times \mathbf{F}_i + \sum_{j=1}^{s} \mathbf{M}_j \end{array}\right]}_{(6 \times 1)}.$$

Die Matrix **A** enthält nur geometrische Werte, sie wird deshalb auch Geometriematrix genannt. In den ersten drei Zeilen der *k*-ten Spalte stehen die Koordinaten des Richtungseinheitsvektors $\mathbf{e}_k$ und darunter in weiteren drei Zeilen die Koordinaten des Vektors $\mathbf{r}_k \times \mathbf{e}_k$, die Bestandteile des Momentengleichgewichts der Fesselkräfte bezüglich des Koordinatenursprungs sind. Der Lastvektor **b** enthält in den ersten drei Zeilen die negativen Koordinaten des resultierenden Kraftvektors. Darunter stehen die negativen Koordinaten des resultierenden Momentenvektors, der sich aus den Summen der auf den Ursprung des Koordinatensystems reduzierten Momente der eingeprägten Kräfte $\mathbf{F}_i$ und der eingeprägten Einzelmomente $\mathbf{M}_j$ zusammensetzt.

6.2 Berechnung von Lagerreaktionsgrößen

Aus der Theorie der linearen Gleichungssysteme ist bekannt, dass der Rang von **A** und der Rang der erweiterten Koeffizientenmatrix (**A**|**b**) das Lösungsverhalten des Gleichungssystems charakterisieren. Bezeichnet m die Anzahl der Gleichungen (räumlicher Fall: $m = 6$, ebener Fall: $m = 3$) und n die Anzahl der unbekannten Fesselstäbe, dann besitzt das lineare Gleichungssystem $\mathbf{A} \cdot \mathbf{x} = \mathbf{b}$ folgende Lösungsmenge:

Tab. 6.1 Lösungsmenge eines linearen Gleichungssystems

	$\mathbf{A} \cdot \mathbf{x} = \mathbf{b}$ m: Anzahl der Gleichungen n: Anzahl der Unbekannten	$\mathbf{A} \cdot \mathbf{x} = \mathbf{0}$ (homogenes System)
1. $\text{Rg}(\mathbf{A}|\mathbf{b}) \neq \text{Rg}(\mathbf{A})$	Das System ist unlösbar	Dieser Fall kann für $\mathbf{b} = \mathbf{0}$ nicht auftreten, womit ein homogenes System immer eine Lösung besitzt.
2. $\text{Rg}(\mathbf{A}|\mathbf{b}) = \text{Rg}(\mathbf{A}) = r$	Das System ist lösbar	
a) $r = n$	Die Lösung ist eindeutig	Mit $\det \mathbf{A} \neq 0$ ist die Matrix **A** regulär. Es gibt genau eine Lösung $\mathbf{x} = \mathbf{0}$, die triviale Lösung genannt wird.
b) $r < n$	Die Lösung ist nicht eindeutig. Es existieren unendlich viele Lösungen mit $n - r$ Parametern	Die Matrix **A** ist singulär. Es existieren unendlich viele Lösungen mit $n - r$ Parametern.

Beispiel 6-1:

Entwerfen Sie:

1. Eine Maple-Prozedur, die die obigen Gleichungen zur Berechnung der Fesselkräfte eines durch eingeprägte Einzelkräfte und Einzelmomente belasteten starren Körpers im Raum nummerisch berechnet.
2. Eine Maple-Prozedur, welche die dazu erforderlichen Systemdaten formatiert einliest.

Beispiel 6-2:

Die durch sechs Fesselstäbe gestützte starre Rechteckplatte in Abb. 6.9 mit den Abmessungen a und b wird durch die eingeprägten Kräfte $\mathbf{F}_1$, $\mathbf{F}_2$ und das eingeprägte Moment $\mathbf{M}_1$ belastet. Das Kraft $\mathbf{F}_2$ greift in Plattenmitte an und wirkt in z-Richtung. Gesucht werden die Kräfte in den Fesselstäben.

a) Kinematische Bindungen   b) Kraftzustand

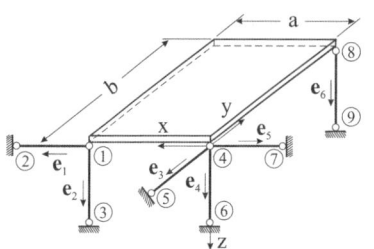 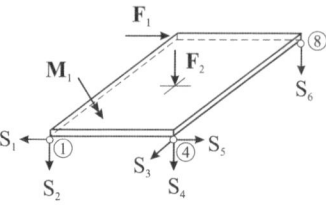

Abb. 6.9 System und Belastung einer starren Platte

<u>Lösung</u>: Der Abb. 6.9 entnehmen wir folgende Ortsvektoren $\mathbf{r}_k$ zu beliebigen Punkten auf den Wirkungslinien der Fesselkräfte $\mathbf{S}_k$:

$$\mathbf{r}_1 = \mathbf{r}_3 = \mathbf{r}_4 = \mathbf{r}_5 = \mathbf{0}, \qquad \mathbf{r}_2 = [a \ \ 0 \ \ 0]^T, \qquad \mathbf{r}_6 = [0 \ \ b \ \ 0]^T.$$

Die Stabeinheitsvektoren sind:

$$\mathbf{e}_1 = [1 \ \ 0 \ \ 0]^T, \qquad \mathbf{e}_2 = [0 \ \ 0 \ \ 1]^T, \qquad \mathbf{e}_3 = [0 \ \ -1 \ \ 0]^T,$$

$$\mathbf{e}_4 = [0 \ \ 0 \ \ 1]^T, \qquad \mathbf{e}_5 = [-1 \ \ 0 \ \ 0]^T, \qquad \mathbf{e}_6 = [0 \ \ 0 \ \ 1]^T,$$

Damit liegen auch die Stabkraftvektoren fest:

$$\mathbf{S}_1 = S_1 [1 \ \ 0 \ \ 0]^T, \qquad \mathbf{S}_2 = S_2 [0 \ \ 0 \ \ 1]^T, \qquad \mathbf{S}_3 = S_3 [0 \ \ -1 \ \ 0]^T,$$

$$\mathbf{S}_4 = S_4 [0 \ \ 0 \ \ 1]^T, \qquad \mathbf{S}_5 = S_5 [-1 \ \ 0 \ \ 0]^T, \qquad \mathbf{S}_6 = S_6 [0 \ \ 0 \ \ 1]^T.$$

Zur Aufstellung der Geometriematrix $\mathbf{A}$ benötigen wir ferner die Vektorprodukte $\mathbf{r}_k \times \mathbf{e}_k$. Im Einzelnen sind: $\mathbf{r}_1 \times \mathbf{e}_1 = \mathbf{r}_3 \times \mathbf{e}_3 = \mathbf{r}_4 \times \mathbf{e}_4 = \mathbf{r}_5 \times \mathbf{e}_5 = \mathbf{0}$,

$$\mathbf{r}_2 \times \mathbf{e}_2 = \begin{vmatrix} \mathbf{e}_x & \mathbf{e}_y & \mathbf{e}_z \\ a & 0 & 0 \\ 0 & 0 & 1 \end{vmatrix} = \begin{bmatrix} 0 \\ -a \\ 0 \end{bmatrix}, \qquad \mathbf{r}_6 \times \mathbf{e}_6 = \begin{vmatrix} \mathbf{e}_x & \mathbf{e}_y & \mathbf{e}_z \\ 0 & b & 0 \\ 0 & 0 & 1 \end{vmatrix} = \begin{bmatrix} b \\ 0 \\ 0 \end{bmatrix}.$$

Damit können wir die Geometriematrix $\mathbf{A}$ notieren:

$$\mathbf{A} = \left[\begin{array}{cccccc} 1 & 0 & 0 & 0 & -1 & 0 \\ 0 & 0 & -1 & 0 & 0 & 0 \\ 0 & 1 & 0 & 1 & 0 & 1 \\ \hline 0 & 0 & 0 & 0 & 0 & b \\ 0 & -a & 0 & 0 & 0 & 0 \\ 0 & 0 & 0 & 0 & 0 & 0 \end{array} \right].$$

6.2 Berechnung von Lagerreaktionsgrößen

Wie wir sofort bemerken, enthält die letzte Zeile in **A** nur Nullen. Damit ist det **A** = 0, und die Matrix **A** ist singulär. Die mechanische Begründung liegt in dem Sachverhalt, dass der Drehfreiheitsgrad um die z-Achse nicht unterbunden ist. Das System ist einfach kinematisch unbestimmt gelagert und somit für statische Zwecke unbrauchbar.

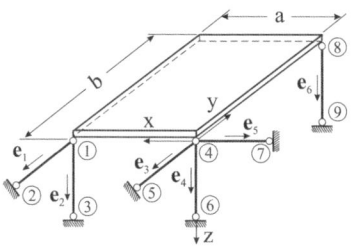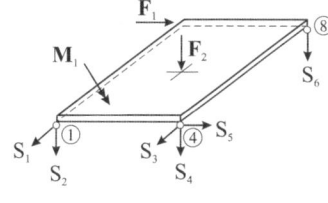

Abb. 6.10 *Statisch bestimmte Lagerung*

Um die Drehung um die z-Achse zu unterbinden, ersetzen wir die ursprünglich in x-Richtung wirkende Wegfessel am Punkt 1 durch eine solche in y-Richtung (Abb. 6.10). Damit ändern sich $\mathbf{r}_1 = \begin{bmatrix} a & 0 & 0 \end{bmatrix}^T$ sowie $\mathbf{e}_1 = \begin{bmatrix} 0 & -1 & 0 \end{bmatrix}^T$. Wir erhalten jetzt

$$\mathbf{r}_1 \times \mathbf{e}_1 = \begin{vmatrix} \mathbf{e}_x & \mathbf{e}_y & \mathbf{e}_z \\ a & 0 & 0 \\ 0 & -1 & 0 \end{vmatrix} = \begin{bmatrix} 0 \\ 0 \\ -a \end{bmatrix},$$

und für die nun reguläre Geometriematrix folgt

$$\mathbf{A} = \begin{bmatrix} 0 & 0 & 0 & 0 & -1 & 0 \\ -1 & 0 & -1 & 0 & 0 & 0 \\ 0 & 1 & 0 & 1 & 0 & 1 \\ \hline 0 & 0 & 0 & 0 & 0 & b \\ 0 & -a & 0 & 0 & 0 & 0 \\ -a & 0 & 0 & 0 & 0 & 0 \end{bmatrix}, \qquad \mathrm{Rg}(\mathbf{A}) = \mathrm{Rg}(\mathbf{A}|\mathbf{b}) = 6.$$

Mit dieser Korrekturmaßnahme ist das System nun statisch und kinematisch bestimmt gelagert. Wir stellen im nächsten Schritt den Lastvektor **b** auf. Dazu benötigen wir die Resultierende der äußeren eingeprägten Kräfte. Mit $\mathbf{F}_1 = \begin{bmatrix} -F & 0 & 0 \end{bmatrix}^T, \mathbf{F}_2 = \begin{bmatrix} 0 & 0 & G \end{bmatrix}^T$ ist

$$\mathbf{R} = \sum_{i=1}^{2} \mathbf{F}_i = \begin{bmatrix} -F & 0 & 0 \end{bmatrix}^T + \begin{bmatrix} 0 & 0 & G \end{bmatrix}^T = \begin{bmatrix} -F & 0 & G \end{bmatrix}^T.$$

Unter Beachtung von

$$\mathbf{a}_1\times\mathbf{F}_1=\begin{vmatrix}\mathbf{e}_x & \mathbf{e}_y & \mathbf{e}_z \\ 0 & b & 0 \\ -F & 0 & 0\end{vmatrix}=\begin{bmatrix}0\\0\\bF\end{bmatrix},\quad \mathbf{a}_2\times\mathbf{F}_2=\begin{vmatrix}\mathbf{e}_x & \mathbf{e}_y & \mathbf{e}_z \\ a/2 & b/2 & 0 \\ 0 & 0 & G\end{vmatrix}=\begin{bmatrix}bG/2\\-aG/2\\0\end{bmatrix},\quad \mathbf{M}_1=\begin{bmatrix}M_{1,x}\\M_{1,y}\\M_{1,z}\end{bmatrix}$$

folgt das resultierende Moment

$$\mathbf{M}=\mathbf{a}_1\times\mathbf{F}_1+\mathbf{a}_2\times\mathbf{F}_2+\mathbf{M}_1=\begin{bmatrix}M_{1,x}+bG/2 & M_{1,y}-aG/2 & M_{1,z}+bF\end{bmatrix}^{\mathrm{T}},$$

und das vollständige Gleichungssystem lautet

$$\begin{bmatrix}0 & 0 & 0 & 0 & -1 & 0\\-1 & 0 & -1 & 0 & 0 & 0\\0 & 1 & 0 & 1 & 0 & 1\\\hline 0 & 0 & 0 & 0 & 0 & b\\0 & -a & 0 & 0 & 0 & 0\\-a & 0 & 0 & 0 & 0 & 0\end{bmatrix}\cdot\begin{bmatrix}S_1\\S_2\\S_3\\S_4\\S_5\\S_6\end{bmatrix}=-\begin{bmatrix}-F\\0\\G\\\hline M_{1,x}+bG/2\\M_{1,y}-aG/2\\M_{1,z}+bF\end{bmatrix}$$

Mit den Zahlenwerten a = 1 m, b = 2 m, F = 10 N, G = 1 N, $M_{1,x}=M_{1,y}=M_{1,z}=1$ Nm liefert uns Maple die eindeutige Lösung:

$$S_1=\frac{1}{a}(M_{1,z}+bF)=21\,\mathrm{N}\ (\mathrm{Zug}),\qquad S_2=\frac{1}{2a}(2M_{1,y}-aG)=0{,}5\,\mathrm{N}\ (\mathrm{Zug}),$$

$$S_3=-\frac{1}{a}(M_{1,z}+bF)=-21\,\mathrm{N}\ (\mathrm{Druck}),\qquad S_4=\frac{1}{ab}(aM_{1,x}-bM_{1,y})=-0{,}5\,\mathrm{N}\ (\mathrm{Druck}),$$

$$S_5=-F=-10\,\mathrm{N}\ (\mathrm{Druck}),\qquad S_6=-\frac{1}{2b}(2M_{1,x}+bG)=-1\,\mathrm{N}\ (\mathrm{Druck}).$$

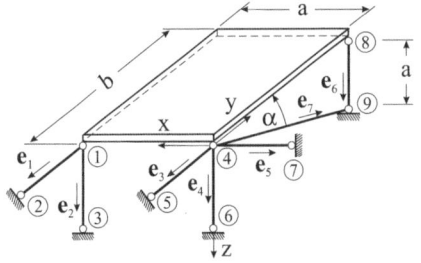
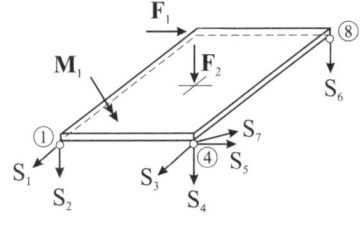

Abb. 6.11 *Einfach statisch unbestimmtes System*

Erweitern wir die Lagerung des in Abb. 6.10 skizzierten Systems um den Fesselstab mit dem Einheitsvektor $\mathbf{e}_7$ (Abb. 6.11), dann stehen zur Berechnung von n = 7 unbekannten Fessel-

6.2 Berechnung von Lagerreaktionsgrößen

kräften nur 6 Gleichungen zur Verfügung. Die rechte Seite **b** hat sich mit der Hinzunahme des neuen Fesselstabes nicht geändert. Die Matrix **A** ist um eine Spalte zu erweitern, und mit $\mathbf{S}_7 = S_7 [0 \quad \cos\alpha \quad \sin\alpha]^T$ und $\mathbf{r}_7 \times \mathbf{e}_7 = \mathbf{0}$ erhalten wir jetzt ($c = \cos\alpha, s = \sin\alpha$)

$$\mathbf{A} = \left[\begin{array}{ccccccc} 0 & 0 & 0 & 0 & -1 & 0 & 0 \\ -1 & 0 & -1 & 0 & 0 & 0 & c \\ 0 & 1 & 0 & 1 & 0 & 1 & s \\ \hline 0 & 0 & 0 & 0 & 0 & b & 0 \\ 0 & -a & 0 & 0 & 0 & 0 & 0 \\ -a & 0 & 0 & 0 & 0 & 0 & 0 \end{array}\right], \qquad \text{Rg}(\mathbf{A}) = \text{Rg}(\mathbf{A}|\mathbf{b}) = 6.$$

Wegen $\text{Rg}(\mathbf{A}) = \text{Rg}(\mathbf{A}|\mathbf{b})$ ist das System lösbar. Allerdings ist wegen $r = 6 < 7$ die Lösung nicht eindeutig, und es existiert mit $n - m = 7 - 6 = 1$ ein freier Parameter. Das System besitzt die unendlich vielen Lösungen:

$$S_1 = \frac{1}{a}(M_{1,z} + bF), \qquad S_2 = \frac{1}{2a}(2M_{1,y} - aG), \qquad S_3 = -\frac{1}{a}(M_{1,z} + bF - aS_7 \cos\alpha),$$

$$S_4 = \frac{1}{ab}(aM_{1,x} - bM_{1,y} - abS_7 \sin\alpha), \; S_5 = -F, \qquad S_6 = -\frac{1}{2b}(2M_{1,x} + bG),$$

wobei die Fesselkräfte S_1, S_2, S_5 und S_6 eindeutig sind, die Fesselkraft S_7 bleibt dagegen unbestimmt.

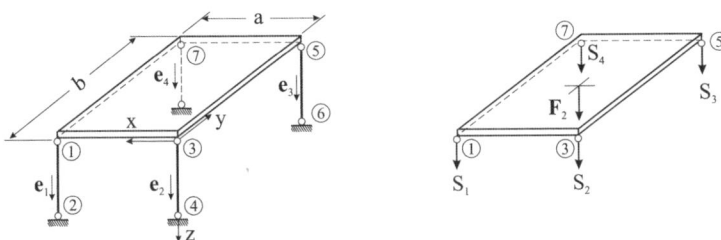

Abb. 6.12 *Die zentrisch belastete starre Platte*

Die Abb. 6.12 zeigt eine durch die Kraft $\mathbf{F}_2$ zentrisch belastete starre Platte auf vier zur z-Achse parallelen Fesselstäben. Wir benötigen wieder die Geometriematrix **A** und die rechte Seite **b**. Die Geometriematrix ist in diesem Beispiel von der Größe (6×4), und mit

$$\mathbf{r}_4 \times \mathbf{e}_4 = \begin{vmatrix} \mathbf{e}_x & \mathbf{e}_y & \mathbf{e}_z \\ a & b & 0 \\ 0 & 0 & 1 \end{vmatrix} = \begin{bmatrix} b \\ -a \\ 0 \end{bmatrix}, \quad \mathbf{a}_2 \times \mathbf{F}_2 = \begin{vmatrix} \mathbf{e}_x & \mathbf{e}_y & \mathbf{e}_z \\ a/2 & b/2 & 0 \\ 0 & 0 & G \end{vmatrix} = \begin{bmatrix} bG/2 \\ -aG/2 \\ 0 \end{bmatrix},$$

sowie den bereits bekannten Ergebnissen, können wir sofort notieren

$$A = \begin{bmatrix} 0 & 0 & 0 & 0 \\ 0 & 0 & 0 & 0 \\ 1 & 1 & 1 & 1 \\ \hline 0 & 0 & b & b \\ -a & 0 & 0 & -a \\ 0 & 0 & 0 & 0 \end{bmatrix}, \quad Rg(A) = 3.$$

Der Rang von **A** ist 3 und damit kleiner als n = 4. Das System besitzt damit die unendlich vielen Lösungen: $S_1 = S_3 = -1/2 - \lambda_1$, $S_2 = S_4 = \lambda_1$, wobei der Parameter λ_1 beliebig reell gewählt werden kann. Beispielsweise erhalten wir für

1. $\lambda_1 = -1/4$: $S_1 = S_3 = -1/4$, $S_2 = S_4 = -1/4$,

2. $\lambda_1 = -1/2$: $S_1 = S_3 = 0$, $S_2 = S_4 = -1/2$.

Mit jeder Wahl von λ_1 sind selbstverständlich Kraft- und Momentengleichgewicht erfüllt.

<u>Hinweis</u>: Mit den in Beispiel 6-1 bereitgestellten Prozeduren können die obigen Lösungen verifiziert werden. Die Eingabedaten befinden sich in den Dateien *Daten_13.txt* (System Abb. 6.9), *Daten_14.txt* (System Abb. 6.10) und *Daten_15.txt* (System Abb. 6.11). Der Datensatz *Daten_16.txt* enthält die Systemdaten der zentrisch belasteten Platte (Abb. 6.12). ∎

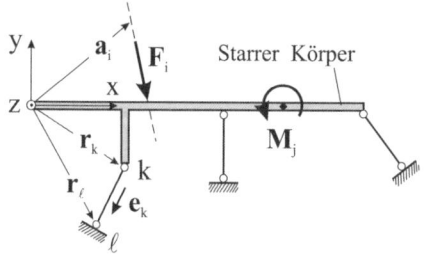

Abb. 6.13 Starrer Körper in der Ebene

Im ebenen Fall (Abb. 6.13) reduziert sich die Anzahl der Gleichgewichtsbedingungen auf insgesamt drei skalare Gleichungen (s.h. Kap. 4.6). Damit können eindeutig auch nur drei Fesselkräfte berechnet werden. Liegen die Kräfte beispielsweise in der (x,y)-Ebene, dann haben die Momentenvektoren nur eine Komponente in z-Richtung. Die Geometriematrix **A** reduziert sich auf eine $(3 \times n)$-Matrix und der Lastvektor **b** ist vom Typ (3×1).

6.2 Berechnung von Lagerreaktionsgrößen

$$A = \left[\begin{array}{ccc} e_{1,x} & \vdots & e_{n,x} \\ e_{1,y} & \vdots & e_{n,y} \\ \hline r_{1,x}e_{1,y} - r_{1,y}e_{1,x} & \vdots & r_{n,x}e_{n,y} - r_{n,y}e_{n,x} \end{array}\right]_{(3 \times n)}, \quad b = -\left[\begin{array}{c} \sum_{i=1}^{m} F_{i,x} \\ \sum_{i=1}^{m} F_{i,y} \\ \hline \sum_{i=1}^{m}(a_{i,x}F_{i,y} - a_{i,y}F_{i,x}) + \sum_{j=1}^{s} M_j \end{array}\right]_{(3 \times 1)}.$$

Beispiel 6-3:

Ändern Sie die Maple-Prozeduren aus Beispiel 6-1 so ab, dass damit ebene Probleme berechnet werden können.

Beispiel 6-4:

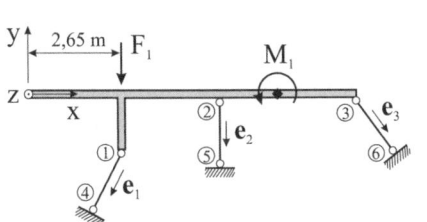

Knoten	x-Koord. [m]	y-Koord. [m]
1	2,65	-1,70
2	5,50	0
3	9,35	0
4	1,85	-3,25
5	5,50	-1,95
6	10,50	-1,65

Abb. 6.14 Ebenes System, Knotenkoordinaten

Für das in Abb. 6.14 skizzierte ebene System sind die Kräfte in den Fesselstäben zu berechnen. <u>Geg.</u>: $M_1 = 1\,\text{kNm}$, $F_1 = 1\,\text{kN}$.

<u>Lösung</u>: Wir ermitteln zunächst die Richtungsvektoren der Fesselstäbe. Im Einzelnen sind:

$$e_1 = \frac{r_4 - r_1}{|r_4 - r_1|} = \begin{bmatrix} -0{,}459 \\ -0{,}889 \\ 0{,}000 \end{bmatrix}, \quad e_2 = \frac{r_5 - r_2}{|r_5 - r_2|} = \begin{bmatrix} 0{,}000 \\ -1{,}000 \\ 0{,}000 \end{bmatrix}, \quad e_3 = \frac{r_6 - r_3}{|r_6 - r_3|} = \begin{bmatrix} 0{,}572 \\ -0{,}820 \\ 0{,}000 \end{bmatrix} \text{ und damit}$$

$$r_1 \times e_1 = \begin{vmatrix} e_x & e_y & e_z \\ 2{,}650 & -1{,}700 & 0 \\ -0{,}459 & -0{,}889 & 0 \end{vmatrix} = \begin{bmatrix} 0{,}000 \\ 0{,}000 \\ -3{,}135 \end{bmatrix}, \quad r_2 \times e_2 = \begin{vmatrix} e_x & e_y & e_z \\ 5{,}5 & 0 & 0 \\ 0 & -1 & 0 \end{vmatrix} = \begin{bmatrix} 0{,}000 \\ 0{,}000 \\ -5{,}500 \end{bmatrix},$$

$$\mathbf{r}_3 \times \mathbf{e}_3 = \begin{vmatrix} \mathbf{e}_x & \mathbf{e}_y & \mathbf{e}_z \\ 9{,}35 & 0 & 0 \\ 0{,}572 & -0{,}820 & 0 \end{vmatrix} = \begin{bmatrix} 0 \\ 0 \\ -7{,}671 \end{bmatrix}. \text{ Mit } \mathbf{F}_1 = \begin{bmatrix} 0 \\ -F_1 \\ 0 \end{bmatrix} \text{ und } \mathbf{M}_1 = \begin{bmatrix} 0 \\ 0 \\ M_1 \end{bmatrix} \text{ sind}$$

$$\mathbf{a}_1 \times \mathbf{F}_1 = \begin{vmatrix} \mathbf{e}_x & \mathbf{e}_y & \mathbf{e}_z \\ 2{,}65 & 0 & 0 \\ 0 & -F_1 & 0 \end{vmatrix} = \begin{bmatrix} 0 \\ 0 \\ -2{,}65 F_1 \end{bmatrix}, \quad \mathbf{b} = \begin{bmatrix} 0 \\ F_1 \\ 2{,}65 F_1 - M_1 \end{bmatrix}.$$

Damit liegt das lineare Gleichungssystem $\mathbf{A} \cdot \mathbf{x} = \mathbf{b}$ fest. Mit den Werten des Beispiels sind

$$\mathbf{A} = \begin{bmatrix} -0{,}459 & 0{,}000 & 0{,}572 \\ -0{,}889 & -1{,}000 & -0{,}820 \\ \hdashline -3{,}135 & -5{,}500 & -7{,}671 \end{bmatrix}, \quad \mathbf{b} = \begin{bmatrix} 0{,}000 \\ 1{,}000 \\ \hdashline 1{,}650 \end{bmatrix}.$$

Wegen $Rg(\mathbf{A}) = Rg(\mathbf{A}|\mathbf{b}) = 3 = n$ ist die Lösung eindeutig. Maple liefert uns:

S_1 = 4,932 kN (Zugkraft), S_2 = -8,628 kN (Druckkraft), S_3 = 3,956 kN (Zugkraft).

Verifizieren Sie die obige Lösung mit den in Beispiel 6-3 bereitgestellten Maple-Prozeduren. Die erforderlichen Systemwerte stehen in der Datei *Daten_17.txt*.

Beispiel 6-5:

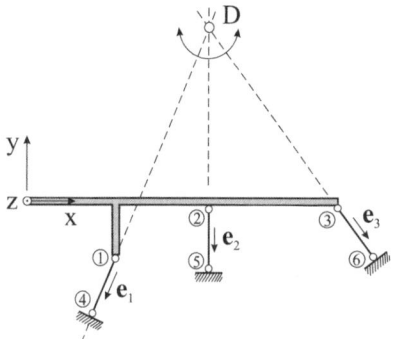

Abb. 6.15 Der Ausnahmefall der Statik

In Abb. 6.15 wurde die Lage des Fußpunktes 4 gegenüber Abb. 6.14 so abgeändert, dass die Wirkungslinien der drei Fesselkräfte sich im Punkt *D* schneiden. Berechnen Sie unter Verwendung der in Beispiel 6-3 bereitgestellten Maple-Prozedur die Kräfte in den Fesselstäben. Die Systemwerte stehen im Datensatz *Daten_18.txt*.

7 Die Schnittlasten eines statisch bestimmt gelagerten geraden Balkens

Es werden folgende Voraussetzungen getroffen:

1. Die Balkenachse fällt in die Verbindungslinie der Flächenmittelpunkte S aller Querschnittsflächen
2. Die Balkenachse ist eine Gerade
3. Das Koordinatensystem wird gemäß Abb. 7.1 gewählt
4. Der Balken ist statisch bestimmt gelagert
5. Die Auflagerreaktionslasten sind aus einer Voruntersuchung bekannt

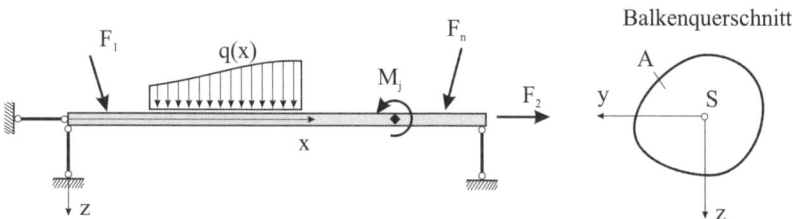

Abb. 7.1 *Statisch bestimmt gelagerter Balken mit gerader Stabachse*

Zum Nachweis der Tragfähigkeit und Gebrauchstauglichkeit eines Tragwerks ist die Kenntnis des inneren Beanspruchungszustands von grundsätzlicher Bedeutung. Um diesen aufzudecken, denken wir uns das Tragwerk, in unserem Fall den Balken, an der zu untersuchenden Stelle aufgeschnitten. Durch den Schnitt werden flächenhaft verteilte Kräfte freigesetzt, die wir Spannungen nennen. Zur Berechnung des Spannungszustandes im Querschnitt wird ein Werkstoffgesetz benötigt, welches die Spannungen und die Verzerrungen miteinander verknüpft. Den Begriff der Verzerrungen werden wir später genauer definieren. Ein starrer Körper, mit dem wir uns hier beschäftigen, erleidet aber keine Verzerrungen, womit die Berechnung der Spannungen aus einem Werkstoffgesetz nicht möglich ist. Aus diesem Grund werden die Spannungen durch statisch äquivalente Schnittlasten ersetzt. Wir definieren nun einen der Querschnittsfläche A mit der Koordinate x zugeordneten Schnittkraftvektor

$$\mathbf{Q}(x) = \begin{bmatrix} N(x) & Q_y(x) & Q_z(x) \end{bmatrix}^T$$

mit den Komponenten

    $N(x)$:   Normalkraft oder auch Längskraft

    $Q_y(x)$:   Querkraft in y-Richtung

    $Q_z(x)$:   Querkraft in z-Richtung

sowie den Schnittmomentenvektor

$$\mathbf{M}(x) = \begin{bmatrix} M_x(x) & M_y(x) & M_z(x) \end{bmatrix}^T$$

mit den Komponenten

    $M_x(x)$:   Torsionsmoment

    $M_y(x)$:   Biegemoment um die y-Achse

    $M_z(x)$:   Biegemoment um die z-Achse.

Diesen 6 Schnittlasten stehen im räumlichen Fall genau 6 Gleichgewichtsbedingungen gegenüber. Mit den genannten Voraussetzungen lassen sich dann die Schnittlasten am abgeschnittenen Tragwerksteil aus Gleichgewichtsbedingungen allein bestimmen.

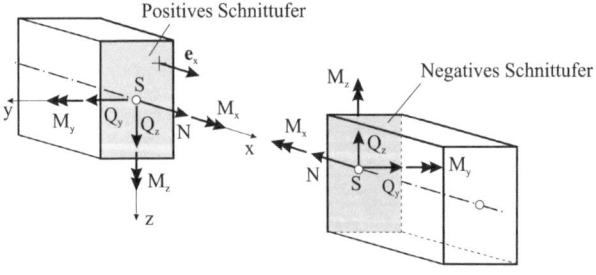

Abb. 7.2   *Positivdefinition der Schnittlasten am geraden Balken*

Wir wählen die Schnittlasten an demjenigen Schnittufer positiv, an dem die nach außen orientierte Flächennormale $\mathbf{e}_x$ in Richtung der positiven x-Achse zeigt (Abb. 7.2) und bezeichnen ein solches Schnittufer als positives Schnittufer. Nach dem Reaktionsprinzip sind die Schnittlasten am gegenüberliegenden Ufer, dem negativen Schnittufer, in entgegengesetzter Richtung anzutragen. Wir definieren:

Schnittgrößen sind dann positiv, wenn sie an einem positiven Schnittufer in positiver Koordinatenrichtung und am negativen Schnittufer in negativer Koordinatenrichtung wirken.

6.2 Berechnung von Lagerreaktionsgrößen

Wir erweitern unsere eingangs getroffenen Voraussetzungen um

6. Die Belastung wirkt nur in der (x,z)-Ebene.
7. Der Balkenquerschnitt ist symmetrisch zur z-Achse.

In diesem Fall wird von einem ebenen Problem der Balkenstatik gesprochen. Aufgrund der speziellen Belastung verbleiben dann von den Schnittkräften die Normalkraft N(x) und die Querkraft $Q_z(x)$ sowie von den Schnittmomenten lediglich das Moment $M_y(x)$.

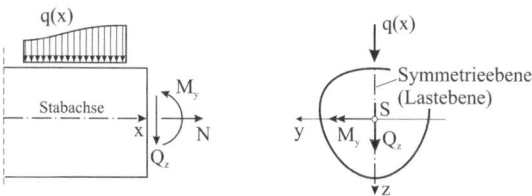

Abb. 7.3   *Ebene Beanspruchung eines geraden Balkens*

Mit 6. und 7. reduziert sich das Problem auf die Ermittlung von drei Schnittlasten, denen im ebenen Fall auch genau drei Gleichgewichtsbedingungen gegenüberstehen.

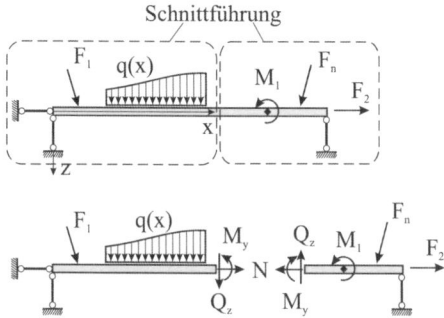

Abb. 7.4   *Balkenschnittlasten bei ebener Beanspruchung*

Insbesondere für ebene Tragwerke mit abknickender Stabachse hat sich in der Statik eine weitere Vorzeichendefinition der Schnittlasten durchgesetzt. Dazu werden in Richtung der Stabachse die lokale Koordinate *s* und die *gestrichelte Faser* eingeführt. Eine durchgängige Beziehung der Schnittlasten auf die kartesischen (x,y,z)-Koordinaten macht nämlich für solche Tragwerke keinen Sinn. Wir schreiben deshalb vereinfacht N, Q und M. Die gestrichelte Faser kann wahlweise an der Ober- oder auch an der Unterseite des Balkens liegen und sogar in einem Tragwerksabschnitt von einer Seite zur anderen springen. Wir führen dann die folgende Positivdefinition der Schnittlasten ein (Abb. 7.5):

N: Die Normalkraft zeigt in Richtung der lokalen Koordinate s.

Q: Die Querkraft zeigt in Richtung der gestrichelten Faser.

M: Das Biegemoment erzeugt Zug auf der Seite der gestrichelten Faser.

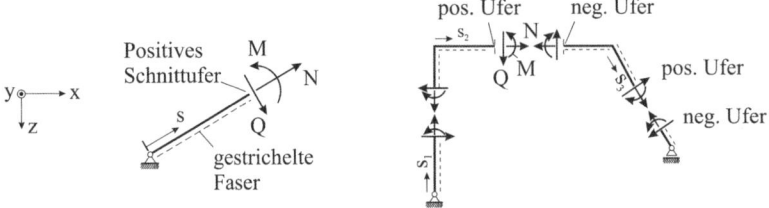

Abb. 7.5 *Lokale Koordinaten, die gestrichelte Faser*

Für die Statik von Rahmentragwerken ist das Verhalten der Schnittlasten an Ecken von Bedeutung. Wir betrachten dazu die in Abb. 7.6 skizzierte Ecke, die am Eckpunkt E durch die Kraft $\mathbf{F} = [F_x \quad F_z]$ und das Moment M beansprucht wird.

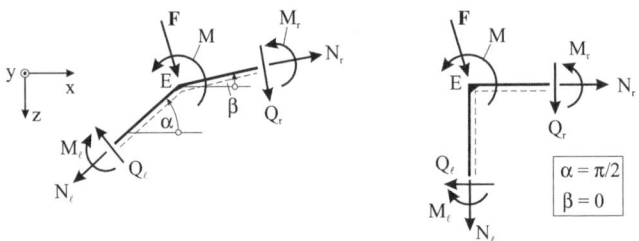

Abb. 7.6 *Verhalten der Schnittlasten an Ecken*

Beim Übergang vom linken (Index ℓ) zum rechten Rand (Index r) ergeben sich aus Gleichgewichtsbetrachtungen am Element die folgenden Zusammenhänge:

$\sum F_{j,x} = 0:$ $-N_\ell \cos\alpha - Q_\ell \sin\alpha + Q_r \sin\beta + N_r \cos\beta + F_x = 0$

$\sum F_{j,z} = 0:$ $N_\ell \sin\alpha - Q_\ell \cos\alpha + Q_r \cos\beta - N_r \sin\beta + F_z = 0$

Für hinreichend kleine Entfernungen der Schnittufer vom Eckpunkt E liefert das Momentengleichgewicht

$\sum M_j^{(E)} = 0:$ $-M_\ell + M + M_r = 0$

und zusammengefasst

$$N_r = N_\ell \cos(\alpha-\beta) + Q_\ell \sin(\alpha-\beta) - F_x \cos\beta + F_z \sin\beta$$
$$Q_r = Q_\ell \cos(\alpha-\beta) - N_\ell \sin(\alpha-\beta) - F_x \sin\beta - F_z \cos\beta$$
$$M_r = M_\ell - M$$

oder in Matrizenschreibweise

$$\begin{bmatrix} N_r \\ Q_r \\ M_r \end{bmatrix} = \begin{bmatrix} \cos(\alpha-\beta) & \sin(\alpha-\beta) & 0 \\ -\sin(\alpha-\beta) & \cos(\alpha-\beta) & 0 \\ 0 & 0 & 1 \end{bmatrix} \begin{bmatrix} N_\ell \\ Q_\ell \\ M_\ell \end{bmatrix} - \begin{bmatrix} \cos\beta & -\sin\beta & 0 \\ \sin\beta & \cos\beta & 0 \\ 0 & 0 & 1 \end{bmatrix} \begin{bmatrix} F_x \\ F_z \\ M \end{bmatrix}$$

Für den Sonderfall einer rechtwinkligen Ecke (Abb. 7.6, rechts) mit $\alpha = \pi/2$ und $\beta = 0$ sind

$$N_r = Q_\ell - F_x, \quad Q_r = -N_\ell - F_z, \quad M_r = M_\ell - M.$$

7.1 Schnittlastenermittlung am Balken auf zwei Stützen

Im Folgenden werden wir an einfachen Beispielen die Ermittlung der Schnittlasten vorstellen. Wie bereits erwähnt, benötigen wir in einem ersten Schritt die Auflagerkräfte. Die Belastung wird bewusst einfach gehalten, um das Wesentliche der Schnittlastenermittlung aufzuzeigen. Das Tragsystem ist in allen Fällen der statisch bestimmt gelagerte Balken auf zwei Stützen.

7.1.1 Der Balken auf zwei Stützen unter Einzelkraft F_z

Die Belastung F_z des Balkens (Abb. 7.7) erfolgt senkrecht zur Balkenachse.

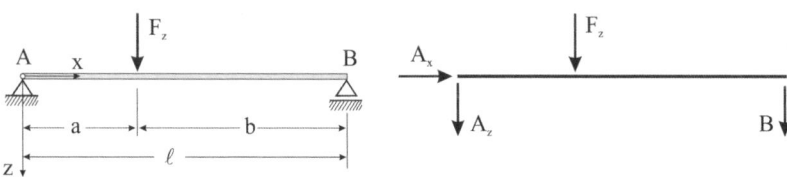

Abb. 7.7 Balken unter Einzelkraft F_z

Wir berechnen zuerst die Auflagerreaktionsgrößen, indem wir durch Anwendung des Befreiungsprinzips den Balken von der Unterlage freischneiden. Auf das so freigemachte System wenden wir die Gleichgewichtsbedingungen an:

$$\sum F_{j,z} = 0: \qquad A_z + F_z + B = 0 \quad \text{oder} \quad A_z = -F_z - B \tag{a}$$

$$\sum F_{j,x} = 0: \qquad A_x = 0 \tag{b}$$

$$\sum M_{j,y}^{(A)} = 0: \qquad -F_z a - \ell B = 0 \quad \text{oder} \quad B = -F_z \frac{a}{\ell} \tag{c}$$

Einsetzen von (c) in (a) liefert: $A_z = -F_z \dfrac{\ell - a}{\ell} = -F_z \dfrac{b}{\ell}$.

Damit sind die Auflagerkräfte bekannt. Wir können jetzt damit beginnen, die Schnittlasten zu berechnen. Aufgrund der Unstetigkeit in der Belastung wird das Untersuchungsgebiet in zwei Bereiche unterteilt. Bereich I: $0 < x < a$, Bereich II: $a < x < \ell$. Die Punkte, an denen Einzelkräfte angreifen, werden aus dem Lösungsgebiet entfernt. Das betrifft in diesem Beispiel den Angriffspunkt der eingeprägten Kraft F_z bei $x = a$ und die Ränder $x = 0$ und $x = \ell$, an denen die Auflagerkräfte wirken. Wir schneiden das Tragwerk gedanklich auf. Für beide Teilsysteme muss das Gleichgewicht erfüllt sein.

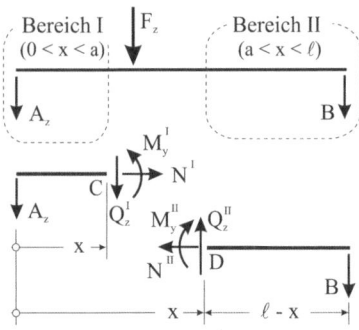

Abb. 7.8 *Balken unter Einzelkraft F_z, Schnittskizze*

Das Gleichgewicht für das Teilsystem I ($0 < x < a$) erfordert:

$$\sum F_{j,z} = 0: \qquad A_z + Q_z^I = 0, \qquad Q_z^I = -A_z = F_z \frac{b}{\ell} \tag{a}$$

$$\sum F_{j,x} = 0: \qquad N^I = 0 \tag{b}$$

$$\sum M_{j,y}^{(C)} = 0: \qquad M_y^I + x A_z = 0, \qquad M_y^I = -x A_z = F_z b \frac{x}{\ell} \tag{c}$$

Das Gleichgewicht für das Teilsystem II ($a < x < \ell$) erfordert:

7.1 Schnittlastenermittlung am Balken auf zwei Stützen

$$\sum F_{j,z} = 0: \quad B - Q_z^{II} = 0, \quad Q_z^{II} = B = -F_z \frac{a}{\ell} \quad (d)$$

$$\sum F_{j,x} = 0: \quad N^{II} = 0 \quad (e)$$

$$\sum M_{j,y}^{(D)} = 0: \quad -M_y^{II} - (\ell - x)B = 0, \quad M_y^{II} = -(\ell - x)B = F_z a\left(1 - \frac{x}{\ell}\right) \quad (f)$$

Die Schnittlastfunktionen werden auch Zustandsgleichungen genannt, da sie den mechanischen Zustand des Systems beschreiben. Es ist üblich, die Zustandsgleichungen in Zustandslinien längs der Stabachse grafisch aufzutragen.

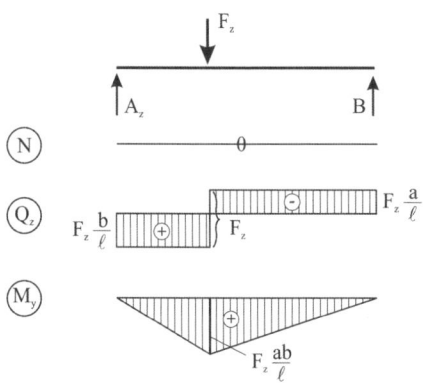

Abb. 7.9 *Zustandslinien für den Balken auf zwei Stützen unter einer Einzelkraft F_z*

Da die eingeprägte Kraft F_z, und damit auch die Auflagerreaktionskraft bei *A*, keine Komponente in Stabachsrichtung enthält, ist der Balken normalkraftfrei (N = 0). Die Querkraft ist in beiden Bereichen konstant, und beim Übergang vom Bereich I in den Bereich II springt diese um den Wert F_z in den negativen Bereich. Am Angriffspunkt der Einzelkraft ist keine eindeutige Aussage über den Wert der Querkraft möglich. Eindeutigkeit besteht nur beliebig dicht links und rechts neben der Kraft.

Hinweis: Einzellasten werden auch singuläre[1] Belastungen genannt, die mathematische Modelle darstellen und so in der Natur nicht vorkommen.

Das Biegemoment M_y ist längs der Stabachse linear verteilt und hat sein Maximum unterhalb der Kraft F_z. Für eine in Feldmitte stehende Einzelkraft F_z ist maxM_y = Fℓ/4. Der Verlauf der Momentenlinie ist, im Gegensatz zur Querkraftlinie, zwar stetig, allerdings hat sie unterhalb der Einzelkraft einen Knick. Die Neigung der Tangente an die Momentenlinie ist beim Übergang vom Bereich I zum Bereich II unstetig.

---

[1] von lat. singularis ›zum Einzelnen gehörig‹, ›vereinzelt‹

7.1.2 Der Balken auf zwei Stützen unter Einzelkraft F_x

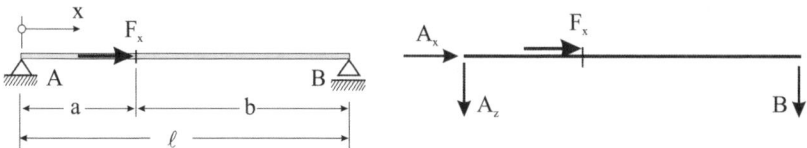

Abb. 7.10 Balken unter Einzelkraft F_x

Es werden zunächst wieder die Auflagerreaktionen berechnet:

$\sum F_{j,z} = 0:$ $A_z + B = 0$ oder $A_z = -B$ (a)

$\sum F_{j,x} = 0:$ $A_x + F_x = 0$ oder $A_x = -F_x$ (b)

$\sum M_{j,y}^{(A)} = 0:$ $-\ell B = 0$ oder $B = 0$ (c)

Einsetzen von (c) in (a) liefert: $A_z = 0$.

Zur Berechnung der Schnittlasten schneiden wir das Tragwerk gedanklich auf.

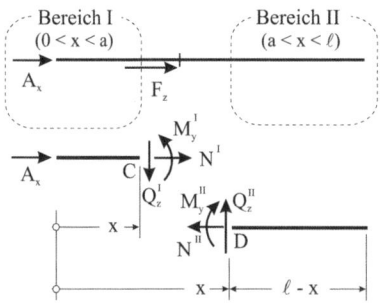

Abb. 7.11 Balken unter Einzelkraft F_x, Schnittskizze

Das Gleichgewicht für das Teilsystem I ($0 < x < a$) erfordert:

$\sum F_{j,z} = 0:$ $Q_z^I = 0$ (a)

$\sum F_{j,x} = 0:$ $A_x + N^I = 0,$ $N^I = -A_x = F_x$ (b)

$\sum M_{j,y}^{(C)} = 0:$ $M_y^I = 0,$ (c)

7.1 Schnittlastenermittlung am Balken auf zwei Stützen

Gleichgewicht für das Teilsystem II ($a < x < \ell$) ist nur dann möglich, wenn dort sämtliche Schnittlasten verschwinden. Lediglich im Teilsystem I tritt mit $N = F_x$ eine positive Normalkraft (Zug) auf. Alle verbleibenden Schnittlasten sind null. Die Normalkraft N springt unterhalb der Angriffsstelle der Einzelkraft um den Wert F_x von $N = F_x$ auf den Wert $N = 0$.

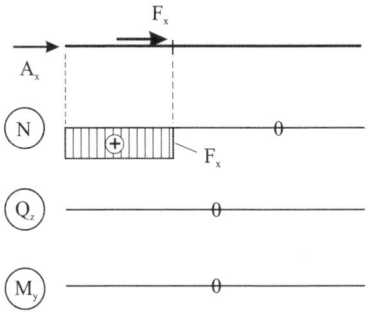

Abb. 7.12   Zustandslinien für den Balken auf zwei Stützen unter einer Einzelkraft F_x

7.1.3   Der Balken auf zwei Stützen unter Einzelmoment M

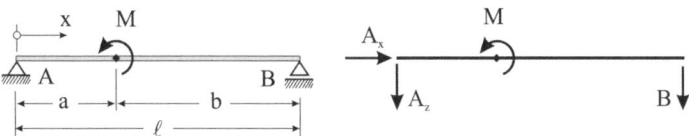

Abb. 7.13   Balken unter Einzelmoment M

Berechnung der Auflagerreaktionen:

$\sum F_{j,z} = 0:$ $A_z + B = 0$ oder $A_z = -B$ (a)

$\sum F_{j,x} = 0:$ $A_x = 0$ (b)

$\sum M_{j,y}^{(A)} = 0:$ $M - \ell B = 0$ oder $B = M/\ell$ (c)

Einsetzen von (c) in (a) liefert: $A_z = -M/\ell$.

Zur Berechnung der Schnittlasten schneiden wir das Tragwerk gedanklich auf.

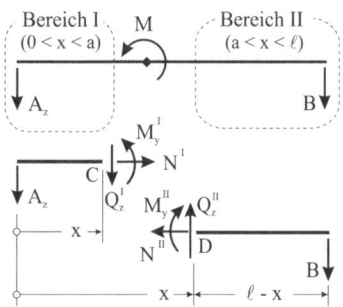

Abb. 7.14 Balken unter Einzelmoment M, Schnittskizze

Das Gleichgewicht für das Teilsystem I (0 < x < a) erfordert:

$$\sum F_{j,z} = 0: \quad A_z + Q_z^I = 0, \quad Q_z^I = -A_z = M/\ell \tag{a}$$

$$\sum F_{j,x} = 0: \quad N^I = 0 \tag{b}$$

$$\sum M_{j,y}^{(C)} = 0: \quad M^I + xA_z = 0, \quad M^I = -xA_z = Mx/\ell \tag{c}$$

Das Gleichgewicht für das Teilsystem II (a < x < ℓ) erfordert:

$$\sum F_{j,z} = 0: \quad B - Q_z^{II} = 0, \quad Q_z^{II} = B = M/\ell \tag{d}$$

$$\sum F_{j,x} = 0: \quad N^{II} = 0 \tag{e}$$

$$\sum M_{j,y}^{(D)} = 0: \quad -M_y^{II} - (\ell - x)B = 0, \quad M_y^{II} = -(\ell - x)B = -M(1 - x/\ell) \tag{f}$$

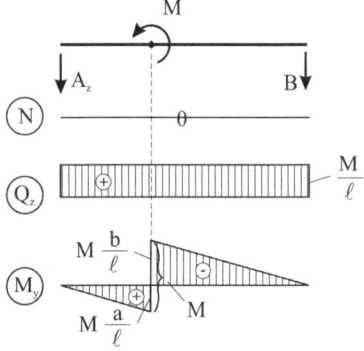

Abb. 7.15 Zustandslinien für den Balken auf zwei Stützen unter einem Einzelmoment M

7.1 Schnittlastenermittlung am Balken auf zwei Stützen

Die Zustandslinien zeigen, dass die Querkraft konstant und das Biegemoment linear veränderlich ist. Unterhalb des Momentenangriffs springt das Biegemoment um den eingeprägten Wert M in den negativen Bereich.

7.1.4 Der Balken auf zwei Stützen unter Linienkraft q(x)

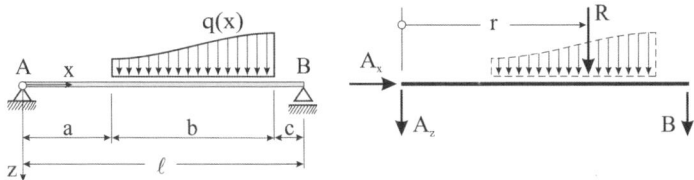

Abb. 7.16 *Balken unter Linienkraftbelastung q(x)*

Zur Berechnung der Auflagerreaktionskräfte, und nur für diese, dürfen wir die Linienkraftbelastung $q(x)$ durch eine statisch äquivalente resultierende Einzelkraft R mit dem Abstand r vom linken Rand ersetzen. Es sind (s. h. auch Kap. 4.5)

$$R = \int_{x=0}^{\ell} q(x)dx \quad \text{und} \quad r = \frac{1}{R}\int_{x=0}^{\ell} x\, q(x)dx,$$

und für die Auflagerreaktionen folgt aus den Gleichgewichtsbedingungen:

$$\sum F_{j,z} = 0: \quad A_z + B + R = 0 \quad \text{oder} \quad A_z = -B - R \quad \text{(a)}$$

$$\sum F_{j,x} = 0: \quad A_x = 0 \quad \text{(b)}$$

$$\sum M_{j,y}^{(A)} = 0: \quad -rR - \ell B = 0 \quad \text{oder} \quad B = -Rr/\ell \quad \text{(c)}$$

Einsetzen von (c) in (a) liefert: $A_z = -R(1 - r/\ell)$.

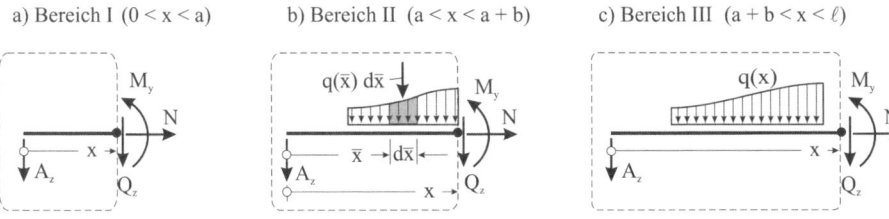

Abb. 7.17 *Balken unter Linienkraftbelastung q(x), Schnittskizzen*

Zur Berechnung der Schnittlasten schneiden wir das Tragwerk wieder gedanklich auf. Wir können zunächst feststellen, dass aus Gleichgewichtsgründen in allen drei Bereichen die Normalkraft verschwinden muss. Es verbleiben, wenn wir das Momentengleichgewicht am jeweiligen Schnittpunkt notieren:

Bereich I ($0 < x < a$)

$\sum F_{j,z} = 0:$ $A_z + Q_z = 0$ oder $Q_z(x) = -A_z$.

$\sum M_{j,y} = 0:$ $M_y + A_z x = 0$ oder $M_y(x) = -A_z x$.

Bereich II ($a < x < a + b$)

$\sum F_{j,z} = 0:$ $A_z + Q_z + \int_{\overline{x}=a}^{x} q(\overline{x}) d\overline{x} = 0$ $\rightarrow Q_z = -A_z - \int_{\overline{x}=a}^{x} q(\overline{x}) d\overline{x} = 0$.

$\sum M_{j,y} = 0:$ $M_y + A_z x + \int_{\overline{x}=a}^{x} (x - \overline{x}) q(\overline{x}) d\overline{x} = 0$ $\rightarrow M_y = -A_z x - \int_{\overline{x}=a}^{x} (x - \overline{x}) q(\overline{x}) d\overline{x}$.

Bereich III ($a + b < x < \ell$)

$\sum F_{j,z} = 0:$ $A_z + Q_z + \int_{\overline{x}=a}^{a+b} q(\overline{x}) d\overline{x} = 0$ $\rightarrow Q_z = -A_z - \int_{\overline{x}=a}^{a+b} q(\overline{x}) d\overline{x} = 0$.

$\sum M_{j,y} = 0:$ $M_y + A_z x + \int_{\overline{x}=a}^{a+b} (x - \overline{x}) q(\overline{x}) d\overline{x} = 0$ $\rightarrow M_y = -A_z x - \int_{\overline{x}=a}^{a+b} (x - \overline{x}) q(\overline{x}) d\overline{x}$.

Beispiel 7-1:

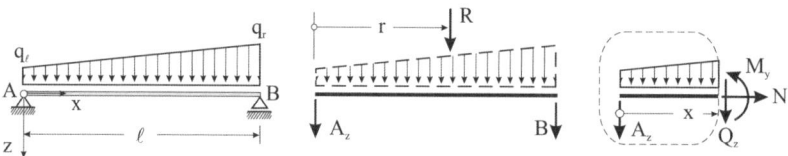

Abb. 7.18 Balken auf zwei Stützen unter Trapezbelastung

Für den Balken auf zwei Stützen unter Trapezbelastung sind durch Auswertung der Gleichgewichtsbedingungen die Schnittlasten $Q_z(x)$ und $M_y(x)$ zu berechnen. Stellen Sie eine Maple-Prozedur zur Verfügung, die eine grafische Ausgabe der Linienkraftbelastung $q(x)$ und den daraus resultierenden Schnittlasten ermöglicht.

<u>Lösung:</u> Mit $\Delta q = q_r - q_\ell$ und der dimensionslosen Koordinate $\xi = x/\ell$ ($0 \le \xi \le 1$) erhalten wir $q(\xi) = q_\ell + \Delta q \xi$. Unter Beachtung von $dx = \ell d\xi$ folgt die resultierende Kraft

7.1 Schnittlastenermittlung am Balken auf zwei Stützen

$$R = \int_{x=0}^{\ell} q(x)dx = \ell \int_{\xi=0}^{1} q(\xi)d\xi = \ell \int_{\xi=0}^{1}(q_\ell + \Delta q\,\xi)d\xi = \frac{\ell}{2}(2q_\ell + \Delta q).$$

Die statische Äquivalenz erfordert

$$rR = \int_{x=0}^{\ell} x\,q(x)dx = \ell^2 \int_{\xi=0}^{1}\xi q(\xi)\,d\xi = \ell^2 \int_{\xi=0}^{1}\xi(q_\ell + \Delta q\,\xi)d\xi = \frac{\ell^2}{6}(3q_\ell + 2\Delta q).$$

Damit folgt der Abstand der Resultierenden vom linken Rand zu

$$r = \frac{1}{R}\int_{x=0}^{\ell} x\,q(x)dx = \frac{\ell}{3}\frac{3q_\ell + 2\Delta q}{2q_\ell + \Delta q}.$$

Notieren wir jeweils das Momentengleichgewicht bezüglich der Punkte B und A, dann erhalten wir die Auflagerreaktionskräfte

$$A_z = -R\left(1-\frac{r}{\ell}\right) = -\frac{\ell}{6}(3q_\ell + \Delta q), \qquad B = -R\frac{r}{\ell} = -\frac{\ell}{6}(3q_\ell + 2\Delta q).$$

Das Gleichgewicht am abgeschnittenen Trägerteil (Abb. 7.18, rechts) liefert die Schnittlasten:

$$Q_z(\xi) = -A_z - \ell\int_{\bar\xi=0}^{\xi} q(\bar\xi)d\bar\xi = \frac{\ell}{6}\left[3q_\ell(1-2\xi) + \Delta q(1-3\xi^2)\right],$$

$$M_y(\xi) = -A_z\ell\xi - \ell^2\int_{\bar\xi=0}^{\xi}(\xi-\bar\xi)q(\bar\xi)d\bar\xi = \frac{\ell^2}{6}\xi(1-\xi)[3q_\ell + \Delta q(1+\xi)].$$

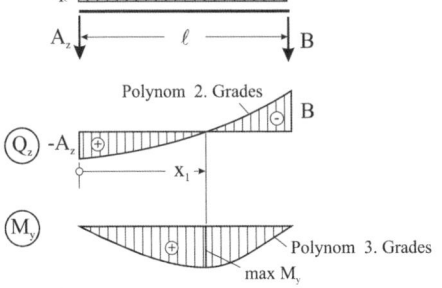

Abb. 7.19 *Zustandslinien für den Balken auf zwei Stützen unter Trapezbelastung*

An den Rändern $\xi = (0,1)$ verschwindet das Biegemoment. Die Nullstellen der Querkraft werden aus der quadratischen Gleichung $3q_\ell(1-2\xi)+\Delta q(1-3\xi^2) = 0$ berechnet. Sie hat für $\Delta q \neq 0$ die beiden Lösungen: $\xi_{1,2} = \dfrac{1}{3\Delta q}\left(-3q_\ell \pm \sqrt{9q_\ell(q_\ell+\Delta q)+3(\Delta q)^2}\right)$ ($0 < \xi_{1,2} < 1$).

Ist $\Delta q = 0$, dann haben wir nur die Lösung $\xi_1 = 1/2$.

Wir wollen schon an dieser Stelle auf einen Sachverhalt aufmerksam machen, den wir später in Kap. 7.2 allgemein beweisen werden. Danach hat das Moment $M_y(x)$ an derjenigen Stelle x einen Extremwert, an der die Querkraft $Q_z(x)$ eine Nullstelle besitzt. Das zeigen wir wie folgt: Notwendige und hinreichende Bedingung für das Vorliegen eines Extremwertes von $M_y(x)$ ist das Verschwinden der ersten Ableitung, also

$\dfrac{dM_y}{dx} = \dfrac{dM_y}{d\xi}\dfrac{d\xi}{dx} = \dfrac{1}{\ell}\dfrac{dM_y}{d\xi} = \dfrac{\ell}{6}\left[3q_\ell(1-2\xi)+\Delta q(1-3\xi^2)\right] = 0$. Wegen $\ell \neq 0$ verbleibt die Bestimmungsgleichung $3q_\ell(1-2\xi)+\Delta q(1-3\xi^2) = 0$, deren Lösung bereits bekannt ist.

Wir können hier noch einige Sonderfälle betrachten:

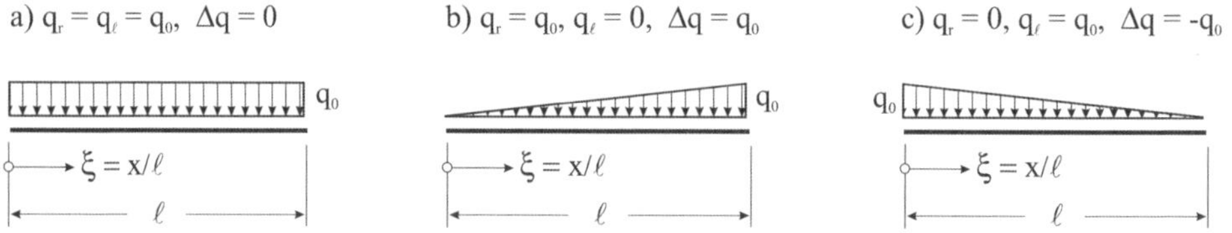

a) $q_r = q_\ell = q_0$, $\Delta q = 0$ b) $q_r = q_0$, $q_\ell = 0$, $\Delta q = q_0$ c) $q_r = 0$, $q_\ell = q_0$, $\Delta q = -q_0$

Abb. 7.20 *Sonderfälle der Belastungsfunktion q(x)*

a) Gleichstreckenlast:

$Q_z(\xi) = \dfrac{q_0\ell}{2}(1-2\xi)$, $A_z = -\dfrac{q_0\ell}{2}$, $B = -\dfrac{q_0\ell}{2}$,

$M_y(\xi) = \dfrac{q_0\ell^2}{2}\xi(1-\xi)$, $\max M_y = \dfrac{q_0\ell^2}{8}$ bei $\xi_1 = 1/2$.

b) Dreiecksbelastung (mit q_0 rechts):

$Q_z(\xi) = \dfrac{q_0\ell}{6}(1-3\xi^2)$, $A_z = -\dfrac{q_0\ell}{6}$, $B = -\dfrac{q_0\ell}{3}$

$M_y(\xi) = \dfrac{q_0\ell^2}{6}\xi(1-\xi^2)$, $\max M_y = \dfrac{q_0\ell^2\sqrt{3}}{27}$ bei $\xi_1 = \dfrac{1}{3}\sqrt{3} \approx 0{,}577$.

c) Dreiecksbelastung (mit q_0 links):

$$Q_z(\xi) = \frac{q_0 \ell}{6}(2 - 6\xi + 3\xi^2), \quad A_z = -\frac{q_0 \ell}{3}, \quad B = -\frac{q_0 \ell}{6},$$

$$M_y(\xi) = \frac{q_0 \ell^2}{6}\xi(1-\xi)(2-\xi), \quad \max M_y = \frac{q_0 \ell^2 \sqrt{3}}{27} \approx \frac{5}{78}q_0\ell^2 \text{ bei } \xi_1 = 1 - \frac{1}{3}\sqrt{3} \approx \frac{11}{26}.$$

Hinweis: Nach dem Prinzip von de Saint-Venant[1] ist es erlaubt, die bei ausgedehnten Lasteinleitungsbereichen an Stabtragwerken herrschenden komplizierten Beanspruchungen, wie sie beispielsweise an der Einspannung des Balkens in Abb. 7.21 vorliegen, durch Einzelkräfte zu ersetzen. Wir müssen uns jedoch im Klaren sein, dass die so erzielten Ergebnisse erst in einiger Entfernung (hier a) von der Einspannstelle gelten, wobei a zunächst unbekannt bleibt.

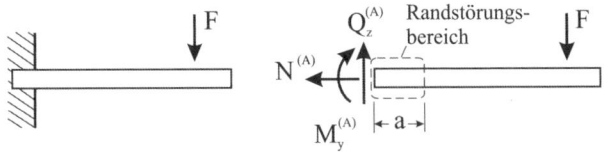

Abb. 7.21 *Eingespannter Balken, Randstörungsbereich*

7.2 Die Schnittlastendifferenzialgleichungen

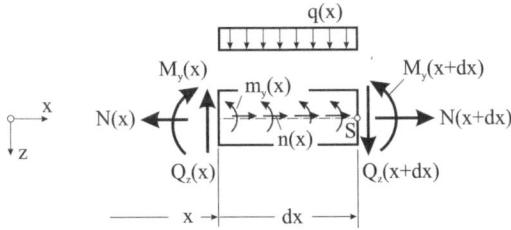

Abb. 7.22 *Balkenelement, lokales Gleichgewicht*

Im vorangegangenen Kapitel haben wir den Zusammenhang zwischen der äußeren eingeprägten Belastung und den inneren Schnittlastgrößen Normalkraft, Querkraft und Biegemo-

---

[1] Adhémar Jean Claude Barré de Saint-Venant, frz. Ingenieur, Mathematiker u. Physiker, 1797–1886

ment an einem geraden Balken kennen gelernt. Dazu standen uns die Gleichgewichtsbedingungen zur Verfügung, die wir global auf den freigeschnittenen Balken angewandt haben. Wir wollen nun für allgemeine Belastungen q(x) den Zusammenhang zwischen der äußeren Belastung und den Schnittgrößen herleiten und betrachten dazu das Balkenelement der Länge dx in Abb. 7.22. Die äußere Belastung besteht aus der Querlast q(x), der Momentenschüttung $m_y(x)$ und der Normalkraftschüttung n(x), wobei alle Lasten im Sinne der statischen Äquivalenzrelationen auf die Stabachse bezogen sind. Am linken Schnittufer (Koordinate x) des Balkenelementes sind die Schnittlasten N(x), $Q_z(x)$ und $M_y(x)$ angetragen. Das rechte Schnittufer (Koordinate x + dx) hat den Abstand dx vom linken Schnittufer. Nach Taylor gilt, wenn wir uns auf lineare Zuwächse der Zustandsgrößen in x-Richtung beschränken:

$$N(x+dx) \approx N(x) + \frac{dN}{dx}dx, \quad Q_z(x+dx) \approx Q_z(x) + \frac{dQ_z}{dx}dx, \quad M_y(x+dx) \approx M_y(x) + \frac{dM_y}{dx}dx .$$

Notieren wir die Gleichgewichtsbedingungen am Element, dann folgen

$$\sum F_{j,x} = 0: \quad -N(x) + n(x)dx + N(x) + \frac{dN}{dx}dx = 0 \tag{a}$$

$$\sum F_{j,z} = 0: \quad -Q_z(x) + q(x)dx + Q_z(x) + \frac{dQ_z(x)}{dx}dx = 0 \tag{b}$$

$$\sum M_{j,y}^{(S)} = 0: \quad -M_y(x) - Q_z(x)dx + q(x)dx\frac{dx}{2} + m_y(x)dx + M_y(x) + \frac{dM_y}{dx}dx = 0 \tag{c}$$

Aus (a)-(c) erhalten wir nach Zusammenfassung und Durchführung des Grenzübergangs $dx \to 0$ die <u>lokalen</u> Gleichgewichtsbedingungen am geraden Balken:

$$\frac{dN(x)}{dx} = -n(x), \quad \frac{dQ_z(x)}{dx} = -q(x), \quad \frac{dM_y(x)}{dx} = Q_z(x) - m_y(x) . \tag{d}$$

In der letzten Gleichung, der Momentengleichgewichtsbedingung, tritt auf der rechten Seite noch die unbekannte Querkraft Q_z auf, die wir eliminieren können, wenn wir einmal nach *x* differenzieren und die zweite Gleichung beachten. Wir erhalten dann:

$$\frac{d^2M_y(x)}{dx^2} = \frac{dQ_z(x)}{dx} - \frac{dm_y(x)}{dx} = -q(x) - \frac{dm_y(x)}{dx} \tag{e}$$

Damit sind die lokalen Änderungen der Schnittlasten durch die äußeren Belastungen ausgedrückt. In Worten besagen diese Gleichungen:

1. Die Neigung der Tangente an die Normalkraftkurve N(x) entspricht der negativen Normalkraftschüttung n(x).
2. Die Neigung der Tangente an die Querkraftkurve $Q_z(x)$ entspricht der negativen Querbelastung q(x).

Beschränken wir uns auf den Fall verschwindender Momentenschüttung ($m_y = 0$), dann gilt ferner:

3. Die Neigung der Tangente an die Momentenkurve $M_y(x)$ entspricht der Querkraft $Q_z(x)$.

7.2 Die Schnittlastendifferenzialgleichungen

4. Die (linearisierte) Krümmung der Momentenkurve entspricht der negativen Querbelastung q(x).

Drehen wir die obigen Aussagen um, dann können wir auch sagen:

5. Die Querkraft $Q_z(x)$ folgt durch einmalige und das Biegemoment $M_y(x)$ durch zweimalige Integration der Belastungsfunktion q(x).

Aus 3. folgt der wichtige Satz:

6. Das Moment $M_y(x)$ hat an derjenigen Stelle x einen Extremwert, an der die Querkraft $Q_z(x)$ eine Nullstelle besitzt und q(x) ungleich null ist.

Wir bezeichnen im Folgenden die Ableitung d/dx mit $()'$. Für den Fall $m_y = 0$ verbleiben dann die linearen inhomogenen Differenzialgleichungen erster und zweiter Ordnung

$$N'(x) = -n(x), \quad Q'_z(x) = -q(x), \quad M''_y(x) = Q'_z(x) = -q(x).$$

Deren Lösungen erhalten wir durch unbestimmte Integration

$$N(x) = -\int n(x)\,dx + K_1,$$

$$Q_z(x) = -\int q(x)\,dx + C_1, \quad M_y(x) = -\iint q(x)\,dx\,dx + C_1 x + C_2.$$

Die obigen Beziehungen gestatten die Berechnung der Schnittlasten in Abhängigkeit von x, ohne Gleichgewichtsbetrachtungen an endlichen freigeschnittenen Tragwerksteilen durchführen zu müssen. Da die Gleichgewichtsbedingungen lokal erfüllt sind, ist sofort einleuchtend, dass damit auch das Gesamtsystem im Gleichgewicht sein muss.

Über Unstetigkeitsstellen des Integranden darf bekanntlich nicht hinweggintegriert werden. Wir betrachten dazu die vier in Abb. 7.23 skizzierten Fälle. Die Bedingungen, die die Schnittlasten beim Übergang vom linken zum rechten Schnittufer erfüllen müssen, werden Übergangsbedingungen (ÜB) genannt.

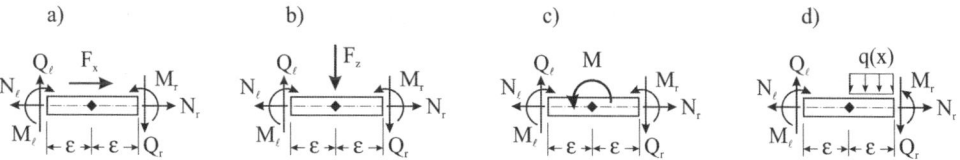

Abb. 7.23 *Unstetigkeiten in der Belastung, Übergangsbedingungen*

Wird der Abstand ε hinreichend klein gewählt, im Grenzfall geht $\varepsilon \to 0$, dann erhalten wir aus reinen Gleichgewichtsbetrachtungen am Element:

Fall a): $\Delta N := N_r - N_\ell = -F_x, \quad \Delta Q := Q_r - Q_\ell = 0, \quad \Delta M := M_r - M_\ell = 0$

Fall b): $\Delta N = 0$, $\qquad\qquad \Delta Q = -F_z$, $\qquad\qquad \Delta M = 0$

Fall c): $\Delta N = 0$, $\qquad\qquad \Delta Q = 0$, $\qquad\qquad \Delta M = -M$

Fall d): $\Delta N = 0$, $\qquad\qquad \Delta Q = 0$, $\qquad\qquad \Delta M = 0$

wobei Δ den Sprung der entsprechenden Schnittlast beim Übergang vom linken zum rechten Rand bezeichnet.

Die bei der unbestimmten Integration anfallenden Integrationskonstanten K_1, C_1 und C_2 werden aus den Rand- und/oder Übergangsbedingungen ermittelt. Die Randwerte von Normalkraft, Querkraft und Biegemoment können für die wichtigsten Lagerungsbedingungen Abb. 7.24 entnommen werden. Die dort notierten Aussagen $N \neq 0$, $Q_z \neq 0$ und $M_y \neq 0$ sind zur Formulierung des Randwertproblems (RWP) allerdings nicht verwertbar.

a) Randbedingungen

Bezeichnung	Symbol	N	Q_z	M_y	Wertigkeit
Gleitlager		0	$\neq 0$	0	1
Festes Lager		$\neq 0$	$\neq 0$	0	2
Einspannung		$\neq 0$	$\neq 0$	$\neq 0$	3
Freies Ende		0	0	0	0

b) Verbindungselemente

Bezeichnung	Symbol	N	Q_z	M_y	Verbindungs-reaktionen z
Normalkraft-gelenk		0	$\neq 0$	$\neq 0$	2
Stabver-bindung		$\neq 0$	0	0	1
Querkraft-gelenk		$\neq 0$	0	$\neq 0$	2
Momenten-gelenk		$\neq 0$	$\neq 0$	0	2

Abb. 7.24 Randbedingungen der Schnittgrößen und Verbindungselemente für einige wichtige Lagerungsfälle

Technische Konstruktionen bestehen in der Regel aus einer Vielzahl einteiliger Tragwerke, die sich gegenseitig abstützen. Die einzelnen Tragwerksteile werden durch Verbindungselemente (Abb. 7.24, rechts) miteinander verbunden. Als Verbindungselemente treten Normalkraftgelenke, Stabverbindungen, Querkraft- und Momentengelenke auf. Mit diesen Übertragungselementen lassen sich gezielt bestimmte Kraftgrößen übertragen bzw. auch ausschalten. Ein Normalkraftgelenk kann demnach ein Moment und die Kraftkomponente quer zur Stabachse übertragen; die Weiterleitung einer Normalkraft soll nicht möglich sein. Bei einer Stabverbindung ist nur die Übertragung einer Normalkraft möglich. Ein Querkraftgelenk setzt einer Querverschiebung keinen Widerstand entgegen, deshalb ist nur die Übertragung von Moment und Normalkraft möglich. Ein Momentengelenk schließt die Übertragung eines Momentes aus. Analog zu den Lagerreaktionsgrößen kommen den Verbindungselementen unterschiedliche Wertigkeiten zu. Ein Momentengelenk besitzt beispielsweise die Wertigkeit $z = 2$, da der vollständige Kraftvektor (Horizontal- und Vertikalkomponente) übertragen werden kann, jedoch kein Moment.

7.2 Die Schnittlastendifferenzialgleichungen

Für die in Abb. 7.25 skizzierten Kragbalken sollen nun die Schnittlasten mittels der Schnittlastendifferenzialgleichungen berechnet werden. Aufgrund der fehlenden Horizontalbelastung sind die Systeme frei von Normalkräften. Von den Differenzialgleichungen verbleiben $M_y''(x) = -q(x)$ und $M_y'(x) = Q_z(x)$. Aufgrund der Unstetigkeiten in den Belastungen muss das Lösungsgebiet gedanklich in Teilbereiche zerlegt werden. Nach der bereichsweisen Integration der Schnittlastendifferenzialgleichungen werden die Lösungen dann durch Übergangsbedingungen miteinander verknüpft, was im Einzelfall recht mühsam sein kann.

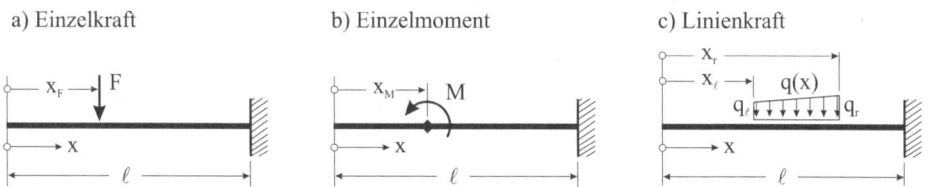

Abb. 7.25 *Der rechts eingespannte Kragbalken mit unstetigen Belastungen*

System a) Kragträger mit Einzelkraft F bei $x = x_F$.

Bereich I ($0 < x < x_F$): Aufgrund fehlender Querbelastung q(x) gilt:

$$M_y''(x) = 0, \quad M_y'(x) = Q_z(x) = C_1, \quad M_y(x) = C_1 x + C_2.$$

Am freien Rand bei $x = 0$ sind $Q_z(x = 0) = 0$ und $M_y(x = 0) = 0$. Das erfordert für die Konstanten $C_1 = 0$ und $C_2 = 0$. Damit verschwinden sämtliche Schnittlasten im Bereich I.

Bereich II ($x_F < x < \ell$): Auch hier fehlt die Querbelastung q(x) und es gilt mit neuen Konstanten: $M_y''(x) = 0$, $M_y'(x) = Q_z(x) = C_3$, $M_y(x) = C_3 x + C_4$. Da die Einspannbedingungen bei $x = \ell$ zur Bestimmung der Konstanten ungeeignet sind, greifen wir auf die Übergangsbedingungen bei $x = x_F$ zurück, die beide Bereiche miteinander verknüpfen. Mit Blick auf den Fall b) in Abb. 7.23 sind zu fordern:

$$\Delta Q = Q_r - Q_\ell = C_3 - 0 = -F, \qquad \Delta M = M_r - M_\ell = C_3 x_F + C_4 - 0 = 0.$$

Damit haben wir $C_3 = -F$ sowie $C_4 = F x_F$, und für die Lösung im Bereich II folgt:

$$Q_z(x) = -F, \qquad M_y(x) = -F(x - x_F).$$

Da die Lösungen der Schnittlastendifferenzialgleichungen das lokale Gleichgewicht innerhalb des offenen Lösungsgebietes sicherstellen, kann zunächst auch keine Aussage über die Auflagerreaktionslasten am rechten Rand getroffen werden, die übrigens in der Rechnung gar nicht erscheinen können, da die Randpunkte nicht zum Lösungsgebiet gehören. Das Gleichgewicht am freigeschnittenen Tragwerksteil (Abb. 7.26) liefert uns jedoch folgende Aussagen über die Lagerreaktionsgrößen am eingespannten Rand bei $x = \ell$:

$$\sum F_{j,x} = 0: \quad N(x = \ell-\varepsilon) = A_x \qquad \lim_{\varepsilon \to 0} N(x = \ell-\varepsilon) \equiv N(\ell) = A_x \qquad (a)$$

$$\sum F_{j,z} = 0: \quad Q_z(x = \ell-\varepsilon) = A_z \qquad \lim_{\varepsilon \to 0} Q_z(x = \ell-\varepsilon) \equiv Q_z(\ell) = A_z \qquad (b)$$

$$\sum M_{j,y}^{(A)} = 0: \quad M_y(x = \ell-\varepsilon) + \varepsilon Q_z(x = \ell-\varepsilon) = M^{(A)}$$

$$\lim_{\varepsilon \to 0} \left[M_y(x = \ell-\varepsilon) + \varepsilon Q_z(x = \ell-\varepsilon) \right] \equiv M_y(\ell) = M^{(A)} \qquad (c)$$

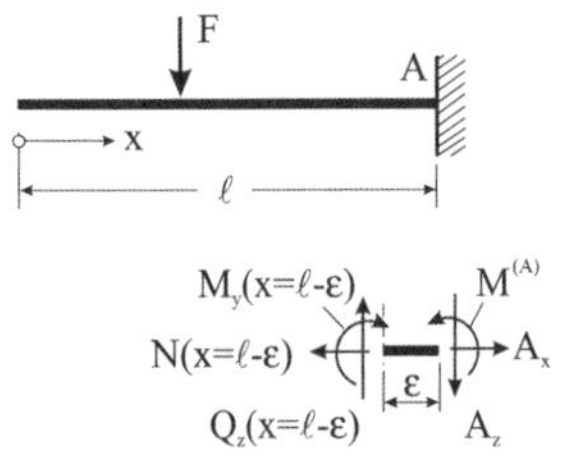

Abb. 7.26 *Auflagerreaktionslasten am eingespannten Rand*

System b) Kragträger mit Einzelmoment M bei $x = x_M$.

<u>Bereich I</u> $(0 < x < x_M)$: Keine Schnittlasten im Bereich I.

<u>Bereich II</u> $(x_M < x < \ell)$: Auch hier fehlt die Querbelastung q(x) und es gilt:

$$M_y''(x) = 0, \quad M_y'(x) = Q_z(x) = C_3, \quad M_y(x) = C_3 x + C_4.$$

Die Übergangsbedingungen lauten nun (Abb. 7.23, Fall c):

$$\Delta Q = Q_r - Q_\ell = C_3 - 0 = 0, \qquad \Delta M = M_r - M_\ell = C_3 x_M + C_4 - 0 = -M$$

Das führt auf die Konstanten $C_3 = 0$ und $C_4 = -M$, und damit erhalten wir die Schnittlasten im Bereich II: $Q_z(x) = 0$ und $M_y(x) = -M$.

System c) Kragträger mit linear veränderlicher Linienkraftbelastung q(x). Bei diesem Belastungsfall sind drei Bereiche zu unterscheiden.

<u>Bereich I</u> $(0 < x < x_\ell)$: Keine Schnittlasten im Bereich I.

<u>Bereich II</u> $(x_\ell < x < x_r)$: In diesem Bereich wirkt die linear verteilte Linienkraft

$$q(x) = q_\ell + \frac{q_r - q_\ell}{x_r - x_\ell}(x - x_\ell),$$ und durch Integration folgt die Querkraft

7.2 Die Schnittlastendifferenzialgleichungen

$Q_z(x) = -\int q(x)dx + C_1 = q_\ell x + \dfrac{(q_r - q_\ell)x}{2(x_r - x_\ell)}(x - 2x_r) + C_1$. Die Übergangsbedingung für die Querkraft an der Stelle $x = x_\ell$ erfordert (Abb. 7.23, Fall d):

$\Delta Q = Q_r - Q_\ell = 0 = Q_z(x = x_\ell) = q_\ell x_\ell + \dfrac{(q_r - q_\ell)x_\ell}{2(x_r - x_\ell)}(x_\ell - 2x_r) + C_1$. Aus dieser Beziehung folgt $C_1 = -\dfrac{1}{2}\dfrac{x_\ell(x_\ell q_r - 2x_r q_\ell + x_\ell q_\ell)}{x_r - x_\ell}$ und die Querkraft lautet:

$Q_z(x) = \dfrac{1}{2}\dfrac{x - x_\ell}{x_r - x_\ell}[x_\ell(q_r + q_\ell) - 2x_r q_\ell - x(q_r - q_\ell)]$. Durch Integration von $Q_z(x)$ erhalten wir das Biegemoment $M_y(x) = \dfrac{1}{6}\dfrac{(x - x_\ell)^2}{x_r - x_\ell}[x_\ell q_r - 3x_r q_\ell + 2x_\ell q_\ell - x(q_r - q_\ell)]$.

Mit dieser Lösung ist die Übergangsbedingung an der Stelle $x = x_\ell$ für das Biegemoment erfüllt. Am rechten Rand $x = x_r$ nehmen die Schnittlasten folgende Werte an:

$Q_z(x = x_r) = -\dfrac{1}{2}(x_r - x_\ell)(q_r + q_\ell)$, $M_y(x = x_r) = -\dfrac{1}{6}(x_r - x_\ell)^2(q_r + 2q_\ell)$.

Bereich III ($x_r < x < \ell$): Aufgrund fehlender Querbelastung ist in diesem Bereich die Querkraft $Q_z(x) = K_1$ konstant und das Biegemoment $M_y(x) = K_1 x + K_2$ linear veränderlich. Aus den Übergangsbedingungen an der Stelle $x = x_r$ folgen die Gleichungen

$\Delta Q = K_1 + \dfrac{1}{2}(x_r - x_\ell)(q_r + q_\ell) = 0$, $\Delta M = K_1 x_r + K_2 + \dfrac{1}{6}(x_r - x_\ell)^2(q_r + 2q_\ell) = 0$,

aus denen die Konstanten

$K_1 = -\dfrac{1}{2}(x_r - x_\ell)(q_r + q_\ell)$, $K_2 = \dfrac{1}{6}(x_r - x_\ell)[x_\ell q_r + x_r q_\ell + 2(x_\ell q_\ell + x_r q_r)]$,

berechnet werden können. Damit lauten die Schnittlasten im Bereich III:

$Q_z(x) = -\dfrac{1}{2}(x_r - x_\ell)(q_r + q_\ell)$,

$M_y(x) = \dfrac{1}{6}(x_r - x_\ell)[x_\ell q_r + x_r q_\ell + 2(x_\ell q_\ell + x_r q_r) - 3x(q_r + q_\ell)]$.

Für den Sonderfall $q_\ell = q_r = q_0$ erhalten wir:

Bereich I ($0 < x < x_\ell$): $Q_z(x) = 0$, $M_y(x) = 0$,

Bereich II ($x_\ell < x < x_r$): $Q_z(x) = -q_0(x - x_\ell)$, $M_y(x) = -\dfrac{1}{2}q_0(x - x_\ell)^2$,

Bereich III ($x_r < x < \ell$): $Q_z(x) = -q_0(x_r - x_\ell)$, $M_y(x) = -\dfrac{1}{2}q_0(x_\ell - x_r)(x_\ell + x_r - 2x)$.

Der Abb. 7.27 kann der qualitative Verlauf der Schnittlasten für die Systeme in Abb. 7.25 entnommen werden.

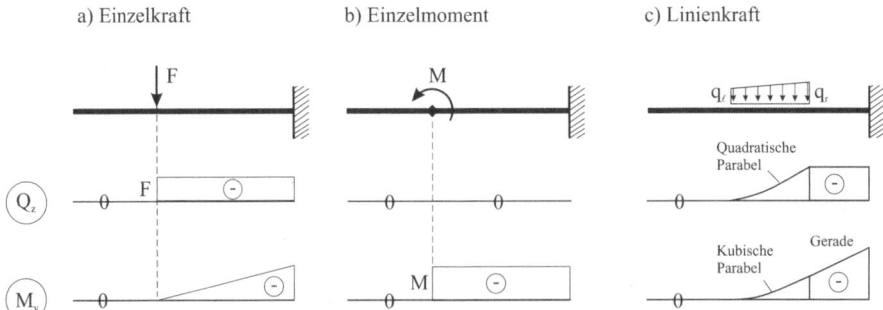

Abb. 7.27 *Qualitativer Verlauf der Schnittlasten für die Systeme in Abb. 7.25*

Wie das Beispiel zeigt, ist der manuelle Berechnungsaufwand beim Verfahren der bereichsweisen Integration schon bei drei Feldern beträchtlich. Dieser Aufwand kann reduziert werden, wenn wir uns zur Erfassung von Sprüngen in den äußeren Belastungen und den Schnittlasten der in Maple bereitgestellten Heaviside-Funktion (s.h. auch Beispiel 4-8)

$$H(x) = \begin{cases} 0 & \text{für } x < 0 \\ 1 & \text{für } x > 0 \end{cases} \qquad H(-x) = 1 - H(x)$$

bedienen. Die Integration und die verallgemeinerte Ableitung der Heaviside-Funktion sind

$$\int H(x-c)\,dx = (x-c)H(x-c), \qquad \dfrac{d}{dx}H(x-c) = \text{Dirac}(x-c).$$

Die Dirac[1]-Funktion, die auch δ-Funktion genannt wird, ist keine Funktion im Sinne der klassischen Analysis. Sie wird deshalb auch als Distribution[2] oder verallgemeinerte Funktion bezeichnet. Abb. 7.28 zeigt einige unstetige Funktionen, die über den gesamten Wertebereich von *x* mittels der Heaviside-Funktion ausgedrückt wurden. Der große Vorteil der Verwendung dieser Funktion besteht darin, dass eine Zerlegung des Lösungsgebietes in einzelne Teilbereiche entfällt. Ist die Lastfunktion q(x) bekannt, dann kann formal integriert werden. Es verbleiben zwei Konstanten, die aus den Randbedingungen zu ermitteln sind. Die Formulierung von Übergangsbedingungen entfällt.

---

[1] Paul Adrien Maurice Dirac, brit. Physiker, 1902–1984

[2] s.h. Lighthill, M. J.: Einführung in die Theorie der Fourier-Analysis und der verallgemeinerten Funktionen. BI Hochschultaschenbücher, Band 139, 1966

7.2 Die Schnittlastendifferenzialgleichungen

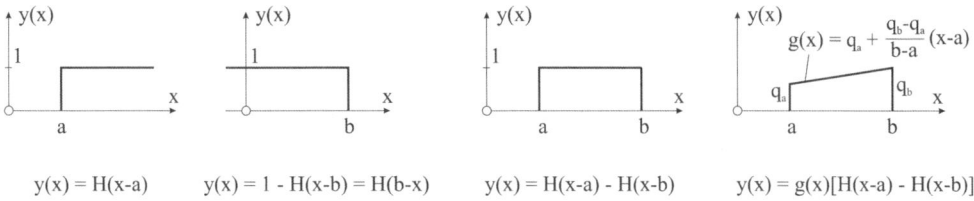

$y(x) = H(x-a)$ $y(x) = 1 - H(x-b) = H(b-x)$ $y(x) = H(x-a) - H(x-b)$ $y(x) = g(x)[H(x-a) - H(x-b)]$

Abb. 7.28 *Beispiele unstetiger Funktionen ausgedrückt durch die Heaviside-Funktion*

Zur Vorbereitung des Entwurfs eine Maple-Prozedur, die uns eine automatische Berechnung der Schnittlasten eines Balkens ermöglichen soll, betrachten wir Abb. 7.29. Der dort skizzierte Balken ist durch eine senkrecht zur Balkenachse wirkende Einzelkraft F, ein Einzelmoment M und eine Linienkraft $q(x)$ belastet. Horizontalkräfte sind nicht vorhanden, damit ist der Balken normalkraftfrei. Da die Schnittlastendifferenzialgleichungen linear sind, gilt das Superpositionsprinzip. Jeder Lastfall darf getrennt betrachtet werden, und die vollständige Lösung erhalten wir dann durch Addition sämtlicher Teillösungen. Wir notieren die Schnittlasten infolge der angegebenen Belastungen und beginnen mit der Einzelkraft F an der Stelle $x = x_F$. Dazu verwenden wir die vorab bereitgestellten Ergebnisse.

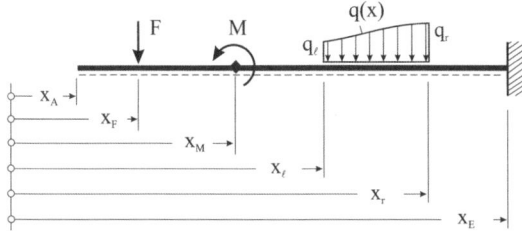

Abb. 7.29 *Der Kragbalken mit Einzelkraft, Einzelmoment und Linienkraftbelastung*

1.) Einzelkraft F an der Stelle x_F:

$$M_y(x) = \begin{cases} 0 & \text{für } x \leq x_F \\ -F(x - x_F) & \text{für } x \geq x_F \end{cases}$$

Ausgedrückt durch die Heaviside-Funktion erhalten wir die einheitliche Darstellung

$$M_y(x) = -F(x - x_F)H(x - x_F).$$

<u>Hinweis</u>: Maple liefert für $x = x_F$ mit $H(0)$ den Wert *undefined*. Um dieses Problem zu umgehen, wird in den nummerischen Anwendungen $H(0) = 1$ gesetzt.

Unter Beachtung der Schnittlastendifferenzialgleichung $Q_z(x) = M'_y(x)$ und $q(x) = -Q'_z(x)$ liefert Maple

$$Q_z(x) = -F\,H(x-x_F) - F(x-x_F)\,\text{Dirac}(x-x_F),$$
$$q(x) = 2F\,\text{Dirac}(x-x_F) + F(x-x_F)\,\text{Dirac}(1, x-x_F).$$

Die verallgemeinerte erste und zweite Ableitung $\text{Dirac}(x-x_F)$ sowie $\text{Dirac}(1, x-x_F)$ der Heaviside-Funktion sind ihre Ableitungen an der Unstetigkeitsstelle und können mit dem Maple-Befehl *simplify* noch vereinfacht werden. Wir erhalten:

$$Q_z(x) = -F\,H(x-x_F), \quad q(x) = F\,\text{Dirac}(x-x_F).$$

Die letzte Beziehung besagt, dass die Einzelkraft F als Linienkraft $q(x)$ gedeutet werden kann, deren Aufstandsbreite gegen null und deren Intensität gegen unendlich geht. Im nächsten Schritt untersuchen wir die Wirkung eines Einzelmomentes.

2.) Einzelmoment M an der Stelle x_M:

$$M_y(x) = \begin{cases} 0 & \text{für } x < x_M \\ -M & \text{für } x > x_M \end{cases}.$$

Auch dieser Ausdruck kann mittels der Heaviside-Funktion vereinheitlicht werden:

$$M_y(x) = -M\,H(x-x_M).$$

Die Schnittlastendifferenzialgleichungen liefern:

$$Q_z(x) = -M\,\text{Dirac}(x-x_M), \quad q(x) = M\,\text{Dirac}(1, x-x_M).$$

Beachten wir, dass die gewöhnlichen Ableitungen der Heaviside-Funktion identisch null sind, dann verbleiben $Q_z(x) = 0$ und $q(x) = 0$. Abschließend verfolgen wir die Wirkung einer Linienkraft $q(x)$.

3.) Linienkraft $q(x)$ im Intervall $[x_\ell, x_r]$:

$$M_y(x) = \begin{cases} 0 & \text{für } x \leq x_\ell \\ -\int_{u=x_\ell}^{x} q(u)(x-u)\,du & \text{für } x_\ell < x < x_r \\ -\int_{u=x_\ell}^{x_r} q(u)(x-u)\,du & \text{für } x_r \leq x \end{cases}$$

In diesem Fall sind drei Bereiche zu unterscheiden (Abb. 7.30). Wir vereinheitlichen diese stückweise definierte Funktion mittels der Heaviside-Funktion und erhalten

$$M_y(x) = -H(x-x_\ell)\int_{u=x_\ell}^{x} q(u)(x-u)\,du - H(x-x_r)\int_{u=x}^{x_r} q(u)(x-u)\,du.$$

Die Schnittlastendifferenzialgleichungen liefern die Querkraft

7.2 Die Schnittlastendifferenzialgleichungen

$$Q_z(x) = M_y'(x) = -H(x - x_\ell) \int_{u=x_\ell}^{x} q(u)\, du - H(x - x_r) \int_{u=x}^{x_r} q(u)\, du,$$

und die Linienkraft

$$q(x) = -Q_z'(x) = q(x)[H(x - x_\ell) - H(x - x_r)].$$

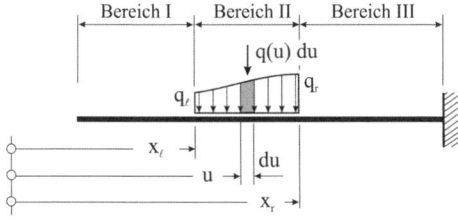

Abb. 7.30 *Allgemeine Linienkraftbelastung q(u) im Intervall [x_ℓ, x_r]*

Wählen wir beispielsweise die linear veränderliche Linienkraft $q(u) = q_\ell + \dfrac{q_r - q_\ell}{x_r - x_\ell}(u - x_\ell)$, dann folgen mit den Abkürzungen

$$I_1(x) = \int_{u=x_\ell}^{x} q(u)(x-u)\, du = -\frac{1}{6}\frac{(x - x_\ell)^2}{x_r - x_\ell}[x_\ell(q_r + 2q_\ell) - 3x_r q_\ell - x(q_r - q_\ell)]$$

$$I_2(x) = \int_{u=x}^{x_r} q(u)(x-u)\, du = -\frac{1}{6}\frac{(x - x_r)^2}{x_r - x_\ell}[x_r(q_\ell + 2q_r) - 3x_\ell q_r + x(q_r - q_\ell)]$$

$$I_3(x) = \int_{u=x_\ell}^{x} q(u)\, du = -\frac{1}{2}\frac{x - x_\ell}{x_r - x_\ell}[x_\ell(q_r + q_\ell) - 2x_r q_\ell - x(q_r - q_\ell)]$$

$$I_4(x) = \int_{u=x}^{x_r} q(u)\, du = -\frac{1}{2}\frac{x - x_r}{x_r - x_\ell}[x_r(q_r + q_\ell) - 2x_\ell q_r + x(q_r - q_\ell)]$$

die Schnittlasten

$$M_y(x) = -H(x - x_\ell) I_1(x) - H(x - x_r) I_2(x),$$
$$Q_z(x) = -H(x - x_\ell) I_3(x) - H(x - x_r) I_4(x).$$

Wie erwartet erhalten wir die Linienkraft

$$q(x) = \left[q_\ell + \frac{q_r - q_\ell}{x_r - x_\ell}(x - x_\ell)\right][H(x - x_\ell) - H(x - x_r)].$$

Im Bereich I ($x < x_\ell$) verschwinden wegen $H(x - x_r) = 0$ und $H(x - x_\ell) = 0$ sämtliche Schnittlasten.

Im Bereich II ($x_\ell < x < x_r$) verbleiben wegen $H(x - x_r) = 0$ und $H(x - x_\ell) = 1$

$$M_y(x) = -I_1(x) = \frac{1}{6}\frac{(x-x_\ell)^2}{x_r - x_\ell}[x_\ell(q_r + 2q_\ell) - 3x_r q_\ell - x(q_r - q_\ell)],$$

$$Q_z(x) = -I_3(x) = \frac{1}{2}\frac{x - x_\ell}{x_r - x_\ell}[x_\ell(q_r + q_\ell) - 2x_r q_\ell - x(q_r - q_\ell)],$$

$$q(x) = q_\ell + \frac{q_r - q_\ell}{x_r - x_\ell}(x - x_\ell),$$

und für den Bereich III ($x_r < x$) sind mit $H(x - x_r) = 1$ und $H(x - x_\ell) = 1$

$$M_y(x) = -[I_1(x) + I_2(x)] = \frac{1}{6}(x_r - x_\ell)[x_\ell(q_r + 2q_\ell) + x_r(q_\ell + 2q_r) - 3(q_\ell + q_r)x],$$

$$Q_z(x) = -[I_3(x) + I_4(x)] = -\frac{1}{2}(x_r - x_\ell)(q_r + q_\ell),$$

$$q(x) = 0.$$

Beispiel 7-2:

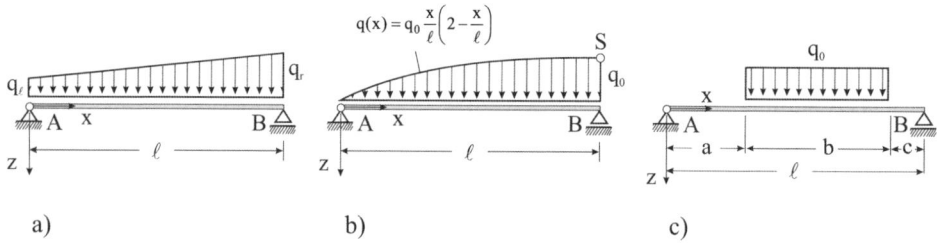

Abb. 7.31 *Anwendung der Schnittlastendifferenzialgleichungen*

Für die in Abb. 7.31 skizzierten Einfeldträger sind die Schnittlasten $Q_z(x)$ und $M_y(x)$ mittels der Schnittlastendifferenzialgleichungen zu berechnen. Es ist zusätzlich in Maple eine Grafik-Prozedur bereitzustellen, mit deren Hilfe die Lastfunktion $q(x)$ und die berechneten Schnittlasten $Q_z(x)$ und $M_y(x)$ dargestellt werden können.

7.3 Zusammengesetzte Systeme starrer Körper

Zusammengesetzte Systeme bestehen aus einer Vielzahl einteiliger Tragwerke, die durch Verbindungselemente miteinander verbunden sind (Abb. 7.24, rechts). Ein Beispiel für ein zusammengesetztes System mit einer endlichen Anzahl von Einzeltragwerken ist das Fachwerk (s.h. Kapitel 8). Seile und Ketten (s.h. Kap. 9) sind gegliederte Systeme mit theoretisch unendlich vielen Tragwerksteilen.

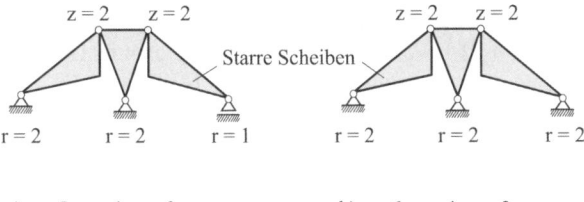

Abb. 7.32 Zusammengesetzte Tragsysteme

Das Gesamtsystem befindet sich nur dann im Gleichgewicht, wenn jeder Teilkörper für sich im Gleichgewicht ist. Bezeichnet r die Anzahl der Auflagerreaktionen und z die Anzahl der Verbindungsreaktionen, dann muss als notwendige Bedingung im statisch bestimmten Fall

$$r + z = 3n$$

erfüllt sein. Abb. 7.32 zeigt ein aus $n = 3$ Teilkörpern zusammengesetztes Tragsystem. Im Fall a) ist das System wegen $r + z = 9 = 3n$ statisch bestimmt gelagert. Im Fall b) ist das System auf drei Festlagern gelagert, damit erhöht sich die Anzahl der Reaktionslasten um eins. Jetzt gilt $r + z = 10 > 3n$. Das System ist somit einfach statisch unbestimmt gelagert.

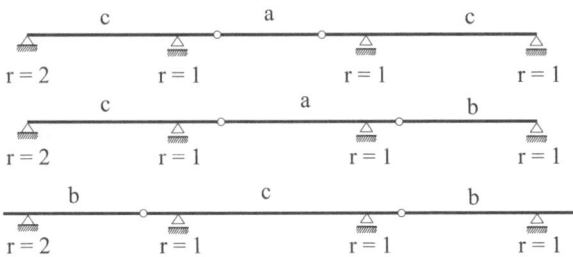

Abb. 7.33 Aus drei Teiltragwerken aufgebaute Gerber-Träger

Die Träger in Abb. 7.33 bestehen jeweils aus drei Balken (n = 3), die durch zwei Gelenke miteinander verbunden sind. Die Teilkörper sind auf einem Festlager und drei Gleitlagern gelagert. Die Anzahl der Reaktionslasten beträgt somit r = 5. Ein Momentengelenk besitzt z = 2 Zwischenreaktionen, so dass mit r + 2z = 5 + 4 = 9 = 3n das Abzählkriterium für die statische Bestimmtheit ebener Tragsysteme erfüllt ist.

Die Gelenkträger in Abb. 7.33 werden nach ihrem Erfinder Gerber-Träger (1866) genannt. Heinrich G. Gerber[1] wirkte bahnbrechend auf dem Gebiet der Stahlbrückenkonstruktionen. Der Gerberträger entsteht so, dass in einen Durchlaufträger genau so viele Momentengelenke eingebaut werden, bis der Träger statisch bestimmt wird. Jedes Gelenk reduziert den Grad der statischen Unbestimmtheit um eins. Um den Träger kinematisch bestimmt zu halten, dürfen in ein Mittelfeld höchstens zwei und in ein Endfeld nicht mehr als ein Gelenk eingebaut werden. Die mit a) bezeichneten Träger heißen Einhänge- oder Koppelträger, die mit b) benannten werden Schleppträger und die mit c) bezeichneten Kragträger genannt. Die Gelenke werden vorteilhaft dort eingebaut, wo bei einem gelenklosen Durchlaufträger im Fall ständiger Beanspruchung (etwa durch Eigengewichtsbelastung) die Nullpunkte der Momentenlinie liegen. Vom Gelenk müssen dann nur Querkräfte übertragen werden, was eine relativ kostengünstige Ausführung der Gelenkkonstruktion erlaubt.

Beispiel 7-3:

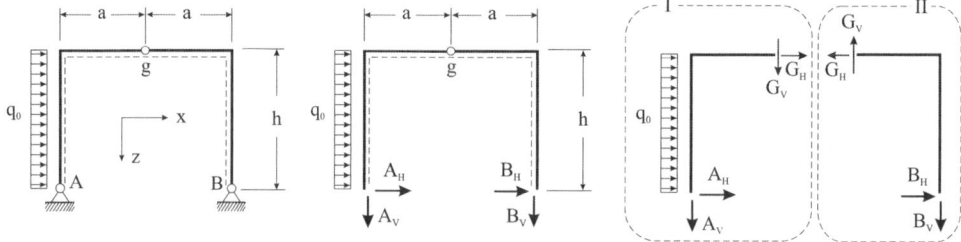

Abb. 7.34 Der Dreigelenkrahmen, Lagerreaktionsgrößen, Gelenkkräfte

Für den skizzierten Dreigelenkrahmen sind die Auflager- und Gelenkkräfte zu berechnen. Das System ist statisch bestimmt. Es besteht aus zwei Teiltragwerken, die über das Gelenk g miteinander verbunden sind. Neben den 4 Auflagerreaktionskräften A_V, A_H, B_V und B_H treten noch zwei Übertragungsreaktionskräfte G_V und G_H auf. In der Summe sind also 6 unbekannte Kraftgrößen zu berechnen, zu deren Berechnung auch genau 3 + 3 = 6 Gleichgewichtsbedingungen zur Verfügung stehen. Der Gesamtkörper, und auch jeder Teilkörper, muss für sich im Gleichgewicht sein. Wir notieren zunächst die Gleichgewichtsbedingungen für das Gesamtsystem (Abb. 7.34, Mitte):

$$\sum F_{j,x} = 0: \qquad A_H + B_H + q_0 h = 0 \qquad \text{(a)}$$

---

[1] Heinrich Gottfried Gerber, deutsch. Bauingenieur, 1832–1912

7.3 Zusammengesetzte Systeme starrer Körper

$\sum F_{j,z} = 0:$ $\quad A_V + B_V = 0$ \hfill (b)

$\sum M_{j,y}^{(A)} = 0:$ $\quad -q_0 h^2/2 - 2aB_V = 0 \quad \rightarrow B_V = -\dfrac{q_0 h^2}{4a}$ \hfill (c)

Mit B_V aus (c) ist dann aus (b) auch $A_V = -B_V = \dfrac{q_0 h^2}{4a}$ bekannt. Die Horizontalkomponenten der Lagerkräfte bleiben zunächst unbekannt. Am Gelenk g muss das Moment verschwinden. Schreiben wir für den rechten Tragwerksteil das Momentengleichgewicht bezogen auf diesen Punkt an (Abb. 7.34, rechts), dann folgt:

$\sum M_{j,y}^{(g)} = 0:$ $\quad hB_H - aB_V = 0 \quad \rightarrow \dfrac{B_V}{B_H} = \dfrac{h}{a}$ \hfill (d)

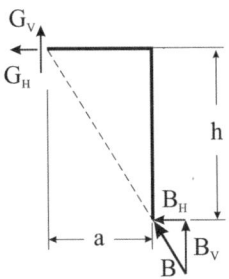

Abb. 7.35 *Die Auflagerkraft B*

Die letzte Gleichung besagt, dass die Wirkungslinie der Auflagerkraft $B = \sqrt{B_H^2 + B_V^2}$ durch das Gelenk g verlaufen muss, weil nur so das Momentengleichgewicht für den rechten Tragwerksteil erfüllt ist. Einsetzen von (d) in (c) liefert unter Beachtung von B_V: $B_H = -q_0 h/4$. Aus (a) folgt die Lagerkraftkomponente $A_H = -B_H - q_0 h = -3/4 q_0 h$. Damit sind alle Auflagerreaktionskräfte bekannt. Es müssen noch die Gelenkkräfte bestimmt werden. Dazu bilden wir das Kraftgleichgewicht am rechten Tragwerksteil:

$\sum F_{j,x} = 0:$ $\quad B_H - G_H = 0 \quad \rightarrow G_H = B_H = -\dfrac{q_0 h}{4}$

$\sum F_{j,z} = 0:$ $\quad B_V - G_V = 0 \quad \rightarrow G_V = B_V = -q_0 \dfrac{h^2}{4a}$

Vom Gelenk muss die Verbindungskraft $G = \sqrt{G_H^2 + G_V^2} = \dfrac{q_0 h}{4}\sqrt{1 + \left(\dfrac{h}{a}\right)^2}$ übertragen werden.

Beispiel 7-4:

Es soll eine Maple-Prozedur bereitgestellt werden, mit deren Hilfe die Schnittlasten $Q_z(x)$, $M_y(x)$ und sämtliche Lagerreaktionslasten eines geraden Balkens berechnet werden können. Zur Kontrolle der Berechnung sind die Zustandsgrößen grafisch auf dem Bildschirm darzustellen. Der Balken wird durch Einzelmomente, senkrecht zur Balkenachse wirkende Einzelkräfte und Linienkraftbelastungen beansprucht. Normalkräfte treten dann nicht auf. Die Prozedur soll auch mehrteilige Tragsysteme verarbeiten können, die durch Biege- und/oder Querkraftgelenke miteinander verbunden sind.

Beispiel 7-5:

Berechnen Sie die Schnittlasten und die Lagerreaktionsgrößen der drei Systeme in Abb. 7.25. Verwenden Sie dazu die in Beispiel 7-4 entworfene Prozedur.

<u>Geg.</u>: $\ell = 10$ m, $x_F = 3$ m, $F = 1$ kN, $x_M = 3$ m, $M = 1$ kNm, $x_\ell = 2$ m, $x_r = 8$ m, $q_\ell = 1$ kN/m, $q_r = 2$ kN/m.

Beispiel 7-6:

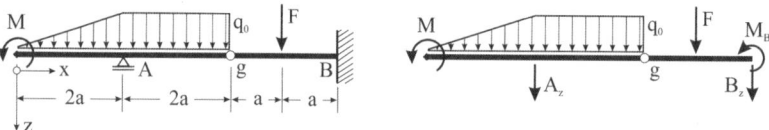

Abb. 7.36 *Gelenkträger mit Lagerreaktionsgrößen A_z, B_z und M_B*

Wenden Sie die Prozedur aus Beispiel 7-4 auf den in Abb. 7.36 skizzierten Gelenkträger an.

<u>Geg.</u>: $a = 1$ m, $q_0 = 60$ kN, $F = 80$ kN, $M = 10$ kNm.

Beispiel 7-7:

Für den Balken in Abb. 7.37 sind die Schnittlasten zu bestimmen. Der Balken enthält ein Querkraft- und ein Momentengelenk. Verwenden Sie dazu die in Beispiel 7-4 bereitgestellte Prozedur. Wie verändern sich die Schnittlasten und die Lagerreaktionsgrößen, wenn die Linienkraftbelastung bis zum Lager *B* reicht?

<u>Geg.</u>: $a = 1$ m, $q_0 = 60$ kN/m, $F = 80$ kN.

7.3 Zusammengesetzte Systeme starrer Körper

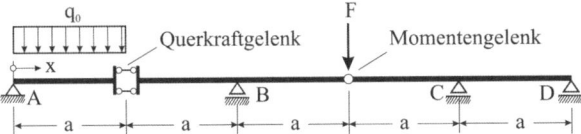

Abb. 7.37 Balken mit Querkraft- und Momentengelenk

Beispiel 7-8:

a) Durchlaufträger   b) Kinematisches System

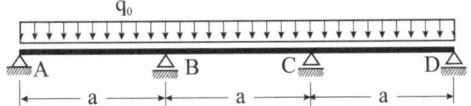   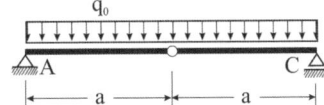

Abb. 7.38 a) Durchlaufträger, b) Kinematisch unbestimmtes System

Für den zweifach statisch unbestimmt gelagerten Balken in Abb. 7.38 a) sind die Schnittlasten und die Lagerreaktionsgrößen zu berechnen. Das System b) ist einfach kinematisch unbestimmt. Verwenden Sie zur Beschaffung der Zustandsgrößen die in Beispiel 7-4 bereitgestellte Maple-Prozedur.

Geg.: $a = 1$ m, $q_0 = 1$ kN/m.

8 Fachwerke

Unter einem Fachwerk[1] wird ein Tragsystem verstanden, das aus Längsstäben besteht, die in Gelenken, den sog. Knoten, miteinander verbunden sind. Solche Tragsysteme treten beispielsweise bei Gerüstbauten, Brücken, Dachbindern und Kranen auf. Der Vorteil eines Fachwerks gegenüber einem massiven Tragwerk, etwa einem Balken oder einer Scheibe, liegt neben dem architektonischen Reiz vor allem im geringeren Gewicht.

In der Theorie der Fachwerke wird zwischen räumlichen und ebenen Fachwerken unterschieden. Ebene Fachwerke zeichnen sich dadurch aus, dass sämtliche Stabachsen und Belastungen in einer Ebene liegen. Es werden folgende Voraussetzungen getroffen, die die Berechnung von Fachwerken erheblich vereinfachen:

1. Die Belastung (Kräfte) werden nur über die Knoten in das System eingeleitet.
2. Die Stäbe sind durch reibungsfreie Gelenke miteinander verbunden.

Mit diesen idealen Voraussetzungen werden sämtliche Stäbe nur durch Normalkräfte beansprucht, also durch Zug oder Druck. Die Übertragung von Querkräften und Biegemomenten ist demzufolge nicht möglich.

<u>Hinweis</u>: In der Praxis treten solche idealen Gelenkverbindungen nicht auf. An den Knotenpunkten sind die Stäbe in der Regel mittels Knotenblechen biegesteif miteinander verschraubt oder verschweißt. Verfeinerte Untersuchungen auf der Grundlage einer höheren Theorie zeigen jedoch, dass bei entsprechend langen Stäben die einfache Fachwerktheorie ausreichend genaue Ergebnisse liefert.

8.1 Statisch bestimmte ebene Fachwerke

Ein Fachwerk heißt statisch bestimmt, wenn alle Lagerreaktionsgrößen und Stabkräfte aus den Gleichgewichtsbedingungen allein berechnet werden können. Mit den getroffenen Voraussetzungen lassen sich für jeden freigeschnittenen Knoten genau zwei Kraftgleichgewichtsbedingungen notieren, da aufgrund der zentrischen Anschlüsse der Stäbe an die Knoten das Momentengleichgewicht an jedem Knoten von vornherein erfüllt ist. Es liegt somit an jedem Knoten ein ebenes zentrales Kräftesystem vor. Gilt für ein Fachwerk allgemein

---

[1] mhd. vach ›Flechtwerk‹, ›Wandbalken‹, die Bezeichnung stammt aus dem Holzbau

k = Anzahl der Knoten, s = Anzahl der Stäbe und r = Anzahl der Reaktionskräfte,

dann muss bei einem statisch bestimmten ebenen System zwischen diesen Größen die Beziehung

$$2k = s + r$$

bestehen. Aus den 2k Gleichungen lassen sich genau s + r unbekannte Lagerreaktionsgrößen und Stabkräfte ermitteln.

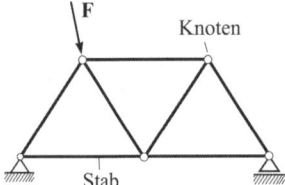

Abb. 8.1 *Ebenes Fachwerk (k = 5, s = 7, r = 3)*

Abb. 8.1 zeigt ein Fachwerk mit k = 5 Knoten, s = 7 Stäben und r = 3 Auflagerreaktionskräften. Das Abzählkriterium signalisiert mit $2 \cdot 5 = 7 + 3$ statische Bestimmtheit.

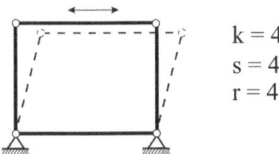

Abb. 8.2 *Gelenkviereck, kinematisch unbestimmtes System*

In Abb. 8.2 ist ein Fachwerk dargestellt, welches das Abzählkriterium zwar erfüllt, offensichtlich ist das System (Gelenkviereck) jedoch verschieblich und damit für statische Zwecke unbrauchbar. Die Erfüllung des Abzählkriteriums allein reicht somit nicht aus, es ist also immer noch die kinematische Stabilität des Systems zu prüfen.

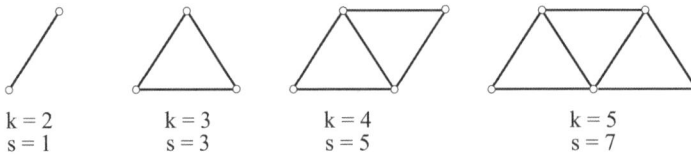

Abb. 8.3 *Fachwerke nach dem 1. Bildungsgesetz*

8.1 Statisch bestimmte ebene Fachwerke

Im Folgenden werden drei Möglichkeiten zur Konstruktion statisch bestimmter und kinematisch stabiler Fachwerke gezeigt.

1. Bildungsgesetz: Ausgehend von einem Einzelstab kann ein innerlich statisch bestimmtes und kinematisch stabiles ebenes Fachwerk durch Hinzufügen zweier Stäbe und eines Zusatzknotens konstruiert werden (Abb. 8.3). Dieses Verfahren wird Aufbauverfahren genannt.

Für ebene Fachwerke, die nach dem Aufbauverfahren konstruiert sind, können durch Gleichgewichtsbetrachtungen am Gesamtsystem bekanntlich genau r = 3 Lagerreaktionskräfte berechnet werden. Aus 2k Gleichungen lassen sich dann genau s = 2k − 3 unbekannte Stabkräfte ermitteln. Beim Hinzufügen der Stäbe nach dem Aufbauverfahren ist darauf zu achten, dass die beiden Stabachsen nicht auf einer Geraden liegen (Abb. 8.4). Bei derartig instabilen Konstruktionen besteht eine infinitesimale Verschiebungsmöglichkeit normal zu den Stabachsen. Auch diese Tragwerke sind für praktische Anwendungen unbrauchbar.

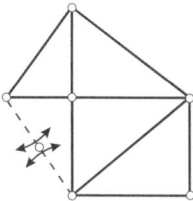

Abb. 8.4 *Unzulässiger Anschluss eines Zusatzknotens*

2. Bildungsgesetz: Zwei nach dem 1. Bildungsgesetz konstruierte ebene Fachwerke lassen sich zu einem einteiligen innerlich statisch bestimmten und kinematisch stabilen ebenen Fachwerk zusammenfügen, indem sie durch drei Stäbe so miteinander verbinden werden, dass diese keinen Ausnahmefall bilden, also nicht alle parallel und nicht zentral sind. Bei einem ebenen Fachwerk können zwei Stäbe durch Zusammenschluss an einem Knoten ersetzt werden (Abb. 8.5).

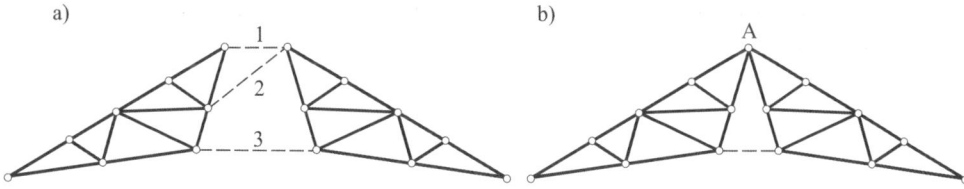

Abb. 8.5 *Fachwerke nach dem 2. Bildungsgesetz*

In Abb. 8.5 a) erfolgt die Verbindung der beiden nach dem 1. Bildungsgesetz konstruierten Fachwerke durch drei Stäbe, deren Achsen sich nicht in einem Punkt schneiden und damit nicht den Ausnahmefall bilden. In Abb. 8.5 b) wurden die Stäbe 1 und 2 durch einen Zusammenschluss im gemeinsamen Knoten *A* ersetzt.

In Abb. 8.6 ist unter b) ein Fachwerk gezeigt, das aus dem System a) nach dem 3. Bildungsgesetz konstruiert wurde.

> *3. Bildungsgesetz*: *Ein innerlich statisch bestimmtes und kinematisch stabiles ebenes Fachwerk bleibt statisch bestimmt und kinematisch stabil, wenn wir einen Stab entfernen und andernorts so einbauen, dass die entstandene Beweglichkeit aufgehoben wird (Abb. 8.6).*

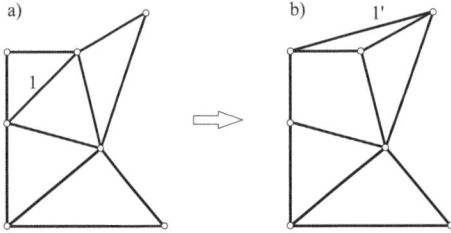

Abb. 8.6 *Fachwerk nach dem 3. Bildungsgesetz*

8.2 Statisch unbestimmte Fachwerke

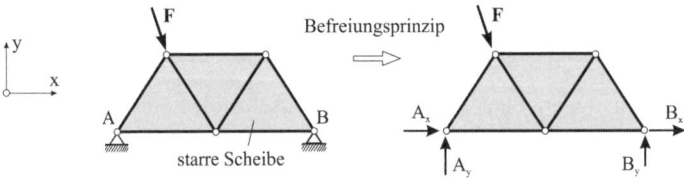

Abb. 8.7 *Äußerlich einfach statisch unbestimmtes ebenes Fachwerk*

Lassen sich die Auflagerreaktionsgrößen und/oder die Stabkräfte nicht aus den Gleichgewichtsbedingungen allein ermitteln, dann ist das System statisch unbestimmt. In der Theorie der Fachwerke wird dann unterschieden zwischen

1. äußerlich statisch unbestimmten und
2. innerlich statisch unbestimmten Fachwerken.

Wir können uns den Fachwerkträger nach Abb. 8.7 im Ganzen als starren Körper (Scheibe) vorstellen. Lassen sich die Auflagerreaktionsgrößen dann nicht aus reinen Gleichgewichtsbedingungen ermitteln, sprechen wir von einem äußerlich statisch unbestimmten System. In der Ebene bedeutet dies, dass mit Hilfe der drei Gleichgewichtsbedingungen genau drei unbekannte Auflagerreaktionskräfte bestimmt werden können (r = 3). Im System nach Abb. 8.7 treten an den Lagern A und B jedoch vier unbekannte Auflagerreaktionsgrößen auf. Das System ist somit einfach äußerlich statisch unbestimmt gelagert.

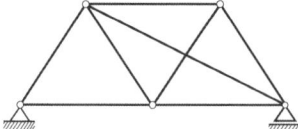

Abb. 8.8 *Innerlich einfach statisch unbestimmtes System*

In Abb. 8.8 ist ein ebenes Fachwerk mit k = 5 Knoten, s = 8 Stäben und r = 3 Auflagerkräften dargestellt. Es lassen sich allerdings nur s = 2k − 3 = 10 − 3 = 7 Stabkräfte aus den Gleichgewichtsbedingungen ermitteln. Das System ist somit innerlich einfach statisch unbestimmt. Hingegen lassen sich die Auflagerkräfte aus den Gleichgewichtsbedingungen eindeutig berechnen.

8.3 Das Knotenschnittverfahren

Im Folgenden wird ein Verfahren vorgestellt, das als Knotenschnittverfahren bekannt ist. Dieses Verfahren führt bei kinematisch und statisch bestimmten Systemen immer zum Ziel, und es lässt sich außerdem sehr einfach programmieren.

Der Grundgedanke besteht darin, jeden Fachwerkknoten freizuschneiden, und auf dieses zentrale Kräftesystem die Kraftgleichgewichtsbedingungen anzuwenden. Ist nun jeder Knoten für sich im Gleichgewicht, dann ist sofort einleuchtend, dass auch das Gesamttragwerk im Gleichgewicht sein muss.

Als Beispiel betrachten wir das Fachwerk in Abb. 8.9. Die Auflager an den Knoten 1 (zweiwertig) und 3 (einwertig) wurden im Vergleich zum System in Abb. 8.1 statisch äquivalent durch drei starre Fesselstäbe ersetzt. Mit dieser Vorgehensweise lassen sich übrigens auch komfortabel schräg liegende Lager erfassen (s.h. Abb. 8.11, rechts). Zur Vorbereitung der Berechnung werden die Knotenpunkte beliebig durchnummeriert. (Abb. 8.9, links). Knoten können frei gelagert oder auch gefesselt sein. In unserem Beispiel handelt es sich bei den Knoten (1,2,3,4,5) um freie Knoten, dagegen sind die Knoten (6,7,8) gefesselt. Stabelemente besitzen einen Anfangs- und Endknoten, sie haben also eine Orientierung, die durch Pfeile kennzeichnet und mathematisch durch Richtungsvektoren ($\mathbf{e}_s$: Einheitsvektoren) festgelegt sind. Anfangs- und Endknoten eines Fachwerkstabes können beliebig gewählt werden. Jeder freie Knoten wird nun nach dem Schnittprinzip durch einen Rundschnitt freigelegt. Die Stabkräfte werden sodann als unbekannte äußere Kräfte angetragen und für jeden freien Knoten unter Einbeziehung der äußeren eingeprägten Knotenkräfte **F** die Kraftgleichgewichtsbedingungen notiert.

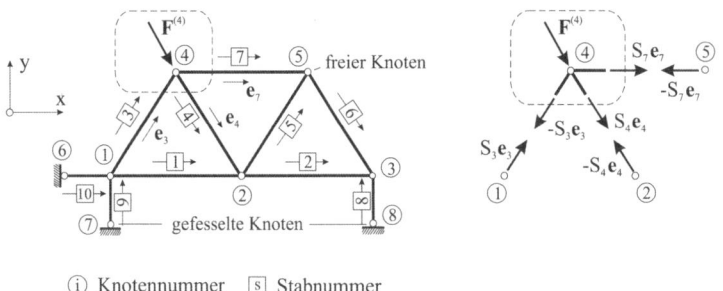

Abb. 8.9 *Knoten- und Stabnummerierung eines ebenen Fachwerks*

Wir betrachten exemplarisch den Knoten 4 (Abb. 8.9, rechts). In diesem Knoten schneiden sich die Stäbe 3, 4 und 7. Für die Stäbe 4 und 7 ist der Knoten 4 der Anfangs- und für den Stab 3 der Endknoten. Das Kraftgleichgewicht liefert die vektorielle Gleichgewichtsbedingung

$$-S_3\,\mathbf{e}_3 + S_4\,\mathbf{e}_4 + S_7\,\mathbf{e}_7 + \mathbf{F}^{(4)} = \mathbf{0} \quad \text{oder} \quad -S_3 \begin{bmatrix} e_{3,x} \\ e_{3,y} \end{bmatrix} + S_4 \begin{bmatrix} e_{4,x} \\ e_{4,y} \end{bmatrix} + S_7 \begin{bmatrix} e_{7,x} \\ e_{7,y} \end{bmatrix} = -\begin{bmatrix} F_x^{(4)} \\ F_y^{(4)} \end{bmatrix}$$

Für jeden freien Knoten lässt sich eine solche Gleichung notieren. Besitzt das Fachwerk *m* freie Knoten, dann stehen genau 2m Gleichungen zur Bestimmung von 2m unbekannten Stabkräften zur Verfügung. Das System in Abb. 8.9 besitzt m = 5 freie Knoten und s = 10 Stäbe, womit die Anzahl der Gleichungen mit der Anzahl der Unbekannten übereinstimmt. Abb. 8.10 zeigt das Gesamtsystem für das Gleichungssystem, das wir symbolisch auch in der Form **A·x = b** notieren können. Die gestrichelt dargestellten Linien in der Geometriematrix **A** begrenzen die 5 vektoriellen Knotengleichungen. Da jede Stabkraft nur zweimal auftreten kann, nämlich am Anfang und am Ende des Stabes, sind in jeder Spalte von **A** maximal vier Werte möglich. Ist einer der Stabknoten gefesselt, bei unserem Beispiel sind das die Stäbe 8, 9 und 10, dann enthalten die entsprechenden Spalten lediglich zwei Werte. In den Zeilen mit ungeraden Indizes stehen die x- und in denjenigen mit geraden Indizes die y-Komponenten der Stabeinheitsvektoren. Die Einsortierung der Komponenten der Einheitsvektoren in die Geometriematrix **A** erfolgt durch Indexvektoren, deren Berechnung der Maple-Prozedur zu Beispiel 8-1 entnommen werden kann. Liefert die Rechnung für S_k einen negativen Wert, dann handelt sich um eine Druckkraft, andernfalls um eine Zugkraft. Für die automatische Berechnung der Stabkräfte mittels einer Maple-Prozedur benötigen wir eine Knoten- und eine Elementdatei. Die Knotendatei enthält zeilenweise die Knotennummern gefolgt von den kartesischen Knotenkoordinaten. Gefesselte Knoten werden gesondert ausgewiesen. Die Elementdatei enthält zeilenweise Anfangs- und Endknoten des betreffenden Stabelementes.

8.3 Das Knotenschnittverfahren

Eine Elementnummerierung ist nicht erforderlich. Damit ist die Topologie des Fachwerks eindeutig festgelegt. Abschließend sind noch die äußeren eingeprägten Knotenkräfte mit den betreffenden Knotennummern einzugeben.

$$\underbrace{\begin{bmatrix} e_{1,x} & 0 & e_{3,x} & 0 & 0 & 0 & 0 & 0 & -e_{9,x} & -e_{10,x} \\ e_{1,y} & 0 & e_{3,y} & 0 & 0 & 0 & 0 & 0 & -e_{9,y} & -e_{10,y} \\ -e_{1,x} & e_{2,x} & 0 & -e_{4,x} & e_{5,x} & 0 & 0 & 0 & 0 & 0 \\ -e_{1,y} & e_{2,y} & 0 & -e_{4,y} & e_{5,y} & 0 & 0 & 0 & 0 & 0 \\ 0 & -e_{2,x} & 0 & 0 & 0 & -e_{6,x} & 0 & -e_{8,x} & 0 & 0 \\ 0 & -e_{2,y} & 0 & 0 & 0 & -e_{6,y} & 0 & -e_{8,y} & 0 & 0 \\ 0 & 0 & -e_{3,x} & e_{4,x} & 0 & 0 & e_{7,x} & 0 & 0 & 0 \\ 0 & 0 & -e_{3,y} & e_{4,y} & 0 & 0 & e_{7,x} & 0 & 0 & 0 \\ 0 & 0 & 0 & 0 & -e_{5,x} & e_{6,x} & -e_{7,x} & 0 & 0 & 0 \\ 0 & 0 & 0 & 0 & -e_{5,y} & e_{6,y} & -e_{7,y} & 0 & 0 & 0 \end{bmatrix}}_{A} \cdot \underbrace{\begin{bmatrix} S_1 \\ S_2 \\ S_3 \\ S_4 \\ S_5 \\ S_6 \\ S_7 \\ S_8 \\ S_9 \\ S_{10} \end{bmatrix}}_{x} = \underbrace{\begin{bmatrix} 0 \\ 0 \\ 0 \\ 0 \\ 0 \\ 0 \\ -F_x^{(4)} \\ -F_y^{(4)} \\ 0 \\ 0 \end{bmatrix}}_{b}$$

Abb. 8.10 *Gleichungssystem nach dem Knotenschnittverfahren für das Fachwerk in Abb. 8.9*

Beispiel 8-1:

Schreiben Sie eine Maple-Prozedur, mit deren Hilfe die Stab- und die Auflagerreaktionskräfte eines statisch bestimmten ebenen Fachwerks automatisch berechnet werden können. Entwerfen Sie eine Einleseprozedur, mit der die Knoten- und Elementdaten sowie die Belastung eingelesen werden können. Ferner ist eine Ausgabeprozedur bereitzustellen, die zur Kontrolle die Eingabedaten und die Berechnungsergebnisse formatiert ausgibt. Stellen Sie das Fachwerksystem grafisch auf dem Bildschirm dar.

Beispiel 8-2:

Für das statisch bestimmte ebene Fachwerk in Abb. 8.11 a) sind die Stabkräfte mit der in Beispiel 8-1 bereitgestellten Maple-Prozedur zu berechnen. Die Systemdaten befinden sich in der Datei *Daten_19.txt*. Wie verändern sich die Stabkräfte, wenn der Fesselstab 8 im System Abb. 8.11 b) um 45° gegenüber der Ausgangslage gedreht wird? Diese Systemdaten befinden sich in der Datei *Daten_20.txt*.

Geg.: $a = 5$ m, $F_1 = 30$ kN, $F_2 = 60$ kN.

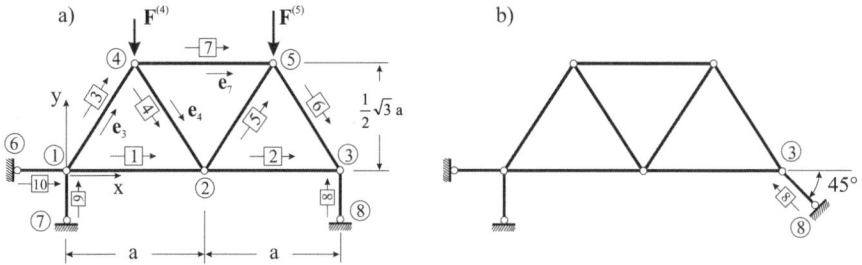

Abb. 8.11 Statisch bestimmte ebene Fachwerke, schiefe Randbedingung im Fall b)

Beispiel 8-3:

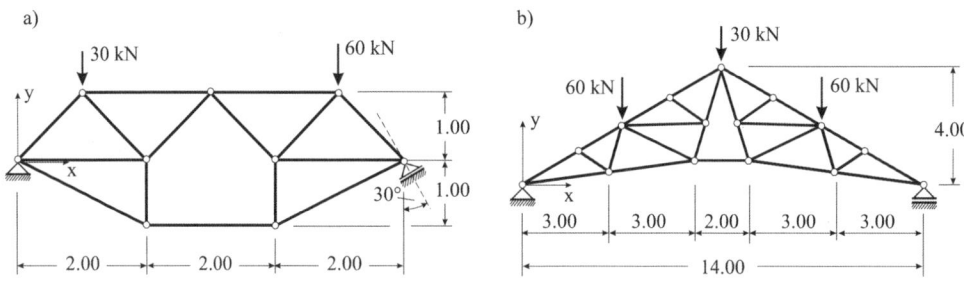

Abb. 8.12 Statisch bestimmte ebene Fachwerke, Berechnung der Stabkräfte (alle Längenmaße in m)

Berechnen Sie mit der in Beispiel 8-1 bereitgestellten Maple-Prozedur die Stabkräfte der beiden in Abb. 8.12 skizzierten ebenen Fachwerke. Erstellen Sie zum System a) einen eigenen Eingabedatensatz (Dateikennung .txt). Vergleichen Sie ihre Ergebnisse mit denjenigen des Datensatzes *Daten_21.txt*. Für das System b), das in Abb. 8.12 nur grob vermaßt ist, existiert der Datensatz *Daten_22.txt*. Dieses System wird nach seinem Erfinder auch als Polonceau[1]-Binder bezeichnet.

Beispiel 8-4:

Erweitern Sie die Prozeduren aus Beispiel 8-1 auf den dreidimensionalen Fall. Im räumlichen Fall besitzen die Fachwerkknoten und auch die Kraftvektoren jeweils drei Komponenten. Für jeden freien Knoten lassen sich jetzt genau drei Kraftgleichgewichtsbedingungen

---

[1] Jean-Barthélémy Camille Polonceau, frz. Eisenbahningenieur, 1813–1859

notieren. Im statisch bestimmten Fall können somit 6 unbekannte Lagerreaktionskräfte berechnet werden.

Beispiel 8-5:

Erstellen Sie für das in Abb. 8.13 skizzierte räumliche Fachwerk einen Datensatz, der von den in Beispiel 8-4 bereitgestellten Prozeduren verarbeitet werden kann, und berechnen Sie sämtliche Stabkräfte. Geben Sie das Fachwerksystem grafisch auf dem Bildschirm aus. Vergleichen Sie ihre Ergebnisse mit denjenigen des Datensatzes *Daten_23.txt*.

<u>Geg.</u>: $a = 1\,m$, $\mathbf{F} = [F_x \; F_y \; F_z] = [50\,kN \; 0 \; 0]$.

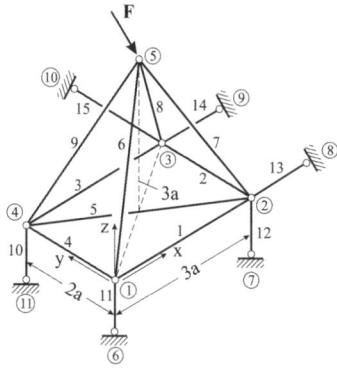

Abb. 8.13 *Statisch bestimmtes räumliches Fachwerk, Stabkräfte und Lagerreaktionsgrößen*

8.4 Die Rittersche Schnittmethode

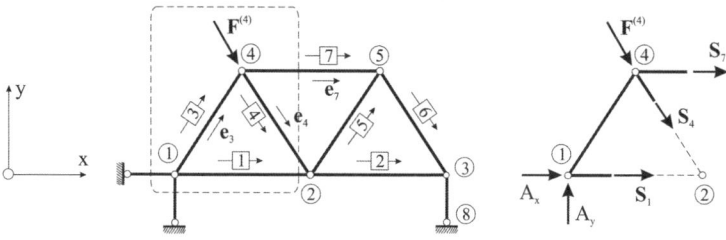

Abb. 8.14 *Die Rittersche Schnittmethode*

Bei dieser Methode wird das Fachwerk durch einen Rundschnitt so geschickt in zwei Teile zerlegt, dass lediglich drei Stäbe zerschnitten werden, deren Wirkungslinien sich nicht in einem Punkt schneiden. Die Rittersche[1] Schnittmethode ist speziell dann vorteilhaft einzusetzen, wenn nur einzelne Stabkräfte gesucht werden. Wir demonstrieren die Vorgehensweise anhand des Systems in Abb. 8.14. Zunächst sind durch Gleichgewichtsbetrachtungen am Gesamttragwerk die Auflagerreaktionskräfte zu bestimmen. Sind wir beispielsweise an der Stabkraft S_7 interessiert, dann kann diese, nach geschickter Schnittführung, durch Bildung des Momentengleichgewichts um den Punkt 2 unmittelbar berechnet werden. Die Stabkraft S_1 ermitteln wir aus dem Momentengleichgewicht um den Punkt 4, und die Stabkraft S_4 lässt sich dann aus dem vertikalen oder auch horizontalen Kraftgleichgewicht am linken Tragwerksteil bestimmen.

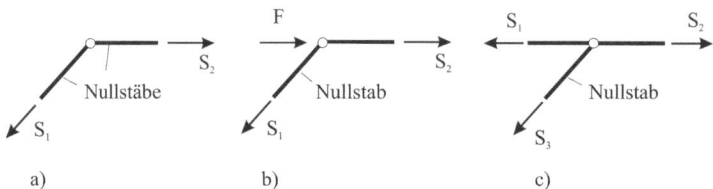

Abb. 8.15 Beispiele für Nullstäbe in ebenen Fachwerken

Die Anzahl der unbekannten Stabkräfte kann oftmals reduziert werden, wenn von vornherein Stäbe erkennbar sind, die keine Kräfte aufnehmen. Diese Stäbe werden Nullstäbe[2] genannt. Ob Nullstäbe im System vorhanden sind, hängt von der Knotenbelastung und der Richtung der am jeweiligen Knoten angrenzenden Stäbe ab. Abb. 8.15 zeigt Fachwerkknoten mit Nullstäben, die leicht mit Hilfe der Kraftgleichgewichtsbedingungen nachgewiesen werden können.

1. An unbelasteten Knoten, an denen zwei nicht gleichgerichtete Stäbe anschließen, sind beide Stäbe Nullstäbe.
2. An einem belasteten Knoten, an dem zwei Stäbe anschließen und die Last in Richtung einer Stabachse verläuft, ist der nicht in Richtung der Kraft verlaufende Stab ein Nullstab.
3. An einem unbelasteten Knoten, an dem drei Stäbe angeschlossen sind, von denen zwei dieselbe Richtung haben, ist der dritte nicht in diese Richtung fallende Stab ein Nullstab.

---

[1] Georg Dietrich August Ritter, Mechaniker und Astrophysiker, 1826–1908
[2] Diese Stäbe dürfen aus Stabilitätsgründen selbstverständlich nicht aus der Konstruktion entfernt werden

9 Die Statik der Seile, Ketten und Stützlinienbögen

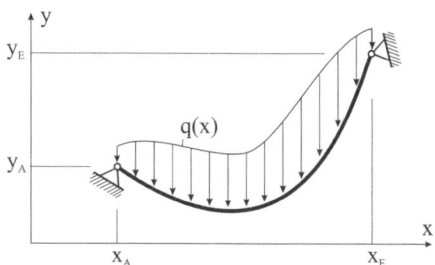

Abb. 9.1 Das Seil unter Linienkraftbelastung q(x)

Seile und Ketten sind biegeschlaffe Tragglieder, die eine Übertragung von Querkräften und Biegemomenten nicht zulassen. Von allen möglichen Schnittlasten verbleibt somit nur eine (nicht negative) Normalkraft, die wir Seilkraft S nennen. Wir wollen voraussetzen, dass das Seil keine elastischen Eigenschaften besitzt, etwaige Längenänderungen sollen deshalb vernachlässigt werden. Die Linienkraftbelastung q(x) sei ausnahmslos vertikal gerichtet. Die zu lösende Aufgabe besteht darin, bei vorgegebenen Randwerten der Seilaufhängung und der Belastung (Abb. 9.1), die sich im Zustand des Gleichgewichts einstellende Seilkurve y(x) und die zugehörige Seilkraft S zu berechnen.

9.1 Das Seil unter Querbelastung q(x)

Das Koordinatensystem wird so gelegt, dass Seil und Belastung in der (x,y)-Ebene liegen. Um die Seilkurve eindeutig festzulegen, sind für jeden Punkt des ausgelenkten Seils die beiden kartesischen Koordinaten zu bestimmen. Darüber hinaus ist dann nur noch die Seilkraft S unbekannt. Wir benötigen also insgesamt drei skalare Gleichungen zur Bestimmung dieser drei Unbekannten. Zur Herleitung der Seilkurve y(x) denken wir uns ein infinitesimales Element der Länge Δs aus dem Seil herausgeschnitten (Abb. 9.2). An den Schnittufern tragen wir die Seilkräfte als unbekannte äußere Kraftgrößen an. Die Seilkraft S tangiert an jeder Stelle x die Seilkurve y(x). Durch das Fortschreiten von der Stelle x zur Stelle x+Δx wird sich am rechten Schnittufer die Seilkraft von S auf S+ΔS verändert. Die äußere Linienkraftbelastung q(x) wirkt pro Abszisseneinheit in negativer y-Richtung. Das Seileigengewicht wird vernachlässigt. Solche Lastzustände treten beispielsweise bei Hängebrücken auf.

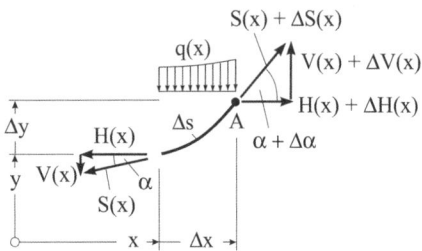

Abb. 9.2 *Gleichgewicht am Seilelement*

Zur Lösung des Problems stehen uns im ebenen Fall zwei Kraftgleichgewichtsbedingungen und eine Momentengleichgewichtsbedingung zur Verfügung. Das sind genau die drei erforderlichen skalaren Gleichungen, womit die Berechnung der Seilkurve zu den statisch bestimmten Aufgaben gehört. Wir zerlegen die Seilkraft in den Horizontalzug *H* parallel zur x-Achse sowie in den Vertikalzug *V* parallel zur y-Achse. Dann liefern die Kraftgleichgewichtsbedingungen:

$$\sum F_x = 0 = -H(x) + H(x) + \Delta H(x),$$

$$\sum F_y = 0 = -V(x) - q(x)\Delta x + V(x) + \Delta V(x).$$

Aus der ersten Beziehung folgt $\Delta H(x) = 0$ und damit

$$H(x) = H = \text{konst.}$$

Aus der zweiten folgt nach Division durch Δx und anschließendem Grenzübergang $\Delta x \to 0$:

$$\frac{dV(x)}{dx} = V'(x) = q(x).$$

Die Neigung der Seilkurve erhalten wir aus der geometrischen Betrachtung

$$\tan \alpha = \frac{dy(x)}{dx} = y'(x) = \frac{V(x)}{H}.$$

Die letzte Beziehung hätten wir übrigens auch aus dem Momentengleichgewicht bezüglich des Punktes *A* in Abb. 9.2 herleiten können. Differenzieren wir die letzte Gleichung nach *x* und beachten das vertikale Kraftgleichgewicht, dann erhalten wir die Differenzialgleichung der Seilkurve

9.1 Das Seil unter Querbelastung q(x)

$$y''(x) = \frac{q(x)}{H}.$$

Das ist eine gewöhnliche Differenzialgleichung zweiter Ordnung. Der Abb. 9.2 entnehmen wir $S^2(x) = H^2 + V^2(x)$ und damit die Seilkraft

$$S(x) = H\sqrt{1 + y'^2(x)}.$$

Die größte Seilkraft tritt offensichtlich an der Stelle der größten Seilneigung auf. Durch zweimalige Integration erhalten wir die Gleichung der Seilkurve

$$y(x) = \frac{1}{H} \iint q(x) \, dx \, dx + C_1 x + C_2.$$

Für den Sonderfall konstanter Linienkraftbelastung $q(x) = q_0$ ist

$$y(x) = \frac{q_0}{2H} x^2 + C_1 x + C_2,$$

und die Seilkurve geht in diesem Fall in eine Parabel 2. Grades über. Um die Konstanten C_1 und C_2 sowie den unbekannten Horizontalzug H ermitteln zu können, müssen genau drei Bestimmungsstücke gegeben sein.

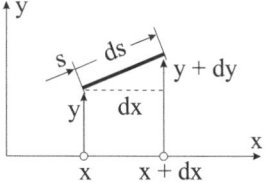

Abb. 9.3 *Das Bogenelement der Länge ds*

Wir sind noch an der Seillänge interessiert. Für das Bogendifferenzial ds in Abb. 9.3 gilt $ds^2 = dx^2 + dy^2$ und damit $ds = dx\sqrt{1 + y'^2(x)}$. Die Summation aller ds zwischen dem linken Rand $x = x_A$ und dem rechten Rand $x = x_E$ ergibt die Seillänge (Abb. 9.1)

$$L = \int_{x=x_A}^{x_E} ds = \int_{x=x_A}^{x_E} \sqrt{1 + y'^2(x)} \, dx.$$

Ist q(x) unstetig, oder sind Einzelkräfte vorhanden, dann muss die Integration an den Unstetigkeitsstellen unterbrochen werden. Die angrenzenden Integrationsbereiche sind sodann durch Übergangsbedingungen miteinander zu verknüpfen, die sich aus der Kompatibilität der Seilauslenkung und den Gleichgewichtsbedingungen in der Umgebung der Unstetigkeitsstelle ergeben.

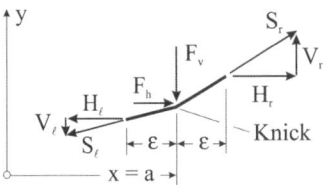

Abb. 9.4 Übergangsbedingungen in der Umgebung von Einzelkräften

Greift beispielsweise an der Stelle x = a eine Einzelkraft mit den Komponenten F_h und F_v an (Abb. 9.4), dann liefert das Kraftgleichgewicht in horizontaler Richtung

$$H_r - H_\ell = \Delta H = -F_h$$

und entsprechend in vertikaler Richtung

$$V_r - V_\ell = \Delta V = F_v.$$

Unter Beachtung von $V(x) = H\,y'(x)$ folgt aus der letzten Gleichung

$$H_r\,y'_r - H_\ell\,y'_\ell = F_v.$$

Zusätzlich müssen unmittelbar links und rechts von der Übergangsstelle x = a die Seildurchhänge gleich sein, also

$$y_\ell = y_r.$$

<u>Hinweis</u>: Für die Gesamtkonstruktion ist sicherzustellen, dass an keiner Stelle die Seilkraft negativ wird.

Beispiel 9-1:

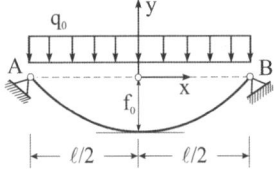

Abb. 9.5 Seil unter konstanter Linienkraftbelastung q(x) = q_0

Zwischen den Punkten *A* und *B*, die den Abstand ℓ voneinander haben, ist ein Seil mit dem Durchhang f_0 und der konstanten Linienkraftbelastung $q(x) = q_0$ gespannt. Gesucht werden die Seilkurve y(x), die Seilkraft S(x) und die Seillänge *L*. Stellen Sie eine Maple-Prozedur zur Verfügung, mit deren Hilfe die Zustandsgrößen Seilkurve, Seilneigung und Seilkraft

9.1 Das Seil unter Querbelastung q(x)

grafisch auf dem Bildschirm dargestellt werden können. Werten Sie die Zustandsfunktionen für die folgenden Systemparameter aus: $\ell = 100$ m, $f_0 = 6$ m, $q_0 = 10$ N/m.

Lösung: Die Differenzialgleichung der Seilkurve lautet $y''(x) = q_0/H$, und die sukzessive unbestimmte Integration liefert: $y'(x) = \dfrac{q_0}{H}x + C_1$, $y(x) = \dfrac{q_0}{2H}x^2 + C_1 x + C_2$. Zur Ermittlung der Unbekannten C_1, C_2 und H stehen genau drei Bestimmungsgleichungen zur Verfügung:

$$y(x = -\tfrac{\ell}{2}) = \dfrac{q_0 \ell^2}{8H} - C_1 \dfrac{\ell}{2} + C_2 = 0, \quad y(x = \tfrac{\ell}{2}) = \dfrac{q_0 \ell^2}{8H} + C_1 \dfrac{\ell}{2} + C_2 = 0, \quad y(x = 0) = C_2 = -f_0,$$

aus denen die Konstanten $C_1 = 0$, $C_2 = -f_0$ und $H = q_0 \ell^2/(8f_0)$ ermittelt werden. Damit sind

$$y(x) = f_0 \left[(2x/\ell)^2 - 1 \right] \quad \text{und} \quad y'(x) = \dfrac{8 f_0 x}{\ell^2}.$$

Mit der Abkürzung $\varphi_0 = f_0/\ell$ folgt die Seilkraft

$$S(x) = H\sqrt{1 + y'^2(x)} = \dfrac{q_0 \ell^2}{8 f_0} \sqrt{1 + 64 \varphi_0^2 \left(\dfrac{x}{\ell}\right)^2},$$

die dort am größten ist, wo die Seilneigung $|y'|$ ein Maximum annimmt, und das sind die Aufhängepunkte bei $x = \pm \ell/2$. Dort gilt

$$\max S = \dfrac{q_0 \ell^2}{8 f_0}\sqrt{1 + 16 \varphi_0^2} = \dfrac{q_0 \ell^2}{8 f_0}\left[1 + 8 \varphi_0^2 + O(\varphi_0)^4\right].$$

Bei flachem Seildurchhang mit $\varphi_0 \ll 1$ kann demzufolge in praktischen Anwendungen näherungsweise mit $\max S = \dfrac{q_0 \ell^2}{8 f_0}(1 + 8\varphi_0^2)$ gerechnet werden. Die kleinste Seilkraft $\min S = H$ ergibt sich wegen $y' = 0$ bei $x = 0$. Für sehr große Seildurchhänge mit $\varphi_0 \gg 1$ nähert sich $\max S$ dem Wert $\max S = q_0 \ell/2$. Die Seillänge berechnen wir, unter Ausnutzung der Symmetrie, aus der Beziehung

$$L = 2 \int_{x=0}^{\ell/2} \sqrt{1 + y'^2(x)}\, dx = \dfrac{\ell}{8\varphi_0}\left[4\varphi_0 \sqrt{1 + (4\varphi_0)^2} + \ln\left(4\varphi_0 + \sqrt{1 + (4\varphi_0)^2}\right)\right] = \ell\left[1 + \dfrac{8}{3}\varphi_0^2 + O(\varphi_0^4)\right].$$

Bei flachem Seildurchhang kann näherungsweise mit $L = \ell(1 + 8/3\, \varphi_0^2)$ gerechnet werden.

Beispiel 9-2:

Zwischen den Punkten *A* und *B*, die den Abstand ℓ voneinander haben, ist ein Seil mit dem Durchhang f_0 (Abb. 9.6) gespannt. Die Linienkraftbelastung ist linear veränderlich. Gesucht werden die Seilkurve $y(x)$, die Seilkraft $S(x)$ und die Seillänge *L*. Untersuchen Sie die Sonderfälle $q_\ell = q_r = q_0$, $q_\ell = 0$, $q_r = 0$.

Geg: $\ell = 100$ m, $f_0 = 5$ m, $q_\ell = 5$ N/m, $q_r = 15$ N/m.

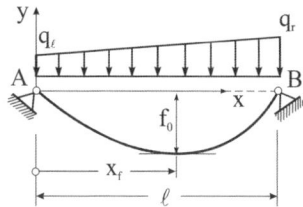

Abb. 9.6 *Seil unter linear veränderlicher Linienkraftbelastung q(x)*

<u>Lösung</u>: Mit $q(x) = q_\ell + \Delta q\, x/\ell$ ($\Delta q = q_r - q_\ell$) lautet die Differenzialgleichung der Seilkurve: $y''(x) = \dfrac{1}{H}\left(q_\ell + \Delta q\dfrac{x}{\ell}\right)$. Die sukzessive unbestimmte Integration dieser Gleichung liefert:

$$y'(x) = \frac{x}{H}\left(2q_\ell + \Delta q\frac{x}{\ell}\right) + C_1, \quad y(x) = \frac{x^2}{6H}\left(3q_\ell + \Delta q\frac{x}{\ell}\right) + C_1 x + C_2.$$

An den Rändern müssen die Bedingungen $y(x=0) = 0 = C_2$ und $y(x=\ell) = 0 = \dfrac{\ell^2}{6H}(3q_\ell + \Delta q) + C_1 \ell$ eingehalten werden, womit die Integrationskonstanten $C_2 = 0$ und $C_1 = -\dfrac{\ell}{6H}(3q_\ell + \Delta q)$ bestimmt sind. Einsetzen dieser Konstanten in die Gleichung für die Seilkurve und deren Ableitung ergibt:

$$y(x) = -\frac{\ell^2}{6H}\frac{x}{\ell}\left(\frac{x}{\ell}-1\right)\left[3q_\ell + \left(1+\frac{x}{\ell}\right)\Delta q\right], \quad y'(x) = -\frac{\ell}{6H}\left\{3\left(1-2\frac{x}{\ell}\right)q_\ell + \left[1-3\left(\frac{x}{\ell}\right)^2\right]\Delta q\right\}.$$

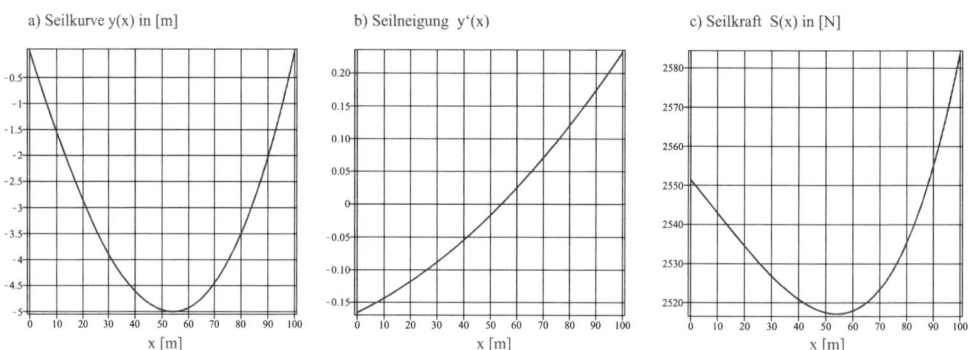

Abb. 9.7 *Zustandsgrößen für das System in Abb. 9.6*

Zur Festlegung des noch unbekannten Horizontalzuges H berechnen wir in einem ersten Schritt den Ort $x = x_f$, an dem der größte Seildurchhang auftritt. Notwendige Bedingung dafür ist das dortige Verschwinden der 1. Ableitung, was

9.1 Das Seil unter Querbelastung q(x)

$$y'(x = x_f) = 0 = 3\left(1 - 2\frac{x_f}{\ell}\right)q_\ell + \left[1 - 3\left(\frac{x_f}{\ell}\right)^2\right]\Delta q$$ erfordert. Diese quadratische Gleichung hat

die beiden Lösungen $x_{f_{1,2}} = \dfrac{-3q_\ell \pm \sqrt{9q_\ell(q_\ell + \Delta q) + 3(\Delta q)^2}}{3\Delta q}\ell$. Da x_f nicht negativ werden

darf, verbleibt $x_f = \dfrac{-3q_\ell + \sqrt{9q_\ell(q_\ell + \Delta q) + 3(\Delta q)^2}}{3\Delta q}$. Den Horizontalzug erhalten wir nun

mit Maple aus der Bedingung $y(x = x_f) = -f_0$. Mit den Zahlenwerten unseres Beispiels sind $\Delta q = 10\,\text{N/m}$, $x_f = 54{,}08\,\text{m}$, und der Horizontalzug ist $H = 2517{,}13\,\text{N}$. Damit liegen die Zustandsgrößen fest (Abb. 9.7). Die größte Seilkraft tritt mit $S(\ell) = 2583{,}83\,\text{N}$ am rechten Rand auf, und die Seillänge errechnet sich zu $L = 100{,}66\,\text{m}$.

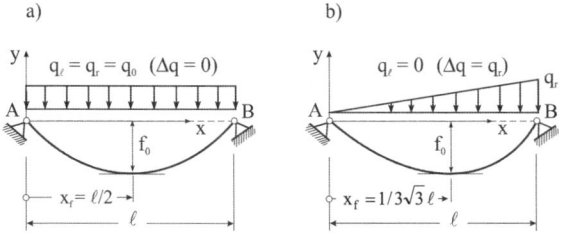

Abb. 9.8 *Sonderfälle für das System in Abb. 9.6*

Wir können hier noch zwei Sonderfälle betrachten (Abb. 9.8). Im Fall der konstanten Linienkraftbelastung ist $x_f = \ell/2$, und für die Dreiecksbelastung ist $x_f = 1/3\sqrt{3}\,\ell = 0{,}541\ell$. Damit liegen auch die entsprechenden Horizontalzüge fest.

Beispiel 9-3:

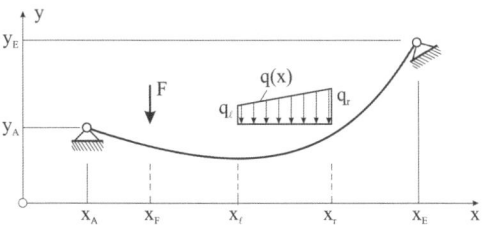

Abb. 9.9 *Das querbelastete Seil mit Einzelkraft F und linear verteilter Linienkraftbelastung q(x)*

Es soll eine Maple-Prozedur bereitgestellt werden, mit deren Hilfe die Seilkurve y(x), die Seilneigung y'(x) und die Seilkraft S(x) berechnet werden können. Das Seil wird durch parallel zur y-Achse wirkende Einzelkräfte und Linienkraftbelastungen beansprucht (Abb. 9.9). Äußere Horizontalkräfte treten nicht auf, womit der Horizontalzug im System konstant ist. Die Seillänge wird mit $L = L_0$ vorgegeben. Die Zustandsgrößen sind grafisch auf dem Bildschirm darzustellen.

Lösungshinweise: Das Seil wird entsprechend Abb. 9.10 freigeschnitten. Damit erscheinen am linken Rand die Lagerreaktionsgrößen H_A und V_A und am rechten Rand mit der Koordinate x der Vertikalzug V(x) und der konstante Horizontalzug H_A. Da ein Seil definitionsgemäß keine Momente übertragen kann, muss das resultierende Moment $M_z(x)$ aus den Lagerkräften, der Einzelkraft und der Linienkraftbelastung bezüglich des Punktes D mit den Koordinaten (x,y) verschwinden.

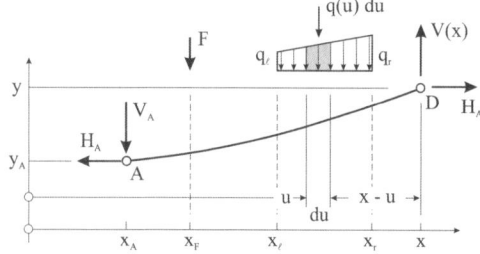

Abb. 9.10 *Freigeschnittenes Seil, Momentengleichgewicht bezogen auf den Punkt D*

Wir beginnen mit dem Momentenanteil der Lagerkräfte (Index L) am Punkt *A*.

1.) Lagerkräfte bei $x = x_A$:

$$M_z^{(L)}(x) = -H_A(y - y_A) + V_A(x - x_A)$$

2.) Einzelkraft *F* an der Stelle $x = x_F$:

$$M_z^{(F)}(x) = \begin{cases} 0 & \text{für } x \leq x_F \\ F(x - x_F) & \text{für } x \geq x_F \end{cases}$$

Ausgedrückt durch die Heaviside-Funktion erhalten wir die einheitliche Darstellung

$$M_z^{(F)}(x) = F(x - x_F)H(x - x_F).$$

3.) Linienkraft q(x) im Intervall [x_ℓ, x_r]:

In diesem Fall sind drei Bereiche zu unterscheiden:

9.1 Das Seil unter Querbelastung q(x)

$$M_z^{(q)}(x) = \begin{cases} 0 & \text{für } x \leq x_\ell \\ \int_{u=x_\ell}^{x} q(u)(x-u)\,du & \text{für } x_\ell < x < x_r \\ \int_{u=x_\ell}^{x_r} q(u)(x-u)\,du & \text{für } x_r \leq x \end{cases}$$

Wir vereinheitlichen diese stückweise definierte Funktion mittels der Heaviside-Funktion

$$M_z^{(q)}(x) = H(x-x_\ell) \int_{u=x_\ell}^{x} q(u)(x-u)\,du + H(x-x_r) \int_{u=x}^{x_r} q(u)(x-u)\,du .$$

und beschränken uns im Folgenden auf eine linear veränderliche Linienkraftbelastung, also

$$q(u) = q_\ell + \frac{q_r - q_\ell}{x_r - x_\ell}(u - x_\ell) .$$

Die Momentenfreiheit erfordert $M_z(x) = 0 = M_z^{(L)}(x) + M_z^{(F)}(x) + M_z^{(q)}(x)$, was zunächst auf die Beziehung $-H_A(y-y_A) + V_A(x-x_A) + M_z^{(F)}(x) + M_z^{(q)}(x) = 0$ führt. Lösen wir diese Gleichung nach y auf, dann folgt mit der Abkürzung $M_z^{(F,q)}(x) = M_z^{(F)}(x) + M_z^{(q)}(x)$

$$y(x) = y_A + \frac{V_A}{H_A}(x - x_A) + \frac{1}{H_A} M_z^{(F,q)}(x) .$$

Am rechten Rand bei $x = x_E$ ist $y(x_E) = y_E = y_A + \frac{V_A}{H_A}(x_E - x_A) + \frac{1}{H_A} M_z^{(F,q)}(x_E)$ oder

$$\frac{V_A}{H_A} = \frac{\Delta y}{\Delta x} - \frac{1}{\Delta x H_A} M_z^{(F,q)}(x_E) \qquad (\Delta y = y_E - y_A, \quad \Delta x = x_E - x_A)$$

zu fordern. Damit sind

$$y(x) = y_A + \frac{x - x_A}{\Delta x}\left[\Delta y - \frac{1}{H_A} M_z^{(F,q)}(x_E)\right] + \frac{1}{H_A} M_z^{(F,q)}(x) ,$$

$$y'(x) = \frac{\Delta y}{\Delta x} - \frac{1}{H_A}\left[\frac{1}{\Delta x} M_z^{(F,q)}(x_E) - M_z'^{(F,q)}(x)\right] .$$

In diesen Gleichungen ist nur noch der Horizontalzug H_A unbekannt, den wir aus der Forderung $L = \int_{x=x_A}^{x_E} \sqrt{1 + y'^2(x)}\,dx = L_0$ ermitteln können. Die nummerische Lösung dieser nichtlinearen Gleichung überlassen wir Maple. Bei Vorhandensein von mehreren Einzelkräften und/oder Linienkraftbelastungen sind deren Momentenanteile entsprechend aufzusummieren.

Der iterative Gleichungslöser in Maple verlangt einen Startwert für den unbekannten Horizontalzug H_A, den wir uns wie folgt beschaffen. Unterstellen wir ein flach gespanntes Seil, dann ist im Lösungsgebiet $y'(x) \ll 1$. Damit können wir den Wurzelausdruck zur Berechnung der Seillänge umformen und erhalten

$$L_0 = \int_{x=x_A}^{x_E} \sqrt{1+y'^2(x)}\,dx \approx \int_{x=x_A}^{x_E} \left[1+\frac{1}{2}y'^2(x)\right]dx = \Delta x + \frac{1}{2}\int_{x=x_A}^{x_E} y'^2(x)\,dx\,.$$ Lösen wir diese Beziehung unter Beachtung von $y'(x) = \dfrac{\Delta y}{\Delta x} - \dfrac{1}{H_A}\left[\dfrac{1}{\Delta x}M_z^{(F,q)}(x_E) - M_z'^{(F,q)}(x)\right]$ nach H_A auf,

dann folgt nach kurzer Rechnung die Näherung für den Horizontalzug

$$H_A \approx \sqrt{\frac{\displaystyle\int_{x=x_A}^{x_E}\left[M_z'^{(F,q)}(x)\right]^2 dx - \frac{\left[M_z^{(F,q)}(x_E)\right]^2}{\Delta x}}{2\left\{L_0 - \Delta x\left[1+\frac{1}{2}\left(\dfrac{\Delta y}{\Delta x}\right)^2\right]\right\}}}\,.$$

Die Auswertung dieser Beziehung überlassen wir Maple.

Beispiel 9-4:

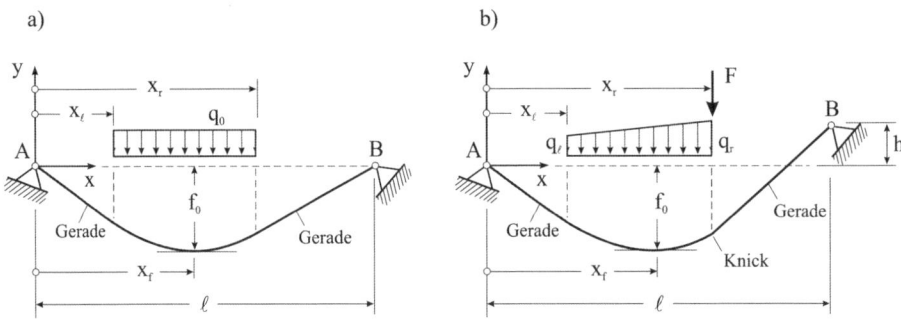

Abb. 9.11 Seil unter Einzel- und Linienkraftbelastung

Für die in Abb. 9.11 skizzierten Systeme a) und b) sind jeweils die Seilkurve $y(x)$, die Seilkraft $S(x)$ und der größte Seildurchhang f_0 zu bestimmen. Beide Seile haben die Länge L_0. Verwenden Sie zur Berechnung der Zustandsfunktionen und deren grafische Darstellung die in Beispiel 9-3 bereitgestellten Maple-Prozeduren.

Geg.: $\ell = 100$ m, $h = 5$ m, $L_0 = 101$ m, $x_\ell = 10$ m, $q_\ell = q_0 = 15$ N/m, $x_r = 60$ m, $q_r = 20$ N/m, $F = 200$ N.

9.2 Das Seil unter Eigengewichtsbelastung q(s)

Die Belastung aus Eigengewicht q(s) wirkt nicht wie q(x) bezogen auf die Abszisseneinheit, sondern längs der Bogenlänge s.

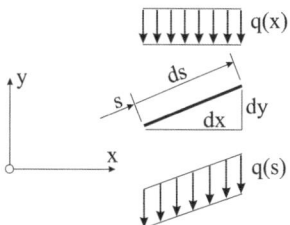

Abb. 9.12 *Seilelement unter Eigengewicht, statische Äquivalenz*

Um die bereits erzielten Ergebnisse weiter verwenden zu können, ersetzen wir q(x) durch die längs der Bogenlänge s wirkende statisch äquivalente Linienkraftbelastung q(s). Das Kraftgleichgewicht in y-Richtung erfordert (Abb. 9.12)

$$q(x)\,dx = q(s)\,ds = q(s)\sqrt{1+y'^2(x)}\,dx \qquad \rightarrow q(x) = q(s)\sqrt{1+y'^2(x)}\;.$$

Beachten wir diesen Sachverhalt, dann erhalten wir die nichtlineare Differenzialgleichung der Seilkurve für das durch Eigengewicht belastete undehnbare Seil

$$y''(x) = \frac{q(s)}{H}\sqrt{1+y'^2(x)}\;.$$

Das Lösungsverhalten dieser Gleichung hängt davon ab, wie q(s) gegeben ist. Die Aufgabe ist offensichtlich nicht trivial, da die Bogenlänge s selbst Lösung des Problems und damit zunächst unbekannt ist. Für den wichtigen Fall konstanten Eigengewichts $q(s) = q_0$ gilt

$$y''(x) = \frac{q_0}{H}\sqrt{1+y'^2(x)}\;.$$

Die Lösung dieser Gleichung kann durch Trennung der Variablen beschafft werden. Dazu stellen wir wie folgt um

$$\frac{y''(x)}{\sqrt{1+y'^2(x)}} = \frac{q_0}{H}\;.$$

Substituieren wir $y'(x) = \sinh z(x)$ und damit $y''(x) = z'(x)\cosh z(x)$, so erhalten wir mit

$$\frac{z'(x)\cosh z(x)}{\sqrt{1+\sinh^2 z(x)}} = z'(x) = \frac{q_0}{H}$$

die gewöhnliche Differenzialgleichung 1. Ordnung $z'(x) = q_0/H$ zur Bestimmung der unbekannten Funktion $z(x)$. Integrieren wir diese Gleichung, dann folgt mit der Integrationskonstanten x_0 zunächst $z(x) = \frac{q_0}{H}(x - x_0)$ und damit $y'(x) = \sinh\frac{q_0}{H}(x - x_0)$. Nochmalige Integration mit der zusätzlichen Konstanten y_0 liefert $y(x) = \frac{H}{q_0}\cosh\frac{q_0}{H}(x - x_0) + y_0$, sowie mit Einführung des Parameters $a = H/q_0$

$$y(x) = a\cosh\frac{x - x_0}{a} + y_0.$$

Die Konstante x_0 entspricht der x-Koordinate des tiefsten Punktes, hier gilt $y'(x = x_0) = 0$, und y_0 regelt die Höhenlage. Mit der Translation

$v = y - y_0$ und $u = x - x_0$

des Koordinatensystems (Abb. 9.13) erhalten wir die elegantere Darstellung

$$v(u) = a\cosh\frac{u}{a},$$

die als Kettenlinie oder Katenoide[1] bezeichnet wird.

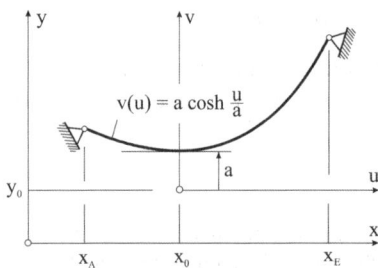

Abb. 9.13 Wechsel des Koordinatensystems, die Kettenlinie

Zur Bestimmung der Integrationskonstanten x_0 und y_0 sowie des konstanten Horizontalzuges H müssen wieder drei Bedingungen vorgegeben werden. Die Seilkraft errechnet sich zu

$$S(x) = H\sqrt{1 + y'^2(x)} = H\cosh\frac{x - x_0}{a},$$

und für die Seillänge folgt mit dem neuen Parameter $c_0 = x_0 - 1/2(x_E - x_A)$

---

[1] zu lat. catena ›Kette‹

9.2 Das Seil unter Eigengewichtsbelastung q(s)

$$L = \int_{x=x_A}^{x_E} \sqrt{1+y'^2(x)}\, dx = a\left(\sinh\frac{x_E - x_0}{a} - \sinh\frac{x_A - x_0}{a}\right)$$

$$= 2a \sinh\frac{x_E - x_A}{2a} \cosh\frac{x_E + x_A - 2x_0}{2a} = 2a\sinh\frac{x_E - x_A}{2a}\cosh\frac{x_A - c_0}{a}.$$

Für den Sonderfall $x_0 = 0$ folgt

$$L = 2a\sinh\frac{x_E - x_A}{2a}\cosh\frac{x_E + x_A}{2a}.$$

Für ein straff gespanntes Seil mit $(x - x_0)/a \ll 1$ geht die Seilkurve

$$y(x) = a\cosh\frac{x - x_0}{a} + y_0 = a\left\{1 + \frac{1}{2}\left(\frac{x - x_0}{a}\right)^2 + O\left[\left(\frac{x - x_0}{a}\right)^4\right]\right\} + y_0$$

in eine Parabel über, wenn wir in der obigen Reihenentwicklung den Term $O\left[\left(\frac{x - x_0}{a}\right)^4\right]$

als klein gegenüber 1 streichen. Dann verbleibt mit neuen Konstanten C_1 und C_2

$$y(x) = a + \frac{1}{2a}(x - x_0)^2 + y_0 = \frac{1}{2a}x^2 - \frac{x_0}{a}x + a + \frac{1}{2a}x_0^2 + y_0 = \frac{q_0}{2H}x^2 + C_1 x + C_2,$$

und die Belastung q(s) kann in diesem Fall durch q(x) ersetzt werden.

Hinweis: Zur Bemessung von Seilkonstruktionen werden die Belastungen *q* gewöhnlich in ständige Lasten *g* (z.B. Eigengewicht) und Verkehrslasten *p* (z.B. Temperatur, Eis, Wind) aufgeteilt

$q = g + p$.

Haben die Verkehrslasten *p* nicht dieselbe Lastform wie die ständigen Lasten *g*, gilt also $p(x) \neq \lambda g(x)$, dann ist eine Superposition der Einzellastfälle zum Gesamtlastfall nicht möglich, vielmehr muss dann immer der vollständige Lastfall gerechnet werden.

Beispiel 9-5:

Zwischen den beiden Auflagern *A* und *B*, die $\ell = 200$ m voneinander entfernt sind, ist ein schweres Seil mit dem konstanten Eigengewicht $q(s) = q_0 = 10$ N/m gespannt. Der Seildurchhang soll $f_0 = 10$ m betragen. Gesucht werden die Seilkurve y(x), die Seilkraft S(x) und die Seillänge *L*.

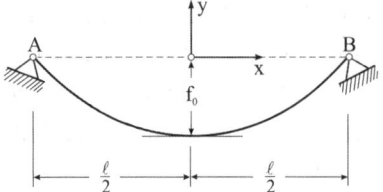

Abb. 9.14 *Das schwere Seil unter Eigengewicht q(s) = konst.*

Lösung: Bei der Festlegung des Koordinatensystems in Abb. 9.14 nutzen wir die Symmetrie des Systems. Da die Seilkurve bei $x = 0$ mit $y'(x = 0) = 0 = -\sinh x_0/a$ eine horizontale Tangente besitzt, ist $x_0 = 0$ zu fordern, was $y(x) = a\cosh(x/a) + y_0$ liefert. In Feldmitte muss $y(x = 0) = -f_0 = a + y_0$ und am rechten Rand $y(x = \ell/2) = 0 = a\cosh[\ell/(2a)] + y_0$ erfüllt sein. Aus diesen Gleichungen eliminieren wir y_0 und erhalten mit $p = \ell/(2a)$ und $\varphi_0 = f_0/\ell$ die transzendente Gleichung $g(p) = 1 + 2\varphi_0 p - \cosh p = 0$ zur Bestimmung des Parameters p.

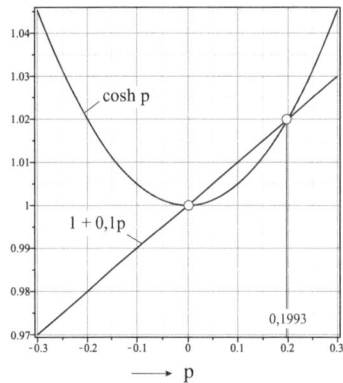

Abb. 9.15 *Grafische Lösung der transzendenten Gleichung g(p) = 0*

Diese nichtlineare Gleichung muss nummerisch gelöst werden. Eine Startnäherung $p = p_0$ erhalten wir, indem wir $g(p)$ um den Punkt $p = 0$ in eine Reihe entwickeln. Das führt auf $g(p) = 0 = p[(2\varphi_0 - p/2) + O(p^3)]$. Brechen wir nach dem quadratischen Glied in p ab, dann verbleibt neben $p = 0$ die einzige nichttriviale Lösung $p_0 = 4\varphi_0 = 0{,}2$. Maple liefert uns den genaueren Wert $p = 0{,}1993$ (Abb. 9.15). Mit p liegen dann auch $a = \ell/(2p) = 501{,}66$ m sowie $y_0 = -(a + f_0) = -511{,}66$ m fest. Der Horizontalzug errechnet sich zu $H = aq_0 = 5016{,}58\,N$, und für die Seilkraft kommt $S(x) = H\cosh(x/a)$. Die Zustandsgrößen können der Abb. 9.16

entnommen werden. Die größte Seilkraft $\max S = H\cosh p = 5116{,}58\,N$ ergibt sich an den Aufhängepunkten, da dort die Beträge der Seilneigungen mit $|y'(x = \pm \ell/2)| = \sinh p = 0{,}2$ maximal werden. Für die Seillänge erhalten wir $L = 2a\sinh p = 201{,}33$ m. Das Seilgewicht errechnen wir unter Beachtung von $q_0 = 10$ N/m zu $G = 2013{,}3$ N, womit die maximale Seilkraft um den Faktor 2,54 größer ist als das Eigengewicht des Seils.

<u>Anmerkung</u>: Für die statisch äquivalente Linienkraftbelastung $q(x) = q(s)\sqrt{1+y'^2(x)}$ errechnen wir mit den Werten des Beispiels $q(x) = q_0\sqrt{1+\sinh^2(x/a)} = q_0 \cosh(x/a)$. An den Rändern weicht wegen $q(x = \pm\ell/2) = q_0 \cosh p = 1{,}02\,q_0$ die die Steckenlast $q(x)$ nur geringfügig von q_0 ab.

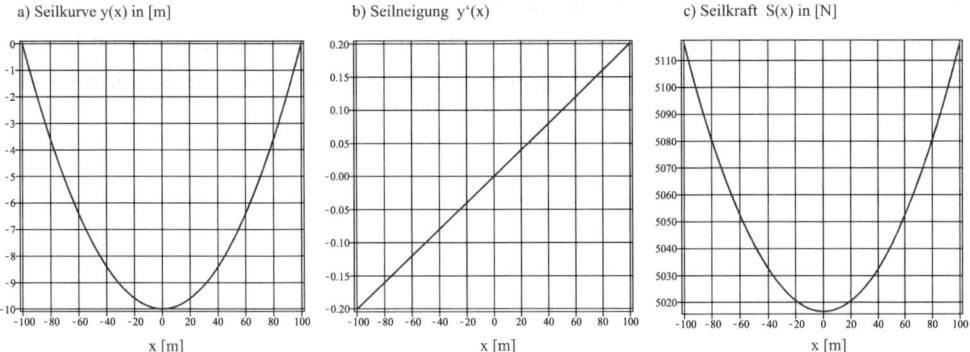

Abb. 9.16 Zustandsgrößen für das System in Abb. 9.14

Beispiel 9-6:

Wir modifizieren das Randwertproblem aus Beispiel 9-5 dahingehend, dass wir nun nicht den Seildurchhang f_0 vorgeben, sondern wir gehen von einer festen Seillänge $L = L_0$ aus. Gesucht werden sämtliche Zustandsgrößen.

<u>Geg.</u>: $q_0 = 10$ N/m, $\ell = 200$ m, $L_0 = 205$ m.

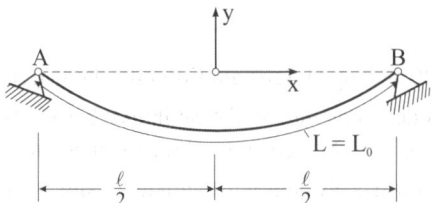

Abb. 9.17 *Das schwere Seil der Länge L_0 unter Eigengewicht*

Lösung: Wegen $y'(x=0) = 0 = -\sinh x_0/a$ ist auch hier $x_0 = 0$ zu fordern, und die Seilkurve hat die Darstellung $y(x) = a\cosh(x/a) + y_0$. Den Parameter a berechnen wir aus der Forderung konstanter Seillänge $L = L_0 = 2a\sinh[\ell/(2a)]$. Das führt mit $p = \ell/(2a)$ und $\lambda = L_0/\ell > 1$ auf die transzendente Gleichung $g(p) = \lambda p - \sinh p = 0$ zur Bestimmung des positiven Parameters p, die neben $p = 0$ nur eine nichttriviale Lösung $p > 0$ besitzt. Der Reihenentwicklung $g(p) = p[\lambda - 1 - 1/6 p^2 + O(p^3)]$ um den Punkt $p = 0$ entnehmen wir die positive Startnäherung $p_0 = \sqrt{6(\lambda-1)}$. Mit den Werten des Beispiels ist $\lambda = 1{,}025$ und damit $p_0 = 0{,}3873$. Maple liefert den nummerisch genaueren Wert $p = 0{,}3859$, womit die Seilkonstante $a = \ell/(2p) = 259{,}16$ m berechnet werden kann. Die noch freie Konstante y_0 ermitteln wir aus der Forderung $y(x = \ell/2) = 0 = a\cosh p + y_0$ zu $y_0 = -a\cosh p = -278{,}70$ m. Mit den Konstanten x_0, a und y_0 liegen alle Zustandsgrößen fest (Abb. 9.18). Bei $x = 0$ tritt mit $f_0 = y(x=0) = 259{,}16 - 278{,}70 = -19{,}53$ m der größte Seildurchhang auf. Für den Horizontalzug errechnen wir $H = aq_0 = 2591{,}61$ N, und die größten Seilkräfte ergeben sich mit $\max S = H\cosh p = 2786{,}95$ N an den Aufhängepunkten bei $x = \pm\ell/2$.

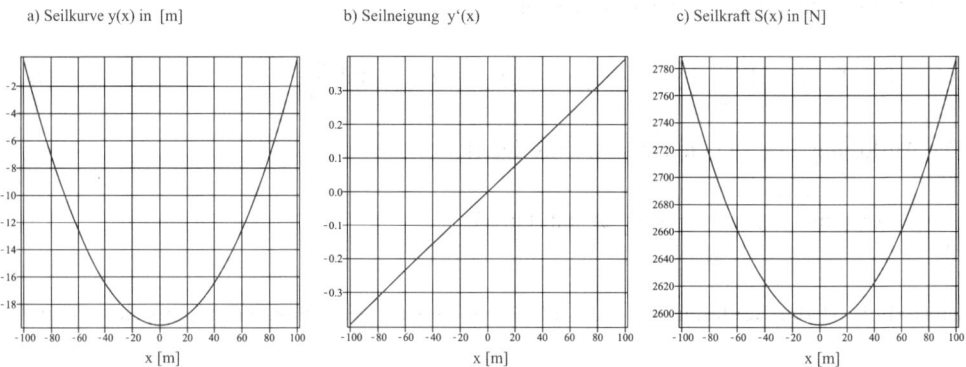

Abb. 9.18 *Zustandsgrößen für das System in Abb. 9.17*

Beispiel 9-7:

Das Luftschiff in Abb. 9.19 ist mittels eines $L_0 = 220\,\text{m}$ langen Seils am Erdboden befestigt. Der Winkel zwischen der horizontalen x-Achse und der Tangente an die Seilkurve bei $x = 0$ beträgt $\alpha = 15°$. Die Seilkraft am Boden wird mit $S_0 = 80\,\text{N}$ gemessen. Das Eigengewicht des Seils beträgt $q_0 = 0{,}3\,\text{N/m}$. Die Windwirkung auf das System wird vernachlässigt. Auf welcher Höhe h befindet sich das Luftschiff, und wie groß ist die Seilkraft am Punkt A?

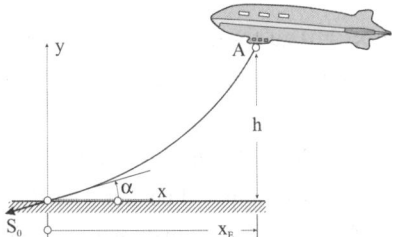

Abb. 9.19 Flughöhe h eines Luftschiffs

<u>Lösung</u>: Für den Seildurchhang gilt wieder

$$y(x) = a\cosh\frac{x - x_0}{a} + y_0.\qquad\text{a)}$$

Mit $a = \dfrac{H}{q_0} = \dfrac{S_0 \cos\alpha}{q_0}$ ist nun der Seilparameter a von vornherein bekannt, und es verbleibt lediglich die Ermittlung der Konstanten x_0 und y_0, die wir aus den Randbedingungen am Befestigungspunkt bei $x = 0$ berechnen können:

$$y(x=0) = 0 = a\cosh\frac{x_0}{a} + y_0, \qquad y'(x=0) = \tan\alpha = -\sinh\frac{x_0}{a}.\qquad\text{b)}$$

Die Auflösung dieses Gleichungssystems liefert:

$$\frac{y_0}{a} = -\sqrt{1 + \tan^2\alpha}, \qquad \frac{x_0}{a} = -\operatorname{arsinh}(\tan\alpha).\qquad\text{c)}$$

Zusätzlich ist die Seillänge $L_0 = a\left(\sinh\dfrac{x_E - x_0}{a} + \sinh\dfrac{x_0}{a}\right)$ einzuhalten, aus der wir unter Beachtung von c) zunächst

$$\frac{x_E}{a} = \operatorname{arsinh}(\lambda + \tan\alpha) - \operatorname{arsinh}(\tan\alpha) \qquad (\lambda = L_0/a)\qquad\text{d)}$$

berechnen. Mit $y(x = x_E) = h = a \cosh\dfrac{x_E - x_0}{a} + y_0$ folgt unter Beachtung von c) und d) die auf den Parameter a bezogene Steighöhe

$$\dfrac{h}{a} = \eta = \cosh\dfrac{x_E - x_0}{a} + \dfrac{y_0}{a} = \sqrt{(\lambda + \tan\alpha)^2 + 1} - \sqrt{1 + \tan^2\alpha}\,. \qquad \text{e)}$$

Für kleine Winkel α liefert eine Reihenentwicklung von e) die Näherung

$$\eta \approx \sqrt{1 + \lambda^2} - 1 + \dfrac{\lambda}{\sqrt{1 + \lambda^2}}\alpha\,. \qquad \text{f)}$$

Mit den Werten des Beispiels errechnen wir:

$a = 257{,}58\,\text{m}$, $\lambda = L_0/a = 0{,}854$, $x_0 = -68{,}22\,\text{m}$, $y_0 = -266{,}67\,\text{m}$, $x_E = 180{,}37\,\text{m}$. Damit errechnen wir die Standhöhe h und die Seilkraft bei A mit

$$h = 120{,}48\,\text{m},\ S(x_E) = H\cosh\dfrac{x_E - x_0}{a} = aq_0\cosh\dfrac{x_E - x_0}{a} = 116{,}14\,\text{N} > S_0\,. \qquad \text{g)}$$

Beispiel 9-8:

Es soll eine Maple-Prozedur entworfen werden, die sämtliche Zustandsgrößen eines an den Punkten A und B aufgehängten schweren Seils unter konstanter Eigengewichtsbelastung $q(s) = q_0$ bei Vorgabe des Durchhangs y_f oder der Seillänge L_0 ermittelt. Die Zustandsgrößen $y(x)$, $y'(x)$ und die Seilkräfte $S(x)$ sollen grafisch auf dem Bildschirm dargestellt werden. Verifizieren Sie mit den Prozeduren die Ergebnisse aus Beispiel 9-5 und Beispiel 9-6.

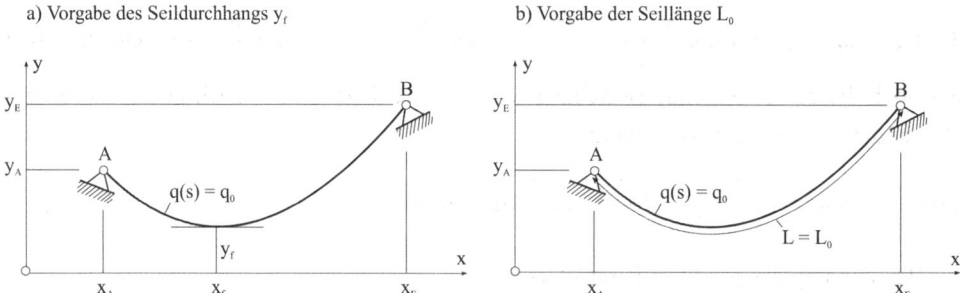

Abb. 9.20 Das bei A und B befestigte schwere Seil, Vorgabe des größten Durchhangs y_f oder der Länge L_0

9.2 Das Seil unter Eigengewichtsbelastung q(s)

<u>Lösungshinweise</u>: Die Seilkurve hat die Darstellung $y(x) = a \cosh \frac{x - x_0}{a} + y_0$. An den Rändern sind

$$y(x = x_A) = y_A = a \cosh \frac{x_A - x_0}{a} + y_0 \quad \text{und} \qquad \text{a)}$$

$$y(x = x_E) = y_E = a \cosh \frac{x_E - x_0}{a} + y_0 \qquad \text{b)}$$

einzuhalten. Die Addition und Subtraktion beider Gleichungen ergibt

$$y_E + y_A = 2a \cosh \frac{x_E - x_A}{2a} \cosh \frac{x_A - c_0}{a} + 2y_0 \qquad \text{c)}$$

$$y_E - y_A = 2a \sinh \frac{x_E - x_A}{2a} \sinh \frac{x_A - c_0}{a}, \qquad \text{d)}$$

wobei wir wieder den Parameter $c_0 = x_0 - 1/2(x_E - x_A)$ verwenden.

<u>System a)</u>: Der vorgegebene Durchhang $y = y_f$ tritt bei $x = x_f$ auf, und dort muss mit $y'(x = x_f) = \sinh \frac{x_f - x_0}{a} = 0$ die Neigung der Tangente verschwinden, was nur für $x_f = x_0$ möglich ist. An dieser Stelle gilt

$$y(x = x_f) = y_f = a + y_0 \qquad \text{e)}$$

Aus der Gleichung d) folgt mit den Abkürzungen

$$\Delta x = x_E - x_A, \; \Delta y = y_E - y_A, \; p = \Delta x/(2a) > 0, \; z = (\Delta x/p)\sinh p, \; \delta = \Delta y / \Delta x \qquad \text{f)}$$

die Beziehung $\Delta y = z \sinh \frac{x_A - c_0}{a}$, aus der wir $\frac{x_A - c_0}{a} = \text{ar} \sinh \frac{\Delta y}{z}$ ermitteln. Beachten wir noch die aus e) folgende Beziehung $y_0 = y_f - a$, dann geht c) nach kurzer Rechnung[1] über in die transzendente Gleichung

$$g(p) = 1 + \frac{y_A + y_E - 2y_f}{\Delta x} p - \sqrt{(\delta p)^2 + (\sinh p)^2} \coth p = 0 \qquad \text{g)}$$

zur Bestimmung des positiven Parameters p.

<u>Hinweis</u>: Im Sonderfall $y_E = y_A = 0$ und damit $\Delta y = 0$ sowie $y_f = -f_0$ und der Abkürzung $\varphi_0 = f_0 / \Delta x = f_0 / \ell$ verbleibt von g) in Übereinstimmung mit Beispiel 9-5

---

[1] wobei $\cosh(\text{ar} \sinh x) = \sqrt{x^2 + 1}$ zu beachten ist

$g(p) = 1 + 2\varphi_0 p - \cosh p = 0$.

Ist eine Lösung p der transzendenten Gleichung g) gefunden, dann können die Konstanten $a = \Delta x/(2p)$, $y_0 = y_f - a$, $z = (\Delta x/p) \sinh p$, $c_0 = x_A - a \operatorname{arsinh}(\Delta y/z)$ und $x_0 = c_0 + 1/2\,\Delta x$ berechnet werden. Für die Seillänge folgt dann $L = 2a \sinh \dfrac{\Delta x}{2a} \cosh \dfrac{x_A - c_0}{a}$, wofür wir unter Beachtung von $\cosh \dfrac{x_A - c_0}{a} = \cosh(\operatorname{arsinh} \Delta y/z) = \sqrt{(\Delta y/z)^2 + 1}$ auch $L = z\sqrt{(\Delta y/z)^2 + 1}$ schreiben können.

<u>System b)</u>: In diesem Fall ist die Seillänge $L = L_0$ einzuhalten. Beachten wir die bereits im Zusammenhang dem Randwertproblem a) hergeleitete Beziehung $L = L_0 = z\sqrt{(\Delta y/z)^2 + 1}$, dann folgt daraus $z = L_0\sqrt{1 - (\Delta y/L_0)^2} > 0$. Beachten wir weiterhin $z = (\Delta x/p)\sinh p$, dann können wir den Parameter p aus der bereits in Beispiel 9-6 hergeleiteten nichtlinearen Gleichung

$g(p) = \lambda p - \sinh p = 0$ $\qquad (\lambda = z/\Delta x)$ $\hfill$ h)

und der dort angegeben Startnäherung $p_0 = \sqrt{6(\lambda - 1)}$ berechnen. Ist p ermittelt, dann können auch die Konstanten

$a = \Delta x/(2p)$, $z = \Delta x/p \sinh p$, $c_0 = x_A - a \operatorname{arsinh}(\Delta y/z)$ und $x_0 = c_0 + 1/2\,\Delta x$ $\hfill$ i)

berechnet werden. Der noch fehlende Wert y_0 folgt dann beispielsweise aus der Gleichung a), und wir erhalten in diesem Fall $y_0 = y_A - a \cosh \dfrac{x_A - x_0}{a}$.

Beispiel 9-9:

Für die in Abb. 9.20 skizzierten Systeme sind sämtliche Zustandsgrößen zu ermitteln. Benutzen Sie dazu die in Beispiel 9-8 bereitgestellten Maple-Prozeduren.

<u>Geg.</u>: $x_A = 5$ m, $y_A = 7$ m, $x_E = 255$ m, $y_E = 15$ m, $q_0 = 10$ N/m.

System a): $y_f = 3$ m, System b): $L_0 = 260$ m.

Beispiel 9-10:

Es ist eine Maple-Prozedur zu entwerfen, die bei Vorgabe der größten Seilkraft maxS sämtliche Zustandsgrößen eines schweren Seils unter Eigengewichtsbelastung $q(s) = q_0$ ermittelt.

<u>Geg.</u>: x_A, y_A, x_E, y_E, q_0, maxS.

9.2 Das Seil unter Eigengewichtsbelastung q(s)

Lösung: Die größte Seilkraft tritt an einem der Auflagerpunkte auf, und zwar dort, wo die Seilneigung y' betragsmäßig am größten ist. Die Seilkurve muss durch die Aufhängepunkte A und B verlaufen, womit die Beziehungen c) und d) mit $c_0 = x_0 - 1/2(x_E - x_A)$ aus Beispiel 9-8 weiterhin bestehen bleiben. Die Seilkraft errechnet sich in jedem Fall zu

$$S(x) = H \cosh \frac{x - x_0}{a} = H \cosh \frac{2x + x_A - x_E - 2c_0}{2a}.$$

Tritt die größte Seilkraft am rechten Rand auf, dann muss ($H = aq_0$)

$$S(x_E) = aq_0 \cosh \frac{x_A + x_E - 2c_0}{2a} = \max S \qquad \text{a)}$$

erfüllt sein. Beachten wir das Zwischenergebnis $\frac{x_A - c_0}{a} = \text{arsinh}\,\Delta y / z$ aus Beispiel 9-8 und damit $c_0 = x_A - a\,\text{arsinh}\,\Delta y / z$, dann geht a) nach kurzer Rechnung über in

$$g(p) = p(\sigma - \delta) - \sqrt{(\delta p)^2 + (\sinh p)^2} \coth p = 0, \qquad \text{b)}$$

wobei wir zur Abkürzung

$$p = \frac{\Delta x}{2a}, \quad \delta = \frac{\Delta y}{\Delta x}, \quad \sigma = \frac{2 \max S}{q_0 \Delta x} \qquad \text{c)}$$

gesetzt haben. Eine entsprechende Rechnung für das Auftreten der größten Seilkraft am linken Aufhängepunkt, hätte statt der Beziehung a)

$$S(x_A) = aq_0 \cosh \frac{3x_A - x_E - 2c_0}{2a} = \max S \qquad \text{d)}$$

ergeben, was nach kurzer Rechnung auf die Bestimmungsgleichung (jetzt gilt $\delta < 0$)

$$g(p) = p(\sigma + \delta) - \sqrt{(\delta p)^2 + (\sinh p)^2} \coth p = 0 \qquad \text{e)}$$

geführt hätte. Um beide Fälle abzudecken, setzen wir

$$g(p) = p(\sigma - |\delta|) - \sqrt{(\delta p)^2 + (\sinh p)^2} \coth p = 0 \qquad \text{f)}$$

Im Sonderfall $\delta = 0$ liegen die Aufhängepunkte auf gleicher Höhe, und es verbleibt

$$g(p) = \sigma p - \cosh p = 0. \qquad \text{g)}$$

Die Gleichungen f) und g) besitzen entweder keine, eine oder genau zwei Lösungen. Wir sehen das am einfachsten an der Gleichung g). Setzen wir dort $g_1 = \sigma p$ und $g_2 = \cosh p$, dann tangiert die Gerade g_1 die Funktion g_2 im Punkte $C = (p_0, \sigma_0 p_0)$. Da in diesem Punkt die Tangentenneigungen der Funktionen g_1 und g_2 gleich sein müssen (Abb. 9.21), was

$\sigma_0 = \sinh p_0$ und damit $p_0 = \text{arsinh}\,\sigma_0$ bedingt, berechnen wir den zugehörigen Anstieg σ_0 der Geraden g_1 aus der Gleichung $\sigma_0 \,\text{arsinh}\,\sigma_0 - \sqrt{\sigma_0^2 + 1} = 0$. Maple liefert uns den nummerischen Wert $\sigma_0 = 1{,}509$ und damit $p_0 = \text{arsinh}\,\sigma_0 = 1{,}200$.

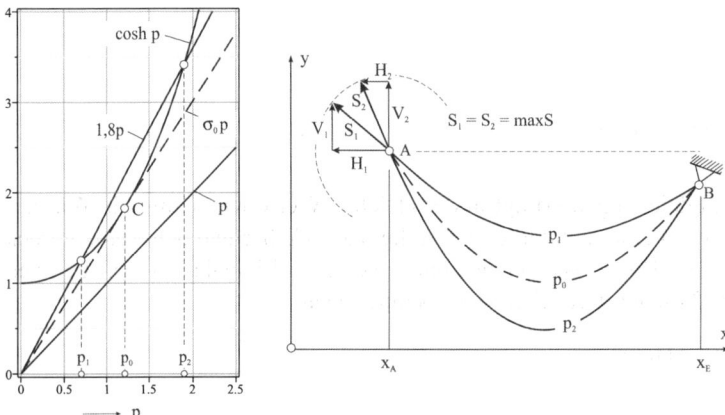

Abb. 9.21 *Lösungsverhalten von $g(p) = \sigma p - \cosh p = 0$ in Abhängigkeit von σ*

Ergibt die vorgegebene Seilkraft einen Wert $\sigma < \sigma_0$, dann existiert keine Lösung, da ein Gleichgewicht nicht möglich ist. Ist dagegen $\sigma > \sigma_0$, dann existieren mit $p_1 < p_0$ und $p_2 > p_0$ genau zwei Lösungen. Bei einer Seillänge $L_2 > L_1$ muss, zur Sicherung des vertikalen Kraftgleichgewichts, $V_2 > V_1$ erfüllt sein, wie die Kraftverhältnisse am Lager A im rechten Bild von Abb. 9.21 dokumentieren.

Eine Näherungslösung für den kleineren Wert p_1 erhalten wir durch Reihenentwicklung von f) um den Punkt $p = 0$. Brechen wir nach dem quadratischen Glied ab und lösen die daraus resultierende quadratische Gleichung nach *p* auf, dann liefert Maple die Startnäherung

$$p = \frac{3\sqrt{1+\delta^2}\,(\sigma - |\delta|) - \sqrt{3(1+\delta^2)(3\sigma^2 - \delta^2 - 6(1+\sigma|\delta|))}}{2\delta^2 + 3}.$$

9.3 Die Stützlinie eines Bogens

Als Stützlinie wird eine Bogenform bezeichnet, die ausschließlich durch Druckkräfte beansprucht wird. Wir können uns ein solches Tragwerk als umgedrehtes Seil vorstellen. Diese Tragwerksform stellt statisch ein ideales System für diejenigen Baustoffe dar, die aufgrund ihrer mechanischen Eigenschaften in der Lage sind, vorwiegend Druckkräfte zu übertragen, wie beispielsweise Natursteine oder auch der unbewehrte Beton.

9.3 Die Stützlinie eines Bogens

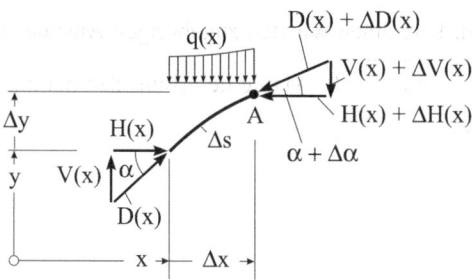

Abb. 9.22 Gleichgewicht am Bogenelement

Die Herleitung der Grundgleichungen erfolgt in der gleichen Weise wie beim Seil. Wir zerlegen die Druckkraft D in den Horizontaldruck H parallel zur x-Achse und den Vertikaldruck V parallel zur y-Achse. Der Bogen ist hier nur durch vertikale Linienlasten $q(x)$ belastet. Dann liefern mit Abb. 9.22 die Kraftgleichgewichtsbedingungen:

$$\sum F_x = 0 = H(x) - H(x) - \Delta H(x),$$

$$\sum F_y = 0 = V(x) - q(x)\Delta x - V(x) - \Delta V(x).$$

Aus der ersten Beziehung folgt $\Delta H(x) = 0$ und damit

$$H(x) = H = \text{konst.}$$

Aus der zweiten folgt nach Division durch Δx und anschließendem Grenzübergang $\Delta x \to 0$:

$$\frac{dV(x)}{dx} = V'(x) = -q(x).$$

Die Neigung der Stützlinie erhalten wir aus der Beziehung

$$\tan \alpha = \frac{dy(x)}{dx} = y'(x) = \frac{V(x)}{H}$$

Differenzieren wir die letzte Gleichung nach x und beachten das vertikale Kraftgleichgewicht, dann erhalten wir die Differenzialgleichung der Stützlinie eines Bogens

$$y''(x) = -\frac{q(x)}{H},$$

eine gewöhnliche inhomogene Differenzialgleichung 2. Ordnung. Sie hat dasselbe Lösungsverhalten wie die Seilgleichung. Mit $D^2(x) = H^2 + V^2(x)$ erhalten wir die Druckkraft

$$D(x) = H\sqrt{1 + y'^2(x)}.$$

Die größte Druckkraft tritt damit an der Stelle der größten Bogenneigung auf. Durch zweimalige Integration folgt die Gleichung der Stützline eines Bogens

$$y(x) = -\frac{1}{H}\iint q(x)\,dx\,dx + C_1 x + C_2 \;.$$

Für den Sonderfall konstanter Linienkraftbelastung $q(x) = q_0$ ist

$$y(x) = -\frac{q_0}{2H} x^2 + C_1 x + C_2 \;.$$

und die Stützlinie ist in diesem Fall eine Parabel 2. Grades. Um die Konstanten C_1 und C_2 sowie den ebenfalls unbekannten Horizontaldruck H ermitteln zu können, müssen wieder drei Bestimmungsstücke gegeben sein. Die Bogenlänge L ist gegeben durch

$$L = \int_{x=x_A}^{x_E} ds = \int_{x=x_A}^{x_E} \sqrt{1 + y'^2(x)}\; dx \;.$$

Beispiel 9-11:

Es soll durch Modifikation der Prozedur aus Beispiel 9-3 eine Maple-Prozedur bereitgestellt werden, mit deren Hilfe die Stützlinie $y(x)$, die Bogenneigung $y'(x)$ und die Bogendruckkraft $D(x)$ berechnet werden können. Der Bogen der Länge L_0 kann durch parallel zur y-Achse wirkende Einzelkräfte und Linienkraftbelastungen beansprucht werden. Die Zustandsgrößen sind grafisch auf dem Bildschirm darzustellen. Testen Sie die Prozeduren an den Beispielen in Abb. 9.23. Ermitteln Sie für beide Systeme die Scheitelpunkte.

<u>Geg.</u>: $x_A = 0$, $y_A = 0$, $x_E = 50$ m, $y_E = 5$ m, $a = 8{,}5$ m, $b = 23$ m, $c = 13{,}5$ m, $F_1 = 10$ kN,

$F_2 = 5$ kN, $F_3 = 4$ kN, $q_0 = 10$ kN/m, $L_0 = 51$ m.

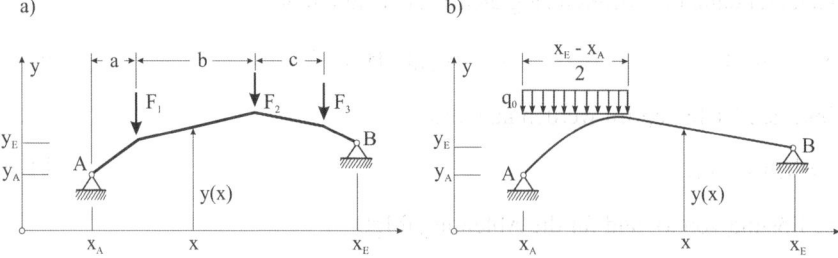

Abb. 9.23 Der Bogen unter Einzelkräften und Linienkraftbelastung, Berechnung der Stützlinie

9.3 Die Stützlinie eines Bogens

Beispiel 9-12:

Es wird eine Maple-Prozedur zur Berechnung der Stützlinie eines mit homogenem Schüttgut des spezifischen Gewichts γ_B vollständig überschütteten Bogens entworfen. Die Breite des Bogens senkrecht zu seiner Ebene beträgt b. Testen Sie die Prozeduren mit folgenden Systemparametern, wobei für beide Systeme
$x_A = 0$, $y_A = 0$, $x_E = 200$ m, $y_E = 10$ m, $y_f = 20$ m, $b = 2$ m und $\gamma_B = 18$ kN/m³ gilt.

System I: $h = 30$ m,

System II: $h_A = 30$ m, $h_E = 35$ m.

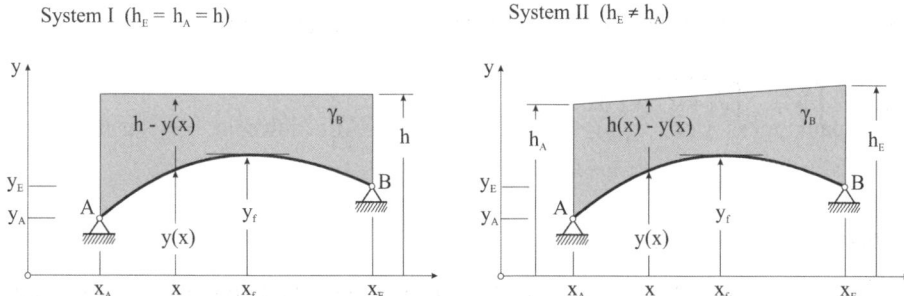

Abb. 9.24 Der vollständig überschüttete Bogen, Berechnung der Stützlinie

<u>Lösung</u>: Die Aufgabe ist nicht trivial, da die Belastung $q(x) = \gamma_B b[h(x) - y(x)]$ aus dem aufgebrachten Schüttgut von der noch unbekannten Stützlinienform $y(x)$ abhängt. Wir beschäftigen uns zunächst mit dem Sonderfall $h_E = h_A = h$ (System I in Abb. 9.24). Für diesen Fall lässt sich das nichtlineare Gleichungssystem auf nur eine nichtlineare Gleichung zurückführen. Liegen außerdem beide Kämpfer mit $y_A = y_E$ auf gleicher Höhe, dann kann sogar eine geschlossene Lösung angegeben werden. Bei Vernachlässigung des Bogen-Eigengewichts lautet dann die Differenzialgleichung der Stützlinie:

$$y''(x) - \mu^2 y(x) = -\mu^2 h \qquad (\mu^2 = \gamma_B b / H). \qquad \text{a)}$$

Wie durch Einsetzen leicht geprüft werden kann, ist

$$y(x) = h - a \cosh \mu(x - x_0) \qquad \text{b)}$$

die allgemeine Lösung von a), und für die Ableitung folgt

$$y'(x) = -a\mu \sinh \mu(x - x_0). \qquad \text{c)}$$

Sie enthalten die Unbekannten a, μ und x_0, die aus den Randbedingungen und der Vorgabe der Höhe des Scheitelpunktes mit $y(x = x_f) = y_f$ bestimmt werden. An den Kämpfern sind die Randbedingungen

$$y(x = x_A) = y_A = h - a\cosh\mu(x_A - x_0) \qquad \text{d)}$$

$$y(x = x_E) = y_E = h - a\cosh\mu(x_E - x_0) \qquad \text{e)}$$

einzuhalten. Durch Addition und Subtraktion der Gleichungen d) und e) erhalten wir

$$y_E + y_A = -a[\cosh\mu(x_E - x_0) + \cosh\mu(x_A - x_0)] + 2h,$$

$$y_E - y_A = -a[\cosh\mu(x_E - x_0) - \cosh\mu(x_A - x_0)].$$

Setzen wir noch $c_0 = x_0 - 1/2(x_E - x_A) = x_0 - \Delta x/2$, dann folgen

$$y_E + y_A = -2a\cosh\mu\frac{\Delta x}{2}\cosh\mu(x_A - c_0) + 2h \qquad (\Delta x = x_E - x_A) \qquad \text{f)}$$

$$\Delta y = -2a\sinh\mu\frac{\Delta x}{2}\sinh\mu(x_A - c_0) \qquad (\Delta y = y_E - y_A) \qquad \text{g)}$$

Am Scheitelpunkt muss $y'(x = x_f) = 0 = -a\mu\sinh\mu(x_f - x_0)$ erfüllt sein, was nur für $x_f = x_0$ möglich ist. Mit $y(x = x_f) = y_f = h - a$ ist dann

$$a = h - y_f. \qquad \text{h)}$$

Für den weiteren Rechengang führen wir die folgenden Hilfsgrößen ein:

$$p = \mu\Delta x/2, \qquad z = -2a\sinh p. \qquad \text{i)}$$

Damit erhalten wir aus der Beziehung g)

$$\sinh\mu(x_A - c_0) = \Delta y/z, \quad \rightarrow \mu(x_A - c_0) = \operatorname{arsinh}\Delta y/z \qquad \text{j)}$$

Beachten wir diesen Sachverhalt in f), dann folgt nach kurzer Rechnung die nichtlineare Gleichung zur Bestimmung des Parameters p

$$g(p) = \frac{1-\eta}{1-\varphi}\tanh(p) - \sqrt{\sinh^2(p) + \left(\frac{\Delta y}{2a}\right)^2} = 0, \qquad \eta = \frac{y_A + y_E}{2h} < 1, \; \varphi = \frac{y_f}{h} < 1. \qquad \text{k)}$$

Ist p aus der obigen Gleichung nummerisch ermittelt, dann folgen

$$\mu = 2p/\Delta x, \quad c_0 = x_A - \frac{1}{\mu}\operatorname{arsinh}\frac{\Delta y}{z}, \quad x_0 = c_0 + 1/2\Delta x, \quad H = \frac{\gamma_B b}{\mu^2},$$

womit das Problem als gelöst gelten kann.

Im Sonderfall $\Delta y = 0$ (beide Kämpfer liegen auf gleicher Höhe) verbleibt von der Bestimmungsgleichung k)

$$g(p) = \frac{1-\eta}{1-\varphi} - \cosh p = 0 \qquad \rightarrow p = \operatorname{arcosh}\frac{1-\eta}{1-\varphi}. \qquad \ell)$$

9.3 Die Stützlinie eines Bogens

Setzen wir noch o.B.d.A. $x_A = y_A = y_E = 0$ und $\Delta x = \ell$, dann lautet in diesem Fall unter Beachtung von $\eta = 0$ sowie $x_0 = \ell/2$ und $\mu = 2p/\ell$ die geschlossene Lösung

$$y(x) = h - a\cosh\mu(x - x_0) = h\left\{1 - (1-\varphi)\cosh\left[\left(\frac{2x}{\ell} - 1\right)\text{ar}\cosh\frac{1}{1-\varphi}\right]\right\}.$$

<u>Hinweis:</u> Die Gleichung k) besitzt im Fall $\Delta y \neq 0$ mit $p_2 < p_1$ zwei Lösungen. Der kleinere Wert p_2 liefert eine Stützlinie, bei der $x_0 = x_f$ außerhalb des Lösungsgebietes liegt.

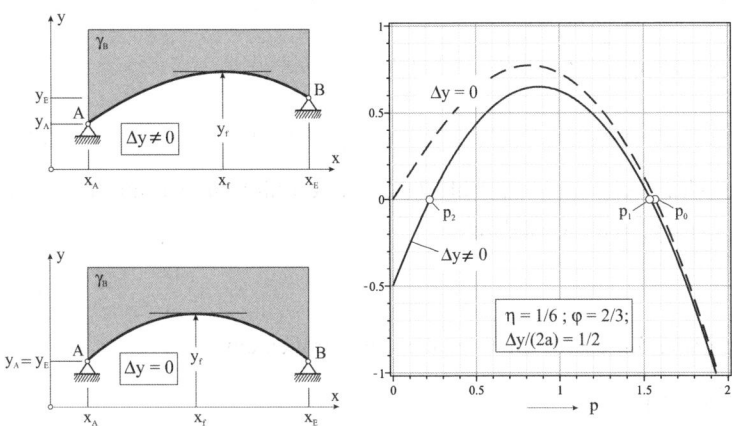

Abb. 9.25 *Lösungen der Gleichung g(p) = 0*

Für das System II in Abb. 9.24 lautet mit der linearen Überschüttungsfunktion

$$h(x) = h_A + \frac{h_E - h_A}{x_E - x_A}(x - x_A) = h_A + \frac{\Delta h}{\Delta x}(x - x_A)$$

die Differenzialgleichung der Stützlinie

$$y''(x) - \mu^2 y(x) = -\mu^2 h(x). \qquad \text{m)}$$

Maple liefert uns folgende Lösungen für die Stützlinie, die bereits die Randbedingungen an den Kämpfern *A* und *B* erfüllt, und deren Ableitung

$$y(x) = \frac{(h_A - y_A)\sinh\mu(x - x_E) - (h_E - y_E)\sinh\mu(x - x_A)}{\sinh\mu\Delta x} + h_A + \frac{\Delta h}{\Delta x}(x - x_A).$$

$$y'(x) = \mu\frac{(h_A - y_A)\cosh\mu(x - x_E) - (h_E - y_E)\cosh\mu(x - x_A)}{\sinh\mu\Delta x} + \frac{\Delta h}{\Delta x}.$$

Die Erfüllung der Bedingungen für den Scheitelpunkt an der Stelle $x = x_f$ erfordern das Bestehen der beiden folgenden nichtlinearen Gleichungen zur Berechnung der Unbekannten μ und x_f, die mit Maple nummerisch gelöst werden:

$$y'(x_f) = 0 = \mu \frac{(h_A - y_A)\cosh\mu(x_f - x_E) - (h_E - y_E)\cosh\mu(x_f - x_A)}{\sinh\mu\Delta x} + \frac{\Delta h}{\Delta x}, \qquad \text{n)}$$

$$y(x_f) = y_f = \frac{(h_A - y_A)\sinh\mu(x_f - x_E) - (h_E - y_E)\sinh\mu(x_f - x_A)}{\sinh\mu\Delta x} + h_A + \frac{\Delta h}{\Delta x}(x_f - x_A) \quad \text{o)}$$

Von Interesse ist noch die resultierende Auflast R aus der Überschüttung. Mit den eingeführten Abkürzungen folgt

$$R = \int_{x=x_A}^{x_E} q(x)\,dx = \gamma_B b \int_{x=x_A}^{x_E} [h(x) - y(x)]\,dx = \frac{\gamma_B b}{\mu} \frac{e^{\mu x_E} - e^{\mu x_A}}{e^{\mu x_E} + e^{\mu x_A}}[(h_A - y_A) + (h_E - y_E)]. \qquad \text{p)}$$

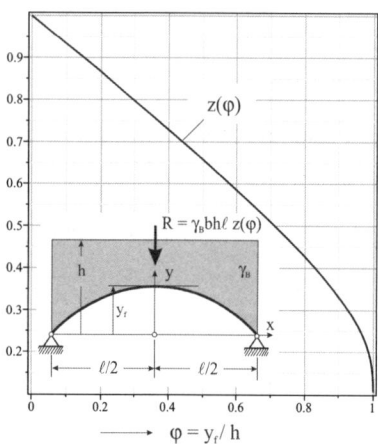

Abb. 9.26 *Resultierende Auflast R in Abhängigkeit vom Überschüttungsgrad $\varphi = y_F/h$*

Im Fall des symmetrischen Systems mit $\Delta x = \ell$, $x_A = -\ell/2$, $x_E = \ell/2$, $h_A = h_E = h$, $y_A = y_E = 0$ verbleibt unter Beachtung von $\dfrac{\mu\ell}{2} = p = \operatorname{arcosh}\dfrac{1}{1-\varphi}$ und $\varphi = \dfrac{y_f}{h}$:

$$R = \frac{2\gamma_B bh}{\mu}\tanh\frac{\mu\ell}{2} = \gamma_B b\ell\,\frac{\tanh p}{p} = R_0\,z(\varphi) \quad \text{mit } R_0 = \gamma_B b\ell \text{ und } z(\varphi) = \frac{\sqrt{\varphi(2-\varphi)}}{\operatorname{arcosh}[1/(1-\varphi)]}.$$

10 Literaturverzeichnis

Szabó, I.: Einführung in die Technische Mechanik, 7. Aufl., Berlin/Göttingen/Heidelberg, Springer, 1966

Raack, W.: Mechanik, 7. Aufl., Technische Universität Berlin, 2. Institut für Mechanik, 1992

Gross, D. u. W. Hauger, W. Schnell: Teil 1: Statik, Springer Lehrbuch Springer-Verlag Berlin Heidelberg New York, 1995

Bruhns, O. u. T. Lehmann: Elemente der Mechanik I, Einführung, Statik, Braunschweig, Wiesbaden: Vieweg 1993

Bronstein, I.N. u. K.A. Semendjajew: Taschenbuch der Mathematik, 21. Auflage, Verlag Nauka, Moskau,BSG B.G. Teubner Verlagsgesellschaft Leipzig 1983

Krawietz, A.: Maple V für das Ingenieurstudium, Springer-Verlag Berlin Heidelberg, 1997

Mathiak, F.U.: Technische Mechanik I, Shaker-Verlag Aachen, 2004

Heck, A.: Introduction to Maple, 3. Auflage, Berlin/Göttingen/Heidelberg, Springer, 2000

11 Verzeichnis der Maple-Prozeduren und Datensätze

11.1 Maple-Kompaktkurs

Lektion 1	Grundkonzepte der Computeralgebra
Lektion 2	Funktionen und Kurven
Lektion 3	Grundlagen des Programmierens
Lektion 4	Funktionen und ihre Darstellungen
Lektion 5	Vektoren und Matrizen
Lektion 6	Lineare Gleichungssysteme
Lektion 7	Matrizeneigenwertprobleme
Lektion 8	Differenzialrechnung und Taylorreihen
Lektion 9	Integralrechnung
Lektion 10	Lösung von Differenzialgleichungen
Lektion 11	Ein- und Ausgabe von Daten

11.2 Liste der Berechnungsprozeduren

Bezeichnung	Arbeitsblatt	Aufgabe
PROC_CALC_01	Kapitel_01.mw	Volumenberechnung eines aus Tetraedern zusammengesetzten Polyeders
PROC_CALC_02	Kapitel_03.mw	Zerlegung eines ebenen Vektors in zwei vorgegebene Richtungen
PROC_CALC_03	Kapitel_03.mw	Berechnung der resultierenden Kraft einer ebenen Kräftegruppe nach Betrag, Richtung und Orientierung.
PROC_CALC_04	Kapitel_03.mw	Zerlegung eines räumlichen Vektors in drei vorgegebene Richtungen
PROC_CALC_05	Kapitel_04.mw	Berechnung von Kraftschraube und der Gleichung der Zentralachse eines räumlichen Kräftesystems
PROC_CALC_06	Kapitel_04.mw	Reduktion einer ebenen Kräftesystems auf den Ursprung des Koordinatensystems
PROC_CALC_07	Kapitel_04.mw	Reduktion einer räumlichen Kräftesystems auf den Ursprung des Koordinatensystems
PROC_CALC_08	Kapitel_04.mw	Berechnung der resultierenden Kraft einer flächenhaft verteilten Belastung nach Lage, Richtung und Orientierung mit grafischer Ausgabe des Systems
PROC_CALC_09	Kapitel_04.mw	Berechnung der resultierenden Kraft nach Lage, Richtung und Orientierung einer allgemeinen Linienkraftbelastung mit grafischer Ausgabe des Systems
PROC_CALC_10	Kapitel_05_a.mw	Berechnung des Volumenmittelpunktes eines aus Tetraedern zusammengesetzten Polyeders
PROC_CALC_11	Kapitel_05_b.mw	Berechnung des Oberflächeninhalts und des Ortsvektors des Flächenmittelpunktes einer Fläche z(x,y) über einem rechteckigen Grundgebiet
PROC_CALC_12	Kapitel_05_b.mw	Berechnung des Oberflächeninhalts und des Ortsvektors des Flächenmittelpunktes einer Fläche z(x,y) über einem polygonal berandeten Grundgebiet
PROC_CALC_13	Kapitel_05_b.mw	Berechnung des Oberflächeninhalts und des Ortsvektors des Flächenmittelpunktes einer durch ebene Dreiecke approximierte Fläche z(x,y) über einem polygonal berandeten Grundgebiet
PROC_CALC_14	Kapitel_05_c.mw	Berechnung von Flächeninhalt und Ortsvektor des Flächenmittelpunktes einer polygonal berandeten ebenen Fläche
PROC_CALC_15	Kapitel_05_d.mw	Berechnung des Tangentenvektors, der Bogenlänge und des Ortsvektors des Linienmittelpunktes einer Raumkurve
PROC_CALC_16	Kapitel_05_d.mw	Berechnung der Bogenlänge und des Ortsvektors des Linienmittelpunktes eines räumlichen Polygonzuges
PROC_CALC_17	Kapitel_05_e.mw	Berechnung des Volumens und der Mantelfläche eines Rotationskörpers, der bei Drehung einer Kurve y = f(x) um die x-Achse entsteht.
PROC_CALC_18	Kapitel_05_f.mw	Transformation der Flächenträgheitsmomente auf Hauptzentralachsen, Translation und Drehung

Fortsetzung der Liste der Berechnungsprozeduren

Bezeichnung	Arbeitsblatt	Aufgabe
PROC_CALC_19	Kapitel_05_f.mw	Berechnung der Flächenmomente einer polygonal berandeten ebenen Fläche
PROC_CALC_20	Kapitel_05_g.mw	Berechnung der Flächenmomente eines aus Rechtecken zusammengesetzten ebenen Querschnitts
PROC_CALC_21	Kapitel_06.mw	Berechnung der Fesselkräfte eines im Raum gestützten starren Körpers
PROC_CALC_22	Kapitel_06.mw	Berechnung der Fesselkräfte eines in der Ebene gestützten starren Körpers
PROC_CALC_23	Kapitel_07_b.mw	Berechnung der Schnittlasten eines geraden Balkens. Gegliederte Systeme mit Biege- u. Querkraftgelenken sind zulässig
PROC_CALC_24	Kapitel_08_a.mw	Berechnung eines kinematisch und statisch bestimmten ebenen Fachwerks
PROC_CALC_25	Kapitel_08_b.mw	Berechnung eines kinematisch und statisch bestimmten räumlichen Fachwerks
PROC_CALC_26	Kapitel_09_a.mw	Berechnung der Zustandsgrößen eines undehnbaren Seils unter Einzelkräften F und Linienkraftbelastungen q(x) parallel zur y-Achse
PROC_CALC_27	Kapitel_09_b.mw	Berechnung der Zustandsgrößen eines schweren Seils unter Eigengewichtsbelastung bei Vorgabe des größten Durchhangs y_f oder der Seillänge L
PROC_CALC_28	Kapitel_09_b.mw	Berechnung der Zustandsgrößen eines schweren Seils unter Eigengewichtsbelastung bei Vorgabe der größten Seilkraft
PROC_CALC_29	Kapitel_09_c.mw	Berechnung der Zustandsgrößen eines Bogens unter Einzelkräften F und Linienkraftbelastungen q(x) parallel zur y-Achse
PROC_CALC_30	Kapitel_09_c.mw	Berechnung der Zustandsgrößen eines vollständig überschütteten Bogens

11.3 Liste der Grafikprozeduren

Bezeichnung	Arbeitsblatt	Aufgabe
PROC_GRAF_01	Kapitel_01.mw Kapitel_05_a.mw	Grafische Ausgabe eines aus Tetraedern zusammengesetzten Polyeders
PROC_GRAF_02	Kapitel_05_b.mw Kapitel_05_f.mw	Grafische Ausgabe eines geschlossenen ebenen Polygonzuges mit Knotennummerierung
PROC_GRAF_03	Kapitel_05_b.mw	Grafische Ausgabe einer durch ebene Dreiecke approximierten Oberflächenfunktion z(x,y)
PROC_GRAF_04	Kapitel_05_e.mw	Darstellung der Rotation einer Funktion f(x) um die x-Achse
PROC_GRAF_05	Kapitel_05_f.mw	Grafische Ausgabe eines ebenen polygonal berandeten Querschnitts im Zentralachsensystem mit der Lage der Hauptzentralachsen
PROC_GRAF_06	Kapitel_05_g.mw	Grafische Ausgabe eines aus Rechtecken zusammengesetzten Querschnitts im Zentralachsensystem mit der Lage der Hauptzentralachsen
PROC_GRAF_07	Kapitel_07_a.mw	Grafische Ausgabe dreier Funktionen (hier Belastung, Querkraft und Biegemoment) als Matrixplot
PROC_GRAF_08	Kapitel_08_a.mw	Grafische Ausgabe eines ebenen Fachwerks mit Knotennummern und Belastung
PROC_GRAF_09	Kapitel_09_a.mw	Grafische Ausgabe der Zustandsgrößen Seilkurve, Seilneigung und Seilkraft als Matrixplot
PROC_GRAF_10	Kapitel_09_c.mw	Grafische Ausgabe der Zustandsgrößen Stützlinie, Bogenneigung und Bogendruckkraft als Matrixplot
PROC_GRAF_11	Kapitel_09_c.mw	Grafische Ausgabe der Zustandsgrößen eines überschütteten Bogens als Matrixplot

11.4 Liste der Einleseprozeduren

Bezeichnung	Arbeitsblatt	Aufgabe
PROC_READ_01	Kapitel_01.mw Kapitel_05_a.mw Kapitel_05_b.mw	Einlesen der Knoten- und Elementdatei zur Volumenberechnung eines aus Tetraedern zusammengesetzten Polyeders
PROC_READ_02	Kapitel_05_c.mw Kapitel_05_f.mw	Einlesen der Knotenkoordinaten eines ebenen Polygonzuges
PROC_READ_03	Kapitel_05_g.mw	Einlesen der Knoten- und Elementdatei zur Berechnung der Flächenmomente eines aus Rechtecken zusammengesetzten Querschnitts
PROC_READ_04	Kapitel_06.mw	Einlesen der Systemwerte eines starren Körpers im Raum zur Berechnung der Fesselkräfte
PROC_READ_05	Kapitel_06.mw	Einlesen der Systemwerte eines starren Körpers in der Ebene zur Berechnung der Fesselkräfte
PROC_READ_06	Kapitel_08_a.mw	Einlesen der Systemwerte eines ebenen Fachwerks, Geometrie und Belastung
PROC_READ_07	Kapitel_08_b.mw	Einlesen der Systemwerte eines räumlichen Fachwerks, Geometrie und Belastung

11.5 Liste der Ausgabeprozeduren

Bezeichnung	Arbeitsblatt	Aufgabe
PROC_WRITE_01	Kapitel_08_a.mw	Schreibt die Eingabedaten und die Berechnungsergebnisse eines ebenen Fachwerks in die Datei *filename.out*
PROC_WRITE_02	Kapitel_08_b.mw	Schreibt die Eingabedaten und die Berechnungsergebnisse eines räumlichen Fachwerks in die Datei *filename.out*

11.6 Liste der Eingabedaten

Bezeichnung	Arbeitsblatt	Aufgabe
Daten_01.txt	Kapitel_01.mw Kapitel_05_a.mw	Quader mit abgeschnittener Ecke
Daten_02.txt	Kapitel_01.mw Kapitel_05_a.mw	Aus Tetraedern zusammengesetzte Halbkugel
Daten_03.txt	Kapitel_05_a.mw	Aus Tetraedern zusammengesetzter Quader
Daten_04.txt	Kapitel_05_b.mw	Approximation der Oberflächenfunktion $z(x,y) = 1 + 0{,}25(x^2 - y^2)$ durch ebene Dreiecke
Daten_05.txt	Kapitel_05_c.mw Kapitel_05_f.mw	Polygonal berandeter ebener Querschnitt
Daten_06.txt	Kapitel_05_c.mw Kapitel_05_f.mw	Polygonal berandeter ebener Querschnitt mit Öffnung
Daten_07.txt	Kapitel_05_f.mw	Polygonal berandeter ebener Querschnitt mit Öffnung
Daten_08.txt	Kapitel_05_f.mw	Polygonal berandeter Rinnenträger
Daten_09.txt	Kapitel_05_g.mw	Ein aus dünnen Rechtecken zusammengesetzter unsymmetrischer Brückenträger
Daten_10.txt	Kapitel_05_g.mw	Durch Rechtecke approximierter Breitflanschträger
Daten_11.txt	Kapitel_05_g.mw	Durch Rechtecke approximiertes Z-Profil
Daten_12.txt	Kapitel_05_g.mw	Durch Rechtecke approximierter Rinnenträger
Daten_13.txt	Kapitel_06.mw	Der im Raum auf 6 Stützen gelagerte starre Körper, kinematisch unbestimmtes System
Daten_14.txt	Kapitel_06.mw	Der im Raum auf 6 Stützen gelagerte starre Körper, kinematisch und statisch bestimmtes System
Daten_15.txt	Kapitel_06.mw	Der im Raum auf 7 Stützen gelagerte starre Körper, kinematisch bestimmtes aber statisch unbestimmtes System
Daten_16.txt	Kapitel_06.mw	Der im Raum auf 4 Stützen gelagerte starre Körper, kinematisch und statisch unbestimmtes System
Daten_17.txt	Kapitel_06.mw	Der in der Ebene auf 3 Stützen gelagerte starre Balken, kinematisch und statisch bestimmtes System
Daten_18.txt	Kapitel_06.mw	Der in der Ebene auf 3 Stützen gelagerte starre Balken, Ausnahmefall der Statik
Daten_19.txt	Kapitel_08_a.mw	Statisch und kinematisch bestimmtes ebenes Fachwerk
Daten_20.txt	Kapitel_08_a.mw	Statisch bestimmtes ebenes Fachwerk mit schrägen Randbedingungen
Daten_21.txt	Kapitel_08_a.mw	Statisch bestimmtes ebenes Fachwerk mit schrägen Randbedingungen
Daten_22.txt	Kapitel_08_a.mw	Statisch bestimmtes ebenes Fachwerk (Polonceau-Binder)
Daten_23.txt	Kapitel_08_b.mw	Statisch und kinematisch bestimmtes räumliches Fachwerk

Sachregister

A
Auflagersymbole 130
Axiome 7

B
Balken
   auf zwei Stützen 147
   Schnittlasten 143
   unter Trapezbelastung 154
Balkenachse 62, 143, 147, 165, 172
   abknickende 145
   gerade 143
Basis
   linear unabhängige 37
Basiseinheiten 8
Basissystem
   kartesisches 37
Basisvektoren
   schiefwinklige 37
Befreiungsprinzip 28, 131
Bewegung 11, 21
Bezugsplatzierung 21
Biegemoment
   um die y-Achse 144
   um die z-Achse 144
Biegeschalen 20
Bindungen
   kinematische 131, 132
Bogen
   der überschüttete 209
   Differenzialgleichung 207
   Druckkraft 207
   Horizontaldruck 207
Bogenelement 26, 102
Bogenlänge 102, 208

D
Determinante 37
Dichte
   konstante 12
   lokale 11
Dimension 10
Dimensionsanalyse 10
Dirac-Funktion 164
Distribution 164
Drehfessel 130
Drehfreiheitsgrad 137
Dreiecknetz 15
Dreifachintegration 12
Dreigelenkrahmen 170
Dyade 112
Dyadisches Produkt 112
Dyname 56

E
Eigenflächendeviationsmoment 111
Eigenflächenträgheitsmomente
   polares 111
Eigenträgheitsradien 112
Eigenvektoren
   des Flächenträgheitsmomententensors ... 121
Eigenwerte
   des Flächenträgheitsmomententensors ... 121
Eigenwertgleichung 121
Einheiten 10
   im Messwesen 7
   internationales Einheitensystem 7
Einheitsvektoren 37
Elementdatei 17, 91, 128, 180, 181
Entwicklungssatz
   für zweifache Vektorprodukte 57

F
Fachwerke 175
   1. Bildungsgesetz 177
   2. Bildungsgesetz 177
   3. Bildungsgesetz 178
   Abzählkriterium 176
   Aufbauverfahren 177
   äußerlich statisch unbestimmte 178
   innerlich statisch unbestimmte 178
   räumliche 183
   statisch bestimmte ebene 175
Fachwerkträger 179
Fallbeschleunigung 30
Feder
   elastische 31
   Federkonstante 31
   Federkraft 31
   Parallelschaltung 31
   Reihenschaltung 31
Fesselkräfte. 133, 134, 135, 136, 139, 140, 142
Fesselmodelle 130
Fesselstäbe 130
Fläche
   ebene 95
   räumlich gekrümmte 87
Flächenmittelpunkt
   einer Fläche z(x,y) 93
   einer Halbkugelschale 92
   eines Dreiecks 99
   eines Kreisausschnitts 96
   eines symmetrischen Plattenbalkens 98
   eines Trapezquerschnitts 98
   polygonal berandeter ebener Flächen 99
   räumlich gekrümmter Flächen 87, 89
   zusammengesetzter ebener Flächen 95
   zusammengesetzter räumlicher Flächen .. 87
Flächenmomente
   ersten Grades 87, 95
   zweiten Grades 111, 124
Flächenträgheitsmomente
   axiale 111
   Dreieckquerschnitt 116
   Kreisringquerschnitt 113
   Rechteckquerschnitt 112, 115, 119
   U-Profil 115
   Z-Stahl 123
Flächenträgheitsmomententensor 111
   invariante Beziehungen 119
Flächentragwerke 19
Flüssigkeiten
   ideale 18
   Newtonsche 18
   viskose 18
Freiheitsgrade
   eines gestützten Körpers im Raum 132
   eines gestützten Körpers in der Ebene ... 132
   rotatorische 129
   translatorische 129

G
Gas 19
Gauß-Parameter 16, 83, 88, 89, 91, 124, 126
Gelenk
   Momentengelenk 160
   Normalkraftgelenk 160
   Querkraftgelenk 160
Gelenkkräfte 170
Gelenkträger 170
Gelenkviereck 176
Geometriematrix 134, 139, 180
Gerber-Träger 170
Gestrichelte Faser 145
Gewicht
   spezifisches 25
Gewichtskraft 23
Gleichgewichtsbedingungen
   eines belasteten starren Körpers 72
   lokale 158
   vektorielle 72
Gleichgewichtssystem 34
Gleichungssysteme
   lineare 135
   nichtlineare 193, 198, 209, 210, 212
Gravitationskonstante 30
Gravitationskraft 29
Guldinsche Regeln 107

H
Hauptachsentransformation 124
Hauptflächenträgheitsmomente 121

Sachregister

Heaviside-Funktion 164, 192
Hebelgesetz 48
Hilfskräfte 48, 50

I
Integrationskonstanten 160, 190, 196

K
Kette 20, 185
Kettenlinie 196
Knotendatei 17, 91, 180
Knotennummern 181
Knotenschnittverfahren 179
Kontinuum 11
Koordinatensystem
    Drehung 118
    Parallelverschiebung 114
Körper 11
    elastisch derformierbare 18
    feste 18
    inkompressible 21
    kompressible 21
    plastisch deformierbare 18
    starre ... 6, 18, 21, 33, 34, 45, 52, 58, 65, 129
    statisch bestimmt gelagerte 132
Kraft
    Linienflüchtigkeit einer 46
    Wirkungslinie einer 53
Kräfte 11
    äußere 29
    eingeprägte 29
    Einteilung der 24
    Einzelkräfte 27
    flächenhaft verteilte 26, 143
    innere 29
    linienhaft verteilte 26
    Reaktionskräfte 28
    Volumenkräfte 24
Krafteck 35
Kräftemaßstab 35
Kräftepaare
    äquivalente 52
    freie 49
Kräfteparallelogramm 34
Kräfteplan 35

Kräftesysteme
    allgemeine 45
    gleichwertige 33
    Reduktion ebener 58
    Reduktion räumlicher 63
    zentrale 33
    zentrale ebene 34
    zentrale räumliche 41
Kraftschraube 56
Kragträger
    unter Einzelkraft 161
    unter Einzelmoment 162
    unter Linienkraft 162

L
Lageplan 35
Lager 28, 129
    Festlager 132
    Gleitlager 132
    Wertigkeit 130
Lagerreaktionsgrößen
    Berechnung von 133
Lagerung
    Ausnahmefall der Statik 133, 142
    kinematisch bestimmte 129, 132
    kinematisch unbestimmte 133
    statisch bestimmte 132
    statisch unbestimmte 133
Länge 8
Linearkombination
    von Vektoren 41
Linienkraftbelastung
    am Balken 70
Linienmittelpunkt
    einer ebenen Kurve 106
    einer Raumkurve 103
    eines Halbkreisbogens 109
    eines Kreisbogenabschnitts 106
Lösungen
    eines linearen Gleichungssystems 135
Luftschiff 201

M
Masse 1, 8
    eines Kreiskegels 14

eines Tetraeders.................................. 13
schwere 29
Massenmittelpunkt.. 85
Materie... 7
Matrix
charakteristische............................... 121
Mechanik
Fundamentalsatz der............................ 24
klassische 1
Newtonsche... 2
relativistische 1
Membranschalen.. 20
Moment
einer Kraft bezogen auf eine Achse......... 55
einer Kraft bezogen auf einen Punkt 53
eines Kräftepaares................................ 51
Momentanplatzierung................................... 21
Momente
ersten Grades....................................... 78
nullten Grades 77
Momentengelenk 172
Momentenschüttung 158
Muskelkraft 23

N

Nachgiebigkeit
einer Feder... 32
Normalkraft 144, 145, 146, 151, 154, 157, 160
Normalkraftschüttung 158

O

Oberflächenelement...................................... 91

P

Parallelepiped 16
Parameterraum 16
Platten... 20
Platzierung... 21
Polygonzug
einer Raumkurve................................ 105
Prinzip von de Saint-Venant....................... 157

Q

Querkraft ... 144, 145, 146, 149, 153, 156, 157,
158, 160, 162, 163, 166

Querkraftgelenk 172
Querschnitte
aus Rechtecken zusammengesetzte 126

R

Randbedingungen 160
Rang
der erweiterten Koeffizientenmatrix...... 135
einer Matrix....................................... 135
Raum 7
Raumkurve 26
Reaktionskräfte 131
Reaktionsprinzip.. 24
Rechteckplatte
Bestimmung der Fesselkräfte 135
Rittersche Schnittmethode 184
Rotationskörper
Volumen und Mantelfläche 110
Rundschnitt.. 180

S

Scheiben 20
Schnittlasten
am Balken auf zwei Stützen 147
an Ecken... 146
Balken unter Einzelkraft in x-Richtung. 150
Balken unter Einzelkraft in z-Richtung. 147
Balken unter Einzelmoment 151
Balken unter Linienkraftbelastung 153
Differenzialgleichungen 158
statisch äquivalente 143
Schnittprinzip 29
Schnittufer
negatives... 144
positives 144
Schraublinie
Parameterdarstellung........................... 102
Schwerefeld
homogenes 78
Schwerkraft... 30
Schwerpunkt
einer Fläche im Raum 87
einer Halbkugel 83
einer materiellen Raumkurve 103
eines homogenen Körpers 79

eines Kreiskegels 81
eines Kreiszylinders 81
Seil
   Differenzialgleichung der Seilkurve 186
   Differenzialgleichung des schweren Seils
   195
   Horizontalzug 186
   mit vorgegebenem Durchhang 189
   Seilkraft 185
   Seillänge 187
   Seilneigung 187
   unter allgemeiner Einzel-und
      Linienkraftbelastung 192
   unter konstanter Linienkraftbelastung ... 188
   Vertikalzug 186
Seilaufhängung 185
Seildurchhang 188
SI-Vorsätze 10
Spannungen 29, 143
Spatprodukt 42, 43
Stabelement 180
Stabkräfte
   Dreibock 43
   Zweibock 38
Statische Momente 87
Steinersche Sätze 114
Stützlinie des Bogens 206
Stützmauer 60
Superpositionsprinzip
   für Schnittlasten 165
Systeme
   gegliederte 169
   kinematische Stabilität 176
   zusammengesetzte 169

T
Tangentenvektor 16
   einer Raumkurve 102
Taylorentwicklung 158
Temperatur 9
Tetraeder 15
Torsionsmoment 144

Trägheitsgesetz 34
Tragwerksformen 19
Transformationsgesetzte
   für Flächenmomente zweiten Grades 113

U
Übergangsbedingungen 160, 161

V
Variablen
   Trennung der 195
Vektorbasis
   orthonormierte 39
Vektorprodukt 37
Verbindungselemente 160
Versetzungsmoment 53
Volumen 14
Volumenelement 16
Volumenmittelpunkt 80
   einer Halbkugel 83
   eines Kreiskegels 82
   eines Kreiszylinders 81
   eines Tetraeders 83

W
Wegfessel 130
Werkstoffgesetz 143
Wichte
   konstante 25
   lokale 25

Z
Zahlenwertgleichungen 10
Zeit 8
Zeitablauf 7
Zentralachse 56
Zentralachsensystem (ZAS) 95
Zustandsgleichungen 149
Zustandslinien 149, 151, 152, 153, 155
Zwischenreaktionen 170
Zylinderkoordinaten 14
Zylinderschale 67